U0262095

社科文库

BEIJING DUSHI KONGJIAN ZHONG DE
LISHI WENMAI CHUANCHENG

北京都市空间中的历史文脉传承

王建伟　主编

中国社会科学出版社

图书在版编目(CIP)数据

北京都市空间中的历史文脉传承/王建伟主编.—北京：中国社会科学出版社，2016.9

ISBN 978－7－5161－8838－5

Ⅰ.①北…　Ⅱ.①王…　Ⅲ.①城市空间—空间规划—研究—北京　Ⅳ.①TU984.21

中国版本图书馆CIP数据核字(2016)第205105号

出 版 人　赵剑英
选题策划　刘　艳
责任编辑　刘　艳
责任校对　陈　晨
责任印制　戴　宽

出　　版　中国社会科学出版社
社　　址　北京鼓楼西大街甲158号
邮　　编　100720
网　　址　http://www.csspw.cn
发 行 部　010－84083685
门 市 部　010－84029450
经　　销　新华书店及其他书店

印　　刷　北京君升印刷有限公司
装　　订　廊坊市广阳区广增装订厂
版　　次　2016年9月第1版
印　　次　2016年9月第1次印刷

开　　本　710×1000　1/16
印　　张　16.75
插　　页　2
字　　数　253千字
定　　价　62.00元

目　录

导　论

城市在时间的不断累积中形成独特的历史文化系统，在空间的不断扩张中形成典型的地域文化特征，城市的发展体现社会文明与人类智慧的发展进程。但人类历史发展到今天，从未像现在这样面临城市文脉断裂的危机。今日中国，在无法阻挡的现代性城市改造浪潮中，越来越多的历史遗存正在失去其原有特色与价值，逐渐被工具化、平庸化。大多数城市功能同质化，城市景观趋同，同一个地产集团在不同的城市复制同样的建筑景观，开发统一经营模式的商场、酒店，一些有悠久历史的城市已经不复本来面目，曾经绵延数百年的历史文脉发生断裂，城市正因为缺乏“可辨识度”而丧失文化个性产生“认同危机”。尤其对于那些远离家乡的人而言，他们甚至已经无法找到回家的路，乡愁的无处安放导致故乡根基完全丧失。而那些仍能延续自身历史文脉，具有特色文化资源的城市愈发稀缺，从而也更加彰显出其不可替代的历史价值。

作为一个具有近千年历史的古老都城，北京是在元代以来城市格局基础之上发展起来的，遗留着大量反映城市变迁的历史文化遗存。这些遗存，附着着城市的成长信息，承载着城市的历史记忆，诠释着城市的文明演进，标识着城市的文化品格。从历史文脉的整体性与系统性而言，北京在整个世界范围内也是独树一帜的。同时，作为世界上最大的发展中国家的首都，作为世界上新兴的最大经济体的中心城市，北京在向“世界城市”目标迈进的历史进程中，在保护与延续历史文脉方面所面临的挑战也是最为严峻的。

一 “历史文脉”概念辨析

“文脉”对应的英文是“context”，作为一个概念，最初源自语言学，表明语言环境中的前后逻辑关系。后来逐渐延伸至建筑学以及城市规划领域，是对建筑领域技术至上理论的批判性反思，后又扩展到社会学、文化学、历史学、旅游学等学科。不同学科因主体视角不同，对“文脉”的含义有各自不同的解读，但从总体而言，各个学科对于“文脉”概念都强调事物个体与整体在“共时”（synchorinc）和“历时”（oiaehornie）状态下的内在对话关系，强调城市历史文化各个要素之间的历时传承和共时融合。从这个意义上延伸，“历史文脉”可以理解为一座城市地域环境、人文氛围、建筑景观的有机结合与互动，是城市特质的重要组成部分，是城市彼此区分的重要标志。

“历史文脉”概念既包括显性要素（物质性要素），也包括隐性要素（精神性要素）。显性要素是城市文化的表层结构，它由可感知的、有形的建筑景观与城市布局等都市人工和自然环境构成，是整个社会文化信息的物质载体，也是一座城市地域文化风貌最生动、最直观的呈现，承担文化信息交流和沟通媒介的职能。隐性要素特指城市内在的、无形的文化传统，或称一座城市的文化精神，也是城市文化的深层结构，它主要表现为城市的文化氛围或文化生态。

历史文脉受一座城市地理环境、政治身份、经济发展等多重因素的影响。在不同地理环境基础上发展起来的城市，具有不同的城市景观和地域文化。城市的发展在某种意义上就是人类与自然关系的历史，人类对自然环境实施改造，在此基础之上形成不同的建筑景观与城市形态。山地丘陵地带，城市往往被分割成不同单元，城市依山就势，呈现出山城特色，立体感强，层次丰富、多元，并形成与之对应的地域文化。华北以及中原地区由于地处平原，城市布局一般比较规整、紧凑。而水网密集的江南地区，城市依水布局，充分体现出对水体的多样化适应，形成江南文化。都城与非都城、中心城市与非中心城市，都具有不同的城市形态。不同城市在不同的自然、地理、政治、社会、经济等环境的综合作用之下，其历史文脉展现出独特的地域性特征，这种差异是城市个性塑造的立足点。

物质景观是历史文脉的重要表现形式，历史文脉的传承首先需要借助这些外在的显性要素表现出来，这些要素保存得越完整，城市的历史文脉就越清晰，传承就有了更多可能性。因此，需要立足于城市的发展，通过对原有历史文脉显性要素的重新优化，整合城市功能与历史空间，为历史文脉的有序传承奠定良好的物质基础。同时，对于城市性格与文化精神的认同和弘扬也是延续历史文脉的重要方式，需要兼顾显性要素与隐性要素，二者共同构成了历史文脉的完整性。

二 北京历史文脉的构成内容

北京历史文脉主要落实在那些展现古都风韵与城市性格的城市景观与物质建筑方面，包括宫殿、坛庙、园林、寺观、府邸、宅院、衙署、街道、胡同、牌坊等。它们是北京千百年来历史发展进程中的重要实物承载者，造就了北京独特的城市美学气质与文化精神，凝结着城市的“魂魄”。随着时代的发展、科技的进步以及国际文化交流的频繁，不同城市的形象可能在一定程度上走向趋同，而城市历史景观的延续在今天显得越来越重要。

北京是全球拥有“世界文化遗产”项目最多的城市之一，自1987年以来，先后有故宫、长城、周口店北京猿人遗址、颐和园、天坛、明十三陵共6项具有代表意义的重要历史建筑及人类遗迹，被联合国教科文组织列入《世界文化遗产名录》，它们不仅代表了北京在长期历史发展中形成的独特城市气质，也代表了中国在世界文明演进中曾经所达到的历史高度，是真正具有国际影响力的人类文明成果。2014年6月，北京与河北、山东、浙江、江苏等省联合申报的京杭大运河被正式确认为世界文化遗产。此外，北京还拥有国家重点文物保护单位98项，市级文物保护单位357项，区县级文物保护单位一千余项。北京历史文脉蕴藏着城市文明发展的独特轨迹，确立了鲜明的地理坐标，可以让人们从传统化、民族化、地域化的内容和形式中找到自身的文化亮点。

明清时期整个北京城的布局，都围绕紫禁城这个中心而展开，而贯通这个布局的便是一条南起永定门、前门、午门、故宫，出神武门、地安门，北至钟楼的长达7.8公里的中轴线。中轴线贯穿北京旧城南北两端，串联着外城、内城、皇城和紫禁城四重城。将皇家祭祀建筑、传统的商业街区、皇家庙宇、传统居住区等串联在一起，用跌宕起伏的建筑形象和纵横捭阖的空间气度，掌控了整个城市规划。不仅如此，离中轴线较远的孔庙、历代帝王庙、日坛、月坛等，均犹如中轴线的余韵，北京城左右对称、前后起伏的体形和空间分配，都由这条中轴线统领，其所特有的严谨的秩序，也因这条中轴线的存在而产生。可以说，这是当今世界上一条最长、最壮美的城市中轴线，也是北京历史文脉最为直观的物质象征。

历史街区是构成北京城市文脉的重要物质遗存。这些街区经过漫长的历史沉淀，拥有不同时期的文化类型，隐含着城市的历史演进轨迹，反映了社会生活和文化构成的多样性。

朝阜大街是北京旧城内一条极具城市传统文化特色、横贯东西的景观走廊。西起阜成门，东至朝阳门，长约7.45公里，沿线集中了故宫、北海、历代帝王庙、白塔寺、广济寺、西什库教堂、北京大学红楼、北京图书馆旧址、孚王府、东岳庙等众多精品文物资源。与单体的历史遗迹不同，朝阜大街是一个集中了街巷、皇宫、园林、寺庙、名人故居等众多文化形态的综合体。既展示了传统的礼制文化，又有多元的宗教文化、商业民俗文化；既有众多皇家建筑，还有大量名人故居以及许多近现代的重要遗迹。朝阜大街有从元、明、清到近现代的700余年的历史文化遗产积淀，不仅具有鲜明的文化主题，更是城市品格与名城风貌的立体展示，宛如北京的文化博物馆。作为展示北京古都风貌的核心之地，朝阜大街是北京历史文脉最具代表性的显性要素。

作为一座具有数百年历史的帝都，北京分布着众多古典园林，它们历经千年积淀，成为北京城市规划的重要骨架。历史上北京城市格局的变迁都与这片区域内的园林和水系有着密切关联。明清时期，代表中国古典园林鼎盛之作的西苑三海、天坛、颐和园等皇家园林建成，北京城的古都形态至此成熟。各种类型的园林不仅赋予北京特有的城市风貌，成为保护北京的重要生态屏障，而且也是北京历史文脉不可替代的构成要素。

2003 年，北京市园林局与北京市规划委员会共同认定 21 处北京历史名园。从分布上看，基本可以划分为内外城系统。内城包括天坛、陶然亭、中山公园、劳动人民文化宫、景山、北海、什刹海、恭王府花园、宋庆龄故居、地坛、莲花池、日坛、月坛、玉渊潭、紫竹院、北京动物园等。外城主要包括西北郊三山五园系统（香山静宜园、玉泉山静明园、万寿山清漪园、畅春园、圆明园），此外还有南苑行宫、潭柘寺、戒台寺、十三陵等。这些历史名园整体关联而又各自辐射周边范围，共同构成一个完整的北京古典园林体系。

众多古典园林是北京历史文脉的物质承载，在设计构建、工程技术、文化艺术等领域都达到了古典园林的顶峰。其内部的山水空间、亭台等通过不同侧面反映不同时代的价值观念、伦理道德、审美情趣与社会心理，是时代变迁及人类思维形态的直观物证，不仅展现北京这座北方城市的地域特征，而且也成为中国文化的一种精神象征。

工业化和城市化、现代化都是互为一体的文明演进过程，当今世界正快速迈进后工业化时代，产业结构调整，一批工厂外迁，一些传统的工业门类正逐步被新兴产业代替，从而在城市中形成了诸多荒废的工厂厂区与工业建筑，统称“工业遗产”。在北京，典型的如东部的 798 地区、西部的首钢原厂区。这些地区原本孤立于城市体系之外，当围墙拆除之后，原来相当于城市内部“独立王国”的工业时代遗留的工厂厂区、工业建筑、街道等裸露出来，融入城市，成为现代都市景观的组成部分。

工业遗产具有独特的艺术气息与审美价值。工业时代强调集体化、简洁化、统一化与高效化，这些特征构成了工业建筑及厂区空间规划的基本设计原则，有些成为城市中的标志性景观。工业遗产往往带有鲜明的时代特征与历史厚重感，其大尺度的空间结构表现形式、精密的机械设计、均衡的体量构成等，不仅代表了当时最先进的生产力和科学技术，也体现出重要的艺术价值。如上面所列举的 798 地区与首钢原厂区，有效实现了功能转化，已经成为北京文化产业的重要基地。那些似乎不再具有使用价值的老工业建筑、厂房，经过改造之后再利用，成为激发创作灵感、孕育创意产业的重要空间。

工业遗产同样具有人文价值，在文脉传承中同样具有重要作用。工业遗产影响了城市空间结构的演变，见证了城市的兴衰，刻录了工业文明历史进程的印记，展示了当时最先进的科学发展与技术创新，同样是城市历史文脉的重要构成。我们把工业遗产纳入考察范围，从历史文脉的角度，分析工业遗产的特质，探解现代都市空间中工业遗产的再利用价值。

一种建筑形式本身就是生活于其中的人的行为方式与生活形态的物化表现。对于那些长期工作、生活于工厂的产业工人及家属而言，工业遗产凝聚着他们对共和国时代的集体记忆与情感依托，是形成认同感与归属感的重要基础，曾经在城市发展进程中有过辉煌历史的传统工业应该得到与之匹配的历史地位。

漫长的城市发展历程给北京留下了宏伟壮阔的皇家建筑与园林等实物遗存，而在这座城市的居民中也留下了特有的非物质性的“京味文化”。这种文化的每一个元素都根植于北京，不断发展成熟，最终铭刻在北京这片土地上，并根植于当地的居民当中，成为他们共同认同、不断传承下来的文化脉络。作为京味文化的重要组成部分，北京城市非物质文化内容丰富、形式多样，是北京城市文化脉络的重要一支。这些非物质文化包含这座城市的语言、习俗、工艺技术以及人们所习惯的娱乐方式等方面。

三　北京历史文脉的典型特征

北京有超过50万年的古人类进化史，2万年的人类生活史，超过3000年的建城史，建都史超过850年。元、明、清三代，北京跃升为东亚文明的中心，是古老东方文化的集中代表，是中国传统社会发展的顶峰与最后结晶。历代王朝在北京留下了众多的文化遗迹，这里有世界上最大的宫殿建筑群、陵园建筑群和皇家园林，各色寺庙、王宫府邸遍布内城，它们作为中国浩瀚历史的见证者与讲述者，集中反映和代表了中国古代都城营造艺术的最高成就。特别是经元、明、清数百年建设发展而形成的北京旧城，仍然保留着基本完整的古都格局。曲艺、戏曲、庙会、民间习俗等皇城根下传统的市民文化，形态多样、风格独特，是极典型的“活态文化”。北京自建城以来就吸引各地知识分子云集，在文学、音乐、绘画、书法、古玩等领域不但有极高水准，而且具有鲜明的地域色彩，反映出独特的审美观念、精神气质与文化个性，独一无二的文化景观难以复制。

“历史文脉”概念的一个基本特征是“动态性”。一座城市始终处在一个不断更新的动态过程中，内部空间不断变化，相应的文脉构成要素也不断变化，某些要素必然会因逐渐丧失对时代的适应性而衰亡，而有些则会因其具有更加积极的现代意义而充满生命力。此外，一些新的要素也会随之产生，从而对原有的文脉体系形成补充。

文脉既包括历史因素，也包括当代因素，从长时段考察，“当代”也是“历史”的一部分。今日的城市景观以及诸多文化现象也是构筑城市历史演进的重要线索。不过，无论城市如何发展，都应遵循其内在逻辑，总应有核心的文化线索贯穿始终，文化之根与文化之魂不应该出现断裂。正是这些因素的传承保持了历史信息的原真性与城市个性的延续。因此，历史文脉的传承需要保持一种开放性眼光，一些要素的逐渐消亡是自然的历史过程，有其必然性，或者因其不能适应今日的生活方式，或与今日的主流价值观念发生冲突，对此需要正视，并不应该完全采取强制性方式给予扶持与保留，我们需要做的是挖掘那些新生事物的潜力。

北京历史文脉的形成是一个动态过程。作为一个具有近千年历史的古都，北京是在元代以来原有城市格局的基础上发展起来的。明清以来，北京的城市建筑、空间格局不断演变，新建筑、新景观的不断产生既是对原有城市文脉的一种叠加与丰富，也是城市发展活力的重要体现，任何规划都应该在原有基础之上尊重传统，但也需顺应时代潮流，锐意创新，在保持自身独有气质的同时，容纳多元文化，实现城市精神的有机更新。

城市空间中新建筑对传统建筑的威胁都将始终存在，但不能据此而完全排斥新建筑，新建筑应该在外在形式（高度、颜色、建筑用料的材质）上与周边环境保持统一，符合原有的街巷格局与风格，或者说，新建筑必须充分考虑如何有效嵌入原有建筑群，交相辉映，共生共存。同时，新旧建筑之间应有相应的衔接，新建筑在数量上不宜过多，要严格控制，谨慎审批，应避免因数量过多而导致与原有环境抵牾的情况发生，保持整体氛围的一致性。

历史文脉的延续与传承不是使历史静止、将历史凝固，不是对古都风貌的“定格”，不是切断其自身的发展轨迹。同时，“立新”也不意味着必须“破旧”，问题的关键是要在历史环境中注入新血液，使新、旧因素协调共生，传统文化与现代文化不应截然独处。

“历史文脉”是由各个要素或子系统共同构成的有机整体，各个部分都不是孤立存在的，个体只有在整体的映照下才能更加彰显其存在的意义与价值。“历史文脉”也是一个系统性概念，具有不可分割性。一处古代建筑或者历史景观不是孤立存在的，都有与之相匹配的周边环境，不能割裂一处文物古迹之间及其与周边环境之间的相互联系，不能割裂一个单独的文化遗存与一片文化街区之间的地缘关系。需要从全局的角度研究文物建筑、文化遗址和街区的空间分布规律及空间整合关系，将孤立散存的点状和片状结构变成更具保护意义的网状系统，充分发挥古物遗存对提升城市文化价值的重要作用。

梁思成在20世纪50年代就已经指出，“构成整个北京的表面现象的是它的许多不同的建筑物”，但是，“最重要的还是这各种类型，各个或各组的建筑物的全部配合；它们与北京的全盘计划整个布局的关系；它们的位置和街道系统如何相辅相成；如何集中与分布；引直与对称；前后左右，高下起落，所组织起来的北京的全部部署的庄严秩序”①。建筑规划学者吴良镛也提出，北京传统的中心建筑群、街道、名人故居、公共建筑等是整体统一的。在过去的半个多世纪里，对这种整体统一的要求有所忽略，今天传统的、绝对的、统一的整体

① 梁思成：《北京——都市计划的无比杰作》，《梁思成文集》第4卷，中国建筑工业出版社1984年版，第51页。

性已被破坏了，但整体保护的原则不能丢弃，某些地区，如故宫、皇城、中轴线、朝阜大街等某些尚未完全破坏的街坊等，仍然力争保持“相对的整体性”，千方百计地加以保护并成为确定不移的法则。①

对于历史文脉，应采用整体性阅读原则。以故宫、长城、天坛、颐和园等为代表的世界文化遗产是北京历史文脉的核心要素，南北走向的传统中轴线和东西走向的朝阜大街构建了古都风貌的基本骨架，众多坛庙、园林蕴含着丰富的历史信息，现代工业遗产则记录着近一个多世纪以来工业化浪潮中城市的历史演进，这些因素都是北京历史文脉的重要表现。整体性保护原则表明北京历史的文脉不仅应注重显性要素，也要注重隐性要素。在保护有形物质建筑的同时，需要强化对无形文化遗产的保护和利用，将有形的文物古迹与无形的历史韵味相结合，物质文化遗产与非物质文化遗产相结合，既要重物，更要重人，注重对文物的文化底蕴、文化内涵、文化价值的挖掘整理，从单纯以古代建筑为主的物质形态保护转向社会文明、经济生活的总体性保护。

同时，整体性保护原则也意味着不仅应重视单体建筑物质形态的保护，还应注重整体氛围的营造，注重各个独立景观的有机联系，注重分析文物资源的系统性，连接“点”、“线”、“面”，推动城市由过去的单体文化展示逐步向分类、连片、成线的区域性综合文化保护转换。只有采取整体性的保护方法，历史文化街区的文化价值才能在一个相应的环境中更好地体现出来。如果没有形成整体性保护，失去了彼此呼应、关联的特定情境，即使实现了各文物单位的自身保护，其价值也会相应下降。

从文脉概念出发，历史街区的整体性不仅包含物质景观，也涵盖生活于其间的人们的生活方式、价值观念、文化习俗等，这些因素共同构成了区域内部的实体环境，对这种实体环境的认同构成了一种历史记忆，并在此基础上形成一种特定的文化心理。从这个意义上说，文脉的延续也是文化心理的延续。

---

①　胡春明：《吴良镛提出：积极保护、整体创造》，《中国建设报》2007年6月19日。

历史文脉传承不仅是城市物质景观的延续，更包括文化记忆的传承，后者是历史文脉传承中更深层次的内容，文化记忆附着于具体的历史建筑之上，并根植于民众的日常生活之中，潜移默化地影响着人们的思维方式与行为方式。一流的城市应该有一流的文化底蕴和氛围，那些承载城市记忆的文学、艺术、语言、民俗等不应因城市的巨大变革而消失，应该在现代性改造的宏大背景之下，展现其城市文脉守护者的历史价值，延续城市的文脉应以保持城市记忆为基点。

四　历史文脉传承与北京文化国际竞争力

北京是世界了解中国传统文化最重要的窗口，自元代以来一直是全国的政治中心、文化中心，悠久的文明历史从未间断，长期作为国都的历史赋予北京独一无二的政治地位与城市角色，留下众多历史遗存，这些资源不仅展示了独特的地域文化，更是记录中华民族文化精神历史演进的刻度表，是传承中国传统文化最好的物质化载体，是中国传统文化发展到顶峰的集大成者，中华民族5000年的文化，在北京有着最集中的沉淀和呈现。

从国际视野考察，真正具有文化竞争力的城市必然是独具文化魅力的城市。纽约、伦敦、巴黎、东京等都有其不同的城市个性。这些独特的城市气质与文化魅力，既是不同城市的历史记忆、历史文脉的积淀与延续，又是不同城市居民对自己喜爱的城市生活与文化样式的创造，以及他们的价值观在城市文化中的折射。目前，北京还无法与巴黎比拼时尚，无法与伦敦竞争创意，更无法超越东京的现代科技，但北京有其自身独特的优势资源。漫长的历史岁月，独特的人文环境与地理位置，超过800年作为帝国之都的城市角色，孕育和造就了令世界瞩目的辉煌文明，并为当今的北京留下了博大精深的历史文化遗产。北京作为中华民族辉煌文明的代表，是经由千百年来的历史发展所形成的。深厚的文化积淀形成了北京独有的城市气质，这是北京所具有的鲜明个性。北京的历史文脉与文化底蕴不仅在中国所有的城市当中无可匹敌，在世界范围内也是罕见的。

在经济全球化过程中，国际大都市的城市形态、基础设施、经济运行、行为方式日趋雷同，只有城市文化保持着各自独特的面貌。于是，文化特征成为世界城市创新的重要资源。一个没有自身文化特色的城市最终将会走向丧失个性的“无国籍化”。北京的文化个性与城市品格是在长期的历史积淀中逐渐形成的，是东方古老文明最具代表性的样本，具有不可复制、不可代替的“唯一性”，“悠久的历史和博大精深的文化，决定了中国建设世界城市的发展模式不是复制一个伦敦，再造一个纽约，更不是克隆一个东京和巴黎，而是要以深厚的中华文明积淀为依托，吸收融合世界先进文明的成果，建设具有鲜明的民族特色、独特的人文魅力、丰富的文化内涵和高尚的文化品位的世界城市”[①]。北京作为一座千年古都，应该从历史的积淀中寻找出绵延已久的城市精神，找到属于城市自己的文化发展路径，融合传统与现代，民族特色与国际品格兼具，地域文化与世界前沿并举，既展现古都北京的文化魅力，又符合现代社会的发展要求。

一个城市的文化持续力是文化竞争力的源泉，北京的历史文脉优势虽然非常明显，但需要对此正确审视。如果不能将历史文化资源转化为文化生产力，不能对历史文化资源进行二次开发，使其持续发挥魅力，实现文化价值的“再生”，那么利用历史资源提升文化竞争力也将无从谈起。

北京作为古老文明与现代文明的汇集之处，在历史文脉传承方面，必须立足国际视野，正确审视世界潮流，积极吸收世界各国先进的理念与方法，不能固步自封。同时，在坚守自身文化特色的同时，更需要找到传统符号与现代生活的结合点，坚持鲜明民族特色，突出自身独特的文化内涵与品位，处理好历史与当代、传承与创新之间的关系，在保留古都风貌的同时，展示其奋进、开放的城市形象，提高北京的国际影响力和区域辐射力。

历史文脉是北京提升国际文化竞争力的重要资本与载体，但是我们必须正视，北京众多历史元素在世界范围内仍然停留在“标本”阶段，很难在短时间内摆脱国际上“猎奇”的目光与心态，北京的

① 《文化软实力：北京走向世界城市之路》，《光明日报》2010年3月5日。

文化输出能力、传播能力仍然比较缺乏，北京在目前全球文化链条中仍然处在比较靠后的位置，北京仍然处在单向接受者的地位，文化竞争力仍然有限。如何使北京与国际主流文化产生深刻的双向互动，如何使北京在某个或多个领域产生能够引领世界消费潮流的文化品牌，仍然是当前面临的重大挑战。

五　北京历史文脉传承工作的基本思路

一座城市的文化根基在很大程度上体现于历史文脉的传承。简而言之，“历史文脉”就是一座城市文化传统的延续性，不仅指曾经的文化活力，也强调当代的文化遗存，历史因素与当代因素构成了文脉的“动态性”特征。任何一座城市都应有传承历史文脉的自觉性，许多地方曾经有辉煌的过去，但由于战争、自然灾害以及人为因素的破坏，现今已经找不到太多的历史遗存，文化失去了其物质痕迹，也就失去了发展的凭籍与依托，只能停留在文字怀旧与历史想象之中。历史文脉一旦断裂，要想弥补，难度很大。

近些年来，北京市在古都风貌保护与历史文脉传承方面做了大量工作，成立了高层协调机构，积极健全法律法规体系，旧城风貌保护力度明显加大，对文物尤其是重点文物的修缮与保护取得了明显成效。但整体状况仍然不容乐观，诸多长期未能解决的难题不仅需要研究者拓展新思路，提出新的解决路径，更需要城市的决策者运用政治智慧，调动社会各个领域的力量，打破条块分割，协调不同利益群体之间的诉求，寻求有效的破解方案。

（一）政府主导、公共政策配套、合理界定政府与市场的职能与角色

城市历史文脉的传承是一项综合性、系统性事业，是一项牵涉广泛的复合性社会项目，是政治、经济、文化、环境等多种因素共存互动、相互交错的复杂过程。以历史文化街区的保护与更新为例，不仅是传统风貌的维护问题，而且也是一个区域环境综合治理的过程，一套社会经济结构调整的系列行为，参与者涉及了原住民、规划管理机构、土地开发机构、金融机构、公众社区机构等，必须由强力政府部

门出面组织，相关公共部门积极介入，加强对各参与机构以及整个过程的管理与监控，协调不同的利益主体。尤其当社会资本力量不愿介入时，地方政府更是责无旁贷。政府要不断完善、落实各种配套的公共政策，通过税收政策等调节社会公平，重视弱势群体，尽可能地为原住民在老城区创造更多的就业机会，以确保历史街区空间使用的多样性和城市文脉的延承性。但在政府主导过程中，仍需注意发挥市场机制的调节导向作用，符合市场规律，实现社会、经济和环境效益的有机统一。

（二）寻找商业价值与社会价值的最佳契合点

实现历史文脉的有机传承，并不排除商业因素的介入，从某种程度上而言，能够实现成功的商业开发，是城市历史文脉传承的重要保障。不过，在这一过程中，如何处理好文脉价值与商业开发之间的关系，掌握好二者的尺度，直接决定了文脉传承的最终效果。

北京南锣鼓巷地区如今是外地到京游人的热门之地。南锣鼓巷始建于元代，北起今鼓楼东大街，南止地安门东大街，全长 786 米，宽 8 米，是北京最古老的街区之一，是我国唯一完整保存着元代“鱼骨状”胡同院落肌理与街巷布局的传统街区。经过 700 多年的演变，元代时期的史迹由于年代久远基本不存，现今保留下来的基本上是明清以及民国时期各种形制的府邸与宅院，既有深宅大院，也有胡同人家。

借助现代商业资本的注入，南锣鼓巷地区经过新兴文化产业的系统开发、包装与地区资源的整合，迅速崛起。这里商铺林立，以个性鲜明的酒吧、咖啡吧、小餐馆、服装服饰、创意小店、休闲会所为主。沿街商铺以传统建筑为依托，形成颇具文化呈现功能及旅游功能的城市景观。不过，南锣鼓巷地区发展过于迅猛，在经济利益的驱使下，对商业业态因缺乏严格的选择机制而导致失控，以致商业开发程度过高，已经演变为一处历史特征模糊的商业街。如今这里游人如织，秩序混乱，新的环境与街区原有的古朴氛围产生了很大的背离。由于商业气息过于浓郁，在最近一次的中国历史文化街区评选中，南锣鼓巷与邻近的什刹海地区一同落选。在历史文脉的传承过程中，需要正视商业资本的力量，正视资本的逐利性，但不应被资本左右，不应过早被商业气息包围，文化不应成为商业的陪衬与附庸。

与此形成对比的是，前门外大栅栏地区的杨梅竹斜街则代表了历史街区开发的另一种模式。杨梅竹斜街属于大栅栏片区，东起煤市街，西到延寿街，不到500米，是前门以南广阔的、迷宫般胡同网络中的一条，也是整个大栅栏基于东琉璃厂文保区的核心区域。杨梅竹斜街具有很多可挖掘的历史文化元素，这里分布着众多民国时期出版机构，如世界书局、正中书局、广益书局、环球书局等，近代许多书籍诞生于此，诸多文化名流曾在此流连，梁诗正、沈从文、鲁迅、郁达夫或寓居街内，或是往来常客；乾隆帝御赐给户部尚书、东阁大学士梁诗正的宅邸即坐落于此；旧京“八大楼”之一的泰丰楼旧址就在这里，清末民初北京著名的商业娱乐场所“青云阁”也坐落在街边，此外还有酉西会馆、贵州会馆等。

作为北京市探索历史文化街区保护修缮新模式的试点，杨梅竹斜街是最早进行试验的一条街巷。在改造过程中，废除了过去的危改带开发、人全走、房全拆、大拆大建、拆旧建新的模式，遵循“真实性保护”原则，不做仿古一条街，不仅保留原有胡同、古建的物质空间，还保留原住民，保证原有生活方式的延续。

杜绝大拆大建，采取平等自愿、协议腾退的方式进行人口疏解和空间改造。在全部1700户居民中，超过1100户原住民留了下来，占到将近70%。腾退出的房屋比较零碎，并不能做到连成片开发，于是采取“节点式改造”方式，引入创意文化项目或规划成公共空间，带动启发原有资源恢复活力，达到撬动当地经济、复兴社区的作用。而留下的居民与政府一起投入到街巷整治中，包括硬件与软件建设。通过新建道路工程、排水工程、燃气工程、路灯工程、景观照明工程和实施电力、电信、加工线的入地，有效改善居住条件。如今，这里有原住民的人气儿，有老胡同的韵味儿，也有纷至沓来的各式创意店铺、设计机构，这些群体以文化创意人群为主，具有更高的文化素养，胡同的原本生态发生了一定程度的改变，但安静的氛围并未因一些店铺的进驻而发生改变。

在历史上，这条街虽然邻近北京商业中心前门，但鲜有嘈杂扰攘，多是书局等静态文化商业形式。在实际改造过程中，一直强调延续“静”的历史风貌，引入安静又有文化品质的商业形态，进驻之前必须提交相对完善的运营方案。同时，因为要保持商居混合的状态，所以需要强调宜居特性。

商业开发与历史文脉传承之间并非截然对立。我们反对单纯地、被动地维持现状，在社会价值、文化价值与经济价值方面，三者不可偏废。实际上，现今我们能够看到的历史遗迹都是在历史长河中不断演变的，都是在与周边环境的长期博弈中留存下来的，尤其是在现代社会，经济力量无孔不入，我们必须正视这种现实。

（三）最大限度地保护城市传统物质景观与空间

自20世纪90年代中后期开始，北京城市扩张步伐明显加快，大量外来人口涌入，在为城市带来巨大活力的同时，也对北京原有的城市文化传统与市民的生活方式产生很大冲击。那些最具历史文脉显性与隐性要素的历史文化街区因其独一无二的区位优势而吸引着大量国内外强大资本的进入。同时，这些区域也是政府实施城市改造的重点对象。在国家政策与市场效应的双重推动下，那些作为历史文脉物质载体的老建筑被大量拆毁，生活在其中的人们也被迫外迁，历史形成的生活形态被肢解，传统的文化组织结构与居民社交网络被摧毁，街区的历史原真性被损坏，城市中心原有的文化空间被更多的外来因素覆盖，城市的“文化认同”与市民的“身份认同”都不同程度地产生危机，城市性格与文化传统愈发模糊。

那些特定历史区域内的老建筑实际上联系着时间与空间，沟通着历史与未来，使人们在当代社会仍然能够体验到“过去”。因此，“旧城特定历史区域建筑空间的文化更新并不应该排斥而是应该结合产业布局和城市功能的转变而与时俱进，不能仅停留于物质环境改善与审美的层面，而应当重视扶植与引入新的产业，应该宏观层面促进城市功能和活力的再生，激活城市的社会与本土文化，创造更多的就业机会以改善城市经济、城市财政，提升城市竞争力等。这样不仅使旧城的建筑空间得以保留与更新，更重要的是通过生活、工作形态的有机更新，为旧城的原住民提供传承、创造并分享原有本土无形文化遗产的机会，避免了‘硬件’和‘软件’被疾风暴雨式地彻底‘置换’”①。

传统建筑、街巷以及一些水系等是北京历史文脉的重要构成要素，是历史的一种独特表达方式，它们是过去的历史在现实生活中的投影，承载了市民的共同记忆，是地方获得场所认同感的重要依据。它们不仅见证着北京这座城市的发展轨迹，而且已经内化为北京城市性格与城市精神的一部分，从而具有了标识性的符号意义。对这些物质景观的保护，就是对历史信息的保护，或者说是对历史记忆的保护。留住北京的城市记忆，要从保存基本风貌开始。

从历史文脉的角度考察，北京城的深厚底蕴不仅体现在那些具体的历史遗存所形成的物质空间环境中，还体现在隐藏于那些物质空间背后的文化内涵上。因此，在历史街区改造过程中，应注意保护原有社会网络结构和生活的延续性。历史街区不仅是过去人们生活和居住的场所，经过改造之后仍应保持这一功能，仍是社会生活中自然而有机的组成部分。要珍视这些传统物质空间，善待历史积淀下来的城市文脉。在城市改造过程中，避免大拆大建，而是采取小规模、渐进式、微循环式的有机更新，最大限度地保护传统物质文化要素。

对于北京而言，历史文脉传承的首要工作是保护古都的基本风貌。虽然充斥着各种现代化的城市建筑，但在北京的核心区域，原有城市结构尚存，以南北中轴线与朝阜大街构建的十字骨架基本展现了原有的城市形态与古都风貌，北京的城市性格也深深渗透进了那些宫殿府邸、角楼胡同、寺庙道观之中。对于这些有形建筑的保护实际上就是对北京历史传统的保护。与此同时，应最大限度地把握传统文化的神韵，并将其置于开放、动态的历史进程之中，以现代性的方式承续传统文化的精神。

作为城市文脉物质载体的历史街区是否能够有所作为，能否通过

---

①　杨磊、邱建：《建筑空间的文化更新与城市文脉的有机传承》，《城市建筑》2007年第8期。

老建筑的文化更新来对城市文脉进行有机传承，从历史文脉传承的角度着眼，有必要保存一部分能够代表城市基本特征的历史空间，它们是城市文化传统赖以存在和延续的物质基础，是城市记忆能够保存的物质凭证。城市的历史不应仅仅停留在图像以及人们的记忆中，阅读城市、理解城市也不应停留在想象的层面。

（四）立足现实、务实思维、顺势而为、与时俱进

正视现实，处理好城市发展、历史文脉传承与民生之间的复杂关系。以胡同、四合院为例，作为北京传统城市文化的凝结，只能定位于城市的基本景观层面，它是一个被观赏的文化符号，是人们怀旧的一个空间承载物，不可能成为居民主要的居住模式，其居住的功能将不可避免地逐渐退化。居民对拆迁的抗争，很多也并非是对文化传统的自觉维护，而是基于自身经济利益与社会公正的诉求。

从最基础的意义上讲，城市是居民聚集生活的一个空间，这是一个城市存在的基本价值，因此不能将城市作为一件仅供欣赏的艺术品。“试想将北京旧城区当作一件艺术品完整地、全面地修复，拆除城区内所有新建筑，对所有的街道进行整理和铺装，并改造市政管线系统，对所有建筑和四合院按照古建筑保护规格进行修缮和重建，恢复城墙和所有城门。显然，这样做必将付出数以千亿计的资金，城市的经济价值无从谈起。这样建成的城市只可能像一件工艺品般束之高阁，所有旧城居民都将因没有足够的经济能力来享用这件高档艺术品而被迫外迁，从而导致城市社会价值的完全丧失。”①

北京不应一味陶醉于自身文化积淀的深厚，更应注重文化发展的潜力与可持续性，同时也必须正视文化创造乏力的现实。以京剧为例，虽然享有“国粹”的美誉，但群众基础日益薄弱，成为曲高和寡的博物馆艺术。我们无法否认京剧的精致，但一个在国内都无法实现普及的艺术形式，很难期待在国际上有影响力、传播力，更难期待竞争力。文化竞争力首先要求的是一种“活态”的文化，要具有鲜

---

①　北京市规划委员会：《北京朝阜大街城市设计——探索旧城历史街区的保护与复兴》，机械工业出版社2006年版，第37页。

活的生命力与创造力，如果没有新的文化创造，城市也将迷失发展方向。

城市是人类文明发展的产物，每个时代都在城市的发展进程中留下了自己的痕迹。一系列延续至今的历史，形成了一个文化脉络。历史文脉刻录着城市文明的演进轨迹，展示的是城市文化积淀的厚度，记载着城市的兴衰。一个城市正是依赖于不同的历史沿革与文化传统才形成了自己的特色。一座城市的历史文脉保存得越完整，城市的个性就越鲜明，人文底蕴就越深厚，文化的发展也就越成熟。保护好历史文脉，就是保存城市文化的连续性，保存城市的文化记忆，在不断发展过程中丰富自身的文化个性。

北京是世界著名的历史文化名城。同时，北京作为中国首都，正日益发展成为一个国际化大都市，在传承中华民族优秀文化和推动中国与世界经济文化交流的历史进程中发挥着无可替代的作用。近年来，北京历史文化环境虽有局部改善，但整体状况仍不容乐观，尤其是在城市快速发展过程中，一些积淀丰富人文信息、具有典型地域文化特征的历史街区被摧毁，城市文化空间遭到破坏，一些有意义的传统生活场景消失，一些社区关系解体，最终导致城市记忆消失与城市文脉割裂。2014 年 2 月，习近平总书记在北京市连续两天考察工作，历史文脉传承工作是其重点考察的内容。在肯定成绩的同时，习近平要求北京市要本着对历史负责的精神，传承历史文脉，处理好城市改造开发和历史文化遗产保护利用的关系，切实做到在保护中发展、在发展中保护。

创造力是文化竞争力的核心，也是一个民族文化活力的标志。历史文脉记录的是城市过去的文化痕迹，要想让其持续发挥魅力，必须坚持创新精神，坚持“在发展中保护，在创新中继承”的原则，尤其是在当代的文化竞争中找准自身定位。

历史文脉是一个城市诞生和演进过程中形成的生活方式以及不同阶段留存下的历史印记。从整体上把握城市的文脉格局，通过保存历史文脉来保护好城市的历史记忆，为城市开拓更大的发展空间。

历史文脉的传承不仅仅是因为怀旧，更是要使城市充满深厚的历史底蕴与人文关怀，创造出更加人性化的城市空间，增加城市的“可辨识度”与“认同度”，满足人们日益多样化的精神需要。

历史文脉的有序传承是一个创造性整合的过程，是对原有系统中各个要素在多重外力作用下重新分化组合并形成新系统的过程，最终目的是在新的社会结构中形成与之对应的文化形态，历史文脉不应因为城市的快速扩张而丧失其生命力。

文脉的整合不是建筑符号的拼贴，国内城市建筑设计中先后出现过模仿和拼凑西方古代建筑中符号形式的建筑殖民文化现象，如欧陆风、港台风、仿古风等，但最终结果大多不尽如人意。这从一个侧面可以证明，“文脉”的人为建立几乎是不可能的，它只能存在于真正的历史氛围之中。

今日中国，城市化进程的这股潮流无法阻挡，亦是历史上鲜有的极速变革时期，当经济驱动、利益驱动的力量似乎能够碾压一切时，文化的势力有时不堪一击。但对北京而言，其特殊的政治地位、文化影响实际上成为了这座城市历史文脉传承的重要保护力量，北京在这一方面具有更大的优势，这也是我们的信心所在。

北京的城市现代化，历史文脉的传承，都是在同一座旧城的基础上展开。发展的需求，传承的使命，人口的压力，资源和城市基础设施的制约，交织在一起，决定了我们不可能选择“放手图新”或“全盘存旧”的路子，而势必要统筹兼顾，优先取舍，谨慎平衡。既要合理追求 GDP，也要重视文化 DNA，要处理好传承与发展的关系，既不能在城市快速发展过程中造成历史文脉断裂，又不能因历史文脉的传承而束缚手脚，忽视社会经济的发展与居民生活条件的不断提升，需要应用理性、务实的思维，寻求兼顾传承与发展的合理途径。

第一章　中轴线：北京历史文脉纵向线索

北京城是在元大都的基础上，以明初南京宫城为蓝本，经明清两代不断改造、修建而成。元代大都城以居于城南中央的宫城为主体，丽正门为郭城正南门，灵星门为皇城正南门，崇仁门为宫城正南门，经万宁桥直达万宁宫中心阁，构成了一条南北轴线。明清时期，以元大都的中轴线为基准，形成了南自丽正门（后改称正阳门），经大明门入皇城，过天安门、端门、午门，穿紫禁城，出玄武门（清改称神武门），登景山，北至钟鼓楼的统领北京城的新中轴线，成为北京城市文化脉络最为直观的象征。此外，在北京中轴线上分布着数量众多的坛庙、园林与宅院，构成了庄严肃穆又不失雅致意蕴的园林景观，也形成了文人墨客、市民阶层集会与游憩的重要场所。进入民国后，这些场所逐渐演变为不同类型的公共空间，为北京城市文化的发展带来了新的生机，对于生活在这座城市的市民和整个城市而言，均具有重要的历史意义。

第一节　从永定门到正阳门：中轴线南段的嬗变

北京中轴线南段的主要建筑有永定门、燕墩、天桥、正阳门等，这些建筑自元代以来，大多居于北京城外或者外城，与处在核心区域的皇城、紫禁城相比，位置相对较低。但从文化脉络而言，无论是自身的演变进程，还是作为北京城市发展的见证者，均与皇城、紫禁城等具有同等的文化价值。

一　永定门与燕墩的留存

永定门位于中轴线的最南端，是北京外城的中央城门，在外城7座城门中规模最大、形制最高。

明代，为防范北方蒙古部族南下侵扰，朝廷决定修筑外城，将内城包围起来。后因财力有限，只修建了外城的南面部分。嘉靖三十二年（1553）十月，“新筑京师外城成，上命正阳外门名永定，崇文外门名左安，宣武外门名右安，大通桥门名广渠，章义街门名广宁”[①]。当自为永定门定名之始。

明廷起初只修建了永定门城门楼，颇为简陋。嘉靖四十三年（1564），补建瓮城。清朝初年，永定门仍保持着明代城门楼、瓮城的样式。瓮城正南面城墙辟有门洞，与城楼门洞相对应。乾隆十五年（1750），增建永定门箭楼，并重修瓮城。乾隆三十一年（1766），重修城楼，加高城台和城楼顶层，将门楼改建为重檐歇山三滴水，顶铺灰筒瓦绿剪边，饰琉璃脊兽之楼阁式建筑，使永定门成为外城诸门中最大、规格最高的门。至此，永定门城楼跨越明清两代，完全建成。

作为北京城南大门，永定门经过乾隆时期的整修，其形制已与内城建筑相近。永定门城楼面阔五间，通宽24米，进深三间，楼连台通高26米。瓮城为方形，东西宽42米，南北长36米。箭楼面阔三间，南、东、西三面各辟箭窗二层。箭楼下城台正中对城楼门洞辟一券洞门。

永定门在拱卫北京城的历史中发挥过重要作用，是北京城南端第一道防线。明崇祯二年（1629），皇太极率清军攻打北京，永定门前是双方战斗的重要战场。光绪时期，永定门外的马家堡设火车站，往来旅客可由永定门出入京城。但在光绪二十六年（1900），八国联军进入北京，将永定门西侧部分城墙拆除，并把原在马家堡的京津铁路终点站移至天坛，称天坛火车站。次年，又在永定门东侧开豁口，修

① 《明世宗实录》卷430。

建通往前门的铁路，永定门自此开始遭到破坏。

民国时期，永定门虽然失去了原有的功能，但作为中轴线南段终点依然存在。瑞典人奥斯伍尔德·喜仁龙在1924年出版的《北京的城墙和城门》中曾描述其亲见的永定门："它的躯体高大，修整完好的城楼，给人以雄奇壮伟的印象……门楼的尺寸比例较为特殊：进深很小，但却很宽，很高。……结构很典型，但比早期城楼简练一些。"[①]

1950年，中央政府拆除永定门瓮城，1957年拆除城楼和箭楼，永定门从此消失。进入21世纪以后，人们越来越意识到古城墙、城门等古迹对于北京城市的意义，复建永定门的呼声越来越高。2003年，人们在先农坛北京古代建筑博物馆门口的一株古柏树下发现了一块保存完好的长2米、高0.78米的永定门石匾。经过考证，认定这块石匾是明嘉靖三十二年（1553）始建永定门时的石匾。2004年9月，永定门城楼复建完成，城门上方所嵌石匾所书"永定门"三字，即为仿照原石匾字样制作。作为北京中轴线最南端的永定门再次矗立在世人面前，又一次担负起见证北京城市变迁的历史重任。

与永定门城楼遥相呼应的还有一处重要的历史遗存，即"燕墩"。现今经过修缮，也已复现于京城南端。

"燕墩"，又称"烟墩"、"石幢"。元明两代北京有"五镇"之说，以为可以震慑妖魔，确保京城安全。清代将"五镇"形成具体实物，南方中轴之镇即为燕墩。南方在"五行"中属火，故堆烽火台以应之，因此又名"烟墩"。据载："燕墩在永定门外半里许，官道西，恭立御碑台，恭勒御制《帝都篇》《皇都篇》。其制，甃砖为方台，高二丈许。北面西偏门一，以石为之。由门历阶而上数十级，至台顶，缭以周垣。碑立正中，形方而长，下刻诸神像，顶刻龙纹，西北恭镌御制《帝都篇》，面南恭镌御制《皇都篇》，均清、汉书。"[②] 清人有《燕墩》诗云："沙路迢迢古迹存，石幢卓立号燕墩。

---

① ［瑞典］奥斯伍尔德·喜仁龙：《北京的城墙和城门》，许永全译，北京燕山出版社1985年版，第189页。

② 于敏中等编纂：《日下旧闻考》卷90，北京古籍出版社1983年版，第231页。

大都旧事谁能说，正对当年丽正门。”①

现今的燕墩为底座高 8 米的墩台，墩台中央有高约 7 米的方形大石碑，碑上用满、汉两种文字刻着乾隆帝御笔写于乾隆十八年（1753）的《帝都篇》和《皇都篇》。碑座四周雕着 24 尊神像，顶部雕有龙纹。

燕墩与永定门一起静静矗立在中轴线最南端，共同见证了北京建都概况与历史发展，有着很高的历史价值与艺术价值。

二 天桥的拆建与天桥地区的发展

公元 1271 年，忽必烈定都大都后，开始营建大都城。其时，皇帝往城南祭拜，如今的天桥地区就在皇帝祭拜的途中，但并不在大都城范围之内。此时的城南一带河道纵横，为了便利南北通行，在此地筑桥一座。

明朝，此桥在很长的时间内仍然保持其郊野的身份。永乐年间，朝廷在桥之东南修建了天地坛，在西南修建了山川坛（即先农坛）。此后，皇帝从南海子、天地坛、先农坛至京城，此桥成为必经之途，天桥之名由此得来。

嘉靖三十二年（1553），外城修筑完成后，天桥被纳入城内区域，但因为缺乏明确的规划设计，天桥地区仍十分混乱。入清后，天桥被划归外城。乾隆五十六年（1791），天桥已是石拱桥结构。至晚清，天桥“桥西南井二，街东井五。东南则天坛在焉，西侧先农坛在焉”②。

明清时天桥的桥身较高，至清光绪三十二年（1906）整修正阳门至永定门间的马路时，将这条路上原来铺的石条一律拆去，改建成碎石子的马路，天桥改建成比较低矮的平桥。民国十八年（1929），因有轨电车行驶不便，将天桥的桥身修平，仅保留两侧石栏杆。民国二十三年（1934）拓宽正阳门至永定门的马路，将天桥两旁的石栏

---

① 李静山辑：《增补都门杂咏》，见路工编选《清代北京竹枝词》，北京古籍出版社 1982 年版，第 96 页。

② 朱一新：《京师坊巷志稿》，北京古籍出版社 1982 版，第 195 页。

杆全部拆除。自此，天桥桥址不复存在，天桥仅作为一个地名留存下来。

天桥在晚清开始形成繁荣的平民市场。至清朝末年，“天桥南北，地最宏敞，贾人趁墟之货，每日云集”①。但这里的市场日渐带有平民演艺场所的性质，被视为不入流之地。其“街西乌笼铺隔壁，开有落子馆，群呼之为切糕屋子。……其人既出，其屋必闲，清昼日长，遂以空宅赁与男女杂班，入此演唱，而趋之者，多为下流”②。

民国建立之初，天桥一带愈发成为带有浓厚下层民众色彩的文化区域。“民国元年一月，香厂临时集会闭幕，香厂之商贩及诸卖艺者流，乃辗转据此为长久之场地，而与先时之天桥，益有雅俗之别矣。其后修筑水心亭，小桥流水，渐臻逸趣。自电车公司采天桥为东西两路总站，交通即便，游人日繁。趋时者，复出资争购地皮，兴建房屋，空地之上，相继支搭棚帐，或划地为场，租与商贩艺人，设摊设场。于是天桥之界限，已扩至三四倍，西北抵新世界，东北接金鱼池，西南至礼拜寺，东南则达天坛坛门矣。”③ 同样在民国元年（1912），有人在厂甸一带建大棚，演奏成班大戏，后迁至天桥，开启了天桥戏院的历史。此后，天桥因市场的兴起而繁荣发展，而这一市场，面向平民大众，集文化娱乐和商业服务为一体，文商结合，互相促进，逐渐形成了独特的天桥平民文化。

民国初期，北京虽然保留了国都的地位，但一直缺乏专门性的市政建设与管理机构。1914 年 4 月，袁世凯颁布总统令，批准设立京都市政公所，并任命时任内务总长的朱启钤为京都市政公所督办，北京自此建立起了专门的市政管理机构，它和内务部基本总揽了北京市政事宜。

北洋政府在天桥地区进行了一系列的环境改善工作，其中香厂新市区的建设是非常重要的城市发展项目。香厂位于天桥地区香厂路一

---

① 震钧：《天咫偶闻》，北京古籍出版社 1982 年版，第 135 页。

② 张江裁：《北平天桥志》，国立北平研究院总办事出版课印行，1936 年，第 7—8 页。

③ 同上书，第 1 页。

带，即今南抵先农坛，北至虎坊桥大街，西达虎坊路，东至留学路之间的地段。清末，这里是地势低洼的大水坑，秽水淤积，卫生恶劣，居民和建筑物也很少。1914 年，市政公所为了缓解前门大街和天桥地区的交通堵塞问题，疏散部分人口，并繁荣南城经济，决定将香厂地区规划扩建为“新市区”，以为民国都市规划建设的示范。[①] 1916 年 7 月至 1918 年 12 月，在香厂兴修及展修道路长度合计约 1.55 公里。1917 年、1919 年，市政公所两次在香厂地区进行了大规模的沟渠修筑，使新市区的基础设施建设基本完备。[②] 主要道路香厂路一带铺设柏油路面，修筑了人行道，栽种了德国洋槐作为行道树，安装了路灯、公用电话和警察岗亭等设施，十字路口开辟了圆形广场。香厂新市区的土地开发采取招商承租方式进行。当时商民招租相当踊跃，自 1916 年 9 月到 1919 年 8 月，香厂地区共标租地基 70 余亩，得租金 7.7 万余元。[③]

香厂新市区的建筑多是依据当时的社会风潮兴建的洋式楼房，包括商店、旅社、饭店、娱乐场所等新兴建筑。建于 1917 年的新世界商场为四层船形大楼，内部设有露天电影、中外百货、杂耍曲艺及文明新戏等，在四楼还设有西餐馆、咖啡馆，五层为屋顶花园，这在当时是不多见的。商场内的哈哈镜和电梯对时人而言非常新奇，新世界商场也逐渐成为北京南城最为热闹的去处。

随着商业和娱乐业的发展，加之天桥电车站的修建，天桥地区出现了很多新兴商铺和戏台。当时此地“戏棚甚多，在东则率多布摊及旧货摊、估衣棚，北连草市，东至金鱼池。善于谋生之经济家，每年多取材于此。至其西面，则较东为繁盛，戏棚、落子馆（即坤书馆）为多，售卖货物者殊少”，“其北建有天桥市场，内多酒饭店、茶馆之属，其他营业总难持久，颇呈寥落状况。惟此处收买当票及占算星命者异常之多，亦殊为市场中之特色”，“天桥迤西，先农坛以

① 史明正：《走向近代化的北京城——城市建设与社会变革》，北京大学出版社 1995 年版，第 92 页。

② 张复合：《北京近代建筑史》，清华大学出版社 2004 年版，第 233—235 页。

③ 同上书，第 235、238—239 页。

东，近日成为最繁盛之区域，且自电车路兴修以后，天桥之电车站，更为东西两路之汇总，交通便利，游人益繁"，"即现在该处所有戏棚，已有五六处之多，落子馆亦称是，茶肆酒馆尤所在多有"，"由此迤西，沿途均为市肆，茶馆为最多，饭铺次之，杂要场与售卖货摊亦排列而下，洵为繁多之市廛"。①在前门大栅栏和天桥这两大商业娱乐区的影响下，香厂地区凭借良好的地理位置，游人日渐增多，具备开辟为新兴商业娱乐区的地理条件。

民国政府迁往南京后，天桥地区的新式市场、饭店等日渐衰落，规模日趋缩小，盛极一时的繁荣景象也随之衰退。随着日本占领北平，一些日本文人陆续来到这里。他们数次探访天桥一带，体会风俗与生活。面对天桥百相，日本文人对北京下层社会生活实相与本国进行了对比，认为天桥区域是"脏"、"穷"、"乱"、"俗"集中的地方。②他们用外人的眼光为我们提供了20世纪三四十年代北京城市发展的不同面相。

三 正阳门的修建与改造

正阳门是北京内城的正门，俗称"前门"，通高40.36米，宽41米，进深21米。正阳门前边的箭楼，通高38米。明清时期，在正阳门和箭楼之间有一个巨大的弧形瓮城，南北长108米，东西宽88.65米，是拱卫皇城、紫禁城的重要军事工事。

元朝修建大都时，建正阳门，时称丽正门。明永乐十七年（1419）拓北京南城时，丽正门只有城墙、城洞，没有城楼、箭楼。明代建都北京后，为建皇宫，将南城墙往南推出一里之遥，重建南城墙，后将原来南城门丽正门改称正阳门，意即维护封建统治地位。正统元年（1436）"修建京师九门楼"，正阳门得到扩建。乾隆四十五年（1780），清政府对正阳门进行了一次大修。

明清两朝，除天子出祭巡狩外，正门终年不启，车马行人皆从左

---

① 陈宗蕃：《燕都丛考》，北京古籍出版社1991年版，第641页。

② 王升远：《"文明"的耻部——侵华时期日本文化人的北京天桥体验》，《外国文学评论》2014年第2期。

右侧门出入。只有皇帝去天坛祭天，或去先农坛演耕时，正阳门才开启正门，龙车从此经过。显然，正阳门的地位十分重要。因此，正阳门不仅形制特别高大，而且设置也与内城另外八座城门不同。

清光绪二十六年（1900），八国联军入侵北京，正阳门城楼和箭楼毁于大火，只剩下城楼底座及门洞。逃往陕西的慈禧、光绪一行于光绪二十七年底（1902 年初）返回京城时，劫后的正阳门还未曾修复。为迎慈禧、光绪帝“回銮”，群臣不得不采取应急措施，令京都厂商先搭席棚，再披上五色绸绫，以备皇太后、皇帝驾到观瞻。

清末，正阳门以南曾颇为繁华。瓮城东西城根的“帽巷”和“荷包巷”店铺鳞次栉比，显现一幅“五色迷离眼欲盲，万方货物列纵横。举头天不分晴海，路窄人皆接踵行”[①] 的景象。同时，京汉铁路终端的西车站和京奉铁路终端的东车站都修在正阳门两侧，这里遂成为北京客货运输的集散枢纽。加上前门大街一带的大栅栏、鲜鱼口、煤市街、珠宝市和“八大胡同”，其他商家、饭馆，以及首饰楼、珠宝金店和妓院娼寮，正阳门前终日车水马龙，熙熙攘攘。在卫生设施不健全的情况下，正阳门前由于商店密布，街道狭窄，行人拥挤，致使交通堵塞，空气不通，污秽满地。

进入民国以后，为了更好地改善内外城交通，交通总长朱启钤经过筹划，于 1914 年 6 月 23 日向大总统袁世凯提出了《修改京师前三门城垣工程呈》，认为“京师为首善之区，中外人士观瞻所萃，凡百设施，必须整齐宏肃，俾为全国模范。正阳、崇文、宣武三门地方，阛阓繁密毂击肩摩，益以正阳城外京奉、京汉两干路贯达于斯，愈形逼窄，循是不变，于市政交通动多窒碍，殊不足以扩规模而崇体制”[②]。1915 年 6 月 16 日，改造工程的第一项——正阳门改造工程正式动工。改造工程由德国人罗斯凯格尔任总建筑师，按照

---

① 杨静亭：《都门杂咏》，见路工编选《清代北京竹枝词》，北京古籍出版社 1982 年版，第 81 页。

② 朱启钤：《修改京师前三门城垣工程呈》，载北京市政府文史资料研究委员会、中共河北省秦皇岛市委统战部编《蠖公纪事——朱启钤先生生平纪实》，中国文史出版社 1991 年版，第 17 页。

其改造计划，首先是拆除箭楼北侧的瓮城，并在正阳门两侧添砌南北向新墙二幅，箭楼东西两面增筑悬空月台二座，正阳门两侧各开门洞两座，又分别安装带滑轨的钢门；对道路也进行了改造，新筑马路两条，皆宽20米，两侧人行道用唐山产的钢砖铺砌。此外，新修正阳门暗沟800米，另中华门通往护城河大暗沟两条。为增加安全，从新开城门至正阳桥安设水泥栏杆，棋盘街两侧安放水泥方墩，贯以铁链。同时，为新修城门等更加美观，特运购大石狮子三对，分别放置于正阳门前和箭楼东西石梯入口处；又将观音庙、关帝庙油饰彩画。除了保存这些传统内容外，在箭楼增添了钢筋水泥的挑台、护栏和窗檐，还在外表刷了白漆，使整个建筑从外观上增加了一些西洋的风格。

1915年12月29日，改造工程竣工，朱启钤等进行了验收。工程实际花费银圆29.8万余元，其中包括偿付征用商铺和民房拆迁费用7.8万元，较原来的预算节省1/4以上。工程完工后，“前门顿改旧观，高楼耸立，气象发皇，五门洞开，行人称便”[①]。新城门的开通，使得南北中轴线中段的交通拥堵状况得到改善，天安门地区自此可顺畅地与外城沟通。结合相继开始的长安街拓宽，正阳门成为东西交通的连接点，同时长安街东西轴线的作用也初露端倪。

1924年，为了内外城交通方便，冯玉祥派鹿钟麟率士兵在正阳门与宣武门之间拆除一段城墙，新开了一个城门。城门刚建好，张作霖就进驻北京，将新开的城门取名为“兴华门”。几个月后，又改名为“和平门”。门内往北原无一条马路，在拆城墙开城门的同时，拆了一些民房。冲开东西向的松树胡同、中街、半壁街、新旧帘子胡同，新开了一条由南至北的马路，由于这条路离中南海的新华门不远，因此取名“新华街”，和平门内的叫北新华街，城外的叫南新华街。

正阳门改造是北京近代城市建设的一大举措，此后的城门周围建设了装饰性喷泉，广植树木，并逐渐使之成为京城市民娱乐和休闲的

① 《京办理市政之经过》，《申报》1919年10月23日。

去处，从中可以明显看到欧洲城市建设对北京的影响。[①]

第二节　皇城的营建及其历史变迁

皇城作为宫城的外围建筑，与紫禁城一起成为中国最高皇权的象征，书写了皇室建筑的发展历史，见证着中国封建制度变化的历程，也因此构成了独特的文化风格。在北京历史发展的进程中，皇城一度扮演紫禁城护卫的角色，是中央权威直接的物质屏障。但随着清王朝的灭亡，专制皇权的衰落，皇城逐渐失去了其存在的价值，民国时期不断被拆毁。直至其获得文化古物的身份，才得以部分保留，进而以新的面貌，无声地向世人讲述着集权时代的历历往事。

一　明代北京皇城的营建

明成祖迁都北京，在北京城市发展史上具有重要意义。北京皇城是在洪武时期修建的燕王府基础上建设而成，而燕王府又是直接在元大都旧址上兴建起来，明皇城堪称直接继承了元大都的中轴线。虽然有明一代，北京城多次被毁，而又不断重建，但这种等级观念和易学思想，始终贯穿其中，而又被清廷承继。

（一）以元代为基础的营建活动

明洪武元年（1368）八月，徐达攻占大都。其后，徐达“命指挥华云龙经理故元都，新筑城垣，北取径直，东西长一千八百九十丈”，又“督工修故元都西北城垣”[②]。在对城墙进行扩建以后，徐达又率人改建城门，于“洪武元年九月戊戌朔”，“改元故都安贞门为安定门，健德门为德胜门”。[③]“洪武初改大都路为北平府，隶北平布政司，缩其城之北五里，废光熙、肃清二门，其九门俱仍旧。”[④]经

① 史明正：《走向近代化的北京城——城市建设与社会变革》，北京大学出版社1995年版，第89页。

② 《明太祖实录》卷34。

③ 《明太祖实录》卷35。

④ 陈循、彭时等纂修：《寰宇通志》卷1。

过一番扩建与改制，将元代故城的北城垣北缩五里，废东城垣北门光熙门和西城垣北门肃清门，其余九门仍旧。朱棣迁都北京后，北京城的营建历经永乐、正统、嘉靖、万历至天启等几个时期，北京皇城的架构初步形成。

朱棣登极之初，提出将旧封国社稷坛升格，虽未得到礼官们的支持，但得到了“设北京社稷坛祠祭署”的结果。随后，丘福等提出营建北京宫殿，“以备巡幸”。永乐四年（1406），朱棣正式颁布《营建北京诏》，命陈珪等人重建北京宫殿，后因经画有条理，给予重奖。[①]

朱棣时期北京皇城的营建，是在洪武时期基础之上进行，同时也是在元代大都古城基础之上进行。因之前徐达筑城致使城垣南扩，此时的城垣也需向南拓展。“甲子，拓北京南城，计二千七百余丈。”[②]这是继徐达之后，北京城垣的第二次大变动，从而确定了皇城的范围及布局。

永乐时期，正是借鉴了元代规制，把红门拦马墙向东南方面扩展，才形成后来的皇城。随后在皇城兴建了各监、局、作、库等官署机构，以供明廷的正常运转。此外，“宫室各门名虽仍沿元旧，似俱移置东偏，稍加恢扩，其登闻鼓院，今在西长安门外，属通政司”[③]。

正统、景泰、天顺三朝，各城门的瓮城等逐步完成。英宗时期，把营建重点放在御苑方面。先是修建了玉熙宫、大光明殿；随后重建了南内。在重建时又把通惠河（即南河沿河道）圈到红墙之内，筑飞虹桥一座。

嘉靖朝时，北京前三门外已形成较为繁盛的商业区，朝廷认为需对外城进行加筑。嘉靖三十二年（1553）闰三月，聂豹等进言：“臣等钦遵于本月初六日会同掌锦衣卫都督陆炳、总督京营戎政平江伯陈圭，协理戎政侍郎许论督同钦天监监生杨纬等，相度京城外四面宜筑

---

① 张廷玉等纂修：《明史》卷146《陈珪传》。

② 《明太宗实录》卷217。

③ 于敏中等编纂：《日下旧闻考》卷33，北京古籍出版社1983年版，第496页。

外城，约计七十余里。”乙丑，“建京师外城兴工”。[①]“嘉靖三十二年筑重城，长二十八里，门七。”“筑重城包京城南一面，转抱东西角楼止，长二十八里。为七门：南曰永定、左安、右安，东曰广渠、东便，西曰广宁、西便。城南一面长二千四百五十四丈四尺七寸，东一千八百八百十五丈一尺，西一千九十三丈二尺，各高二丈，垛口四尺，基厚一丈，顶收一丈四尺。四十二年，增修各门瓮城。”[②]从此陆续重建，到嘉靖四十一年（1562）基本竣工，并在景山西建了一座大高玄殿。

除对皇城城墙、城门进行修建外，还对一些附属设施进行建造。永乐十八年（1420）建成天坛时，称“天地坛”，实行天地合祀。嘉靖九年（1530），一改原来天地同祭的传统，立四郊分立制度，方改为天地祀。嘉靖九年，在天坛建圜丘坛，用以祭天；在北郊建方泽坛，用以祭地。嘉靖十三年（1534）改天地坛为天坛。“嘉靖十一年，中允廖道南请建九庙，上从其议，撤故庙，祖宗各建专庙，合为都宫，因旧庙新之……（嘉靖）十五年十二月，九庙成。”[③]如此，就在原来太庙的基础上新建九庙，以供奉历代祖先，分别祭祀。

明皇城内有三海，即北海、中海、南海。其中，北海和中海以琼华岛为中心，又称为太液池。池西建有隆福、兴圣二宫，元时是皇后和皇太子居住的宫殿群落，为元大都的西宫。明西宫的主体建筑群，始建于永乐十四年（1416）。大内宫殿完成后，与南海统称为西宫，又名西苑。所以，在北京宫殿建成之前，西苑成为实际的政治中心。

西苑营建的过程，自朱棣永乐十四年九月离开北京至十五年奉天殿受朝贺，历时七个月。建成后，西苑之中为奉天殿，殿之侧为左、右二殿。奉天之南为奉天门，左、右为东、西角门。奉天门之南为午门。午门之南为承天门，奉天殿之北有后殿、凉殿、暖殿及仁寿、景福、仁和、万春、永寿、长春等宫。凡为屋千六百三十余楹。[④]

---

① 《明世宗实录》卷396。

② 于敏中等编纂：《日下旧闻考》卷38，北京古籍出版社1983年版，第606页。

③ 于敏中等编纂：《日下旧闻考》卷33，北京古籍出版社1983年版，第498页。

④ 《明太宗实录》卷187。

营建西苑对于明代政治有重要意义。在永乐十八年“正北京为京师”之前，北京一直都是以“视朝之所”的身份履行着自己的职责，为成祖迁都以及政治中心转移奠定基础。正式迁都前，成祖有过三次到北方巡狩的经历。前两次与北征有关，且以旧邸更名为行在所。第三次巡狩则与前两次不同，当时迁都已经被提上日程，“视朝之所”正在营建，且已在巡狩时建成，巡狩并非出于北征的需要，而是为迁都做最后准备。永乐十五年三月“丁亥朔，上将巡狩北京，命礼部定东宫留守事一”[①]。自此，朱棣入主北京，不再返回南京。

（二）明皇城的基本布局

明代皇城改变了元大内偏西的局面，重心往东、往南移动。随着北京南城城墙的南移，皇城向南延伸了一里左右，北城墙北缩了五里，使得明皇城的范围略小于元大内。明初，仿照金中都的样式，在皇城北部兴建了万岁山，随后又在东南兴建了重华宫（即南内）。

皇城城墙系砖砌抹以朱泥，上覆黄琉璃瓦。外皇城四门，南为承天门，西为西安门，北为北安门，东为东安门。承天门初建时与北安、东安、西安门形制相近，并没有今天的天安门高大。天安门前有四个华表，北面两个紧靠城门，如今仅剩两个。北安、东安、西安门均为单檐。红墙即以此四门为中心而伸展，唯缺西南一角。

内皇城南起太庙和社稷坛墙，东、西、北三面各辟三门，即北上门、北上东门、北上西门；东上门、东上北门、东上南门；西上门、西上北门、西上南门。除此以外，在内外皇城的相对城门之间，再增筑一个城门。东上门和东安门之间，有东中门；西上门和西安门之间，有西中门。由于北安门和北上门之间以景山相隔，所以北中门设在景山之后。

皇城以内属于禁区。除各宫苑外，还分布着数十个御用机构，分属内府十二监，即司礼监、御用监、内官监、御马监、司设监、尚宝监、神宫监、尚膳监、尚衣监、印绶监、直殿监、都知监；四司，即惜薪司、宝钞司、钟鼓司、混堂司；八局，即兵杖局、巾帽局、针工

---

① 《明太宗实录》卷186。

局、内织染局、酒醋面局、司苑局、浣衣局、银作局。此外，还有：库，如西什库即皇城西北之十座库；房，如御酒房、甜食房、更鼓房、绦作房等；以及内库各监所属的作坊，如大石作、盔头作；等等。这些监、司、局、坊包括了皇宫日常所需的一切生活用度。

此外，为确保皇城的绝对安全，还于内外皇城处设立了极其森严的警卫——红铺制度。所谓红铺，即皇城外的守卫值房。外皇城周围有红铺 72 座；内皇城外又设红铺 36 座。每座红铺由 10 名军士组成。入夜，这些军士递次巡更，手持铜铃，一一摇振，环城巡警。皇城地区严禁百姓入内，大明门晚上关闭，天明开启。

在皇城南北两端，有千步廊和雁翅楼。千步廊是皇宫“御路”旁的廊房建筑。元大都把千步廊设于紫禁城大门之外。明代千步廊又比前代有所发展，把千步廊南移到正阳门到承天门（今天安门）之间，长达一里，充当着御路和广场的双重身份。同时“五府”、“六部”被两道红墙隔在墙外，以显示皇宫的尊严。红墙之内有两列廊房，各 110 间。到长安街南侧再随红墙向东、西方向延伸，两旁又各有朝北的廊房 34 间，东西尽头是东、西长安门。正统朝在东、西长安门外再各筑一道南向的大门，称东、西公生门，是“五府”、“六部”通往皇宫的便门。

二　清代皇城建筑布局的继承与改造

清代定鼎京师，皇城建筑布局基本沿袭明制，只是就部分建筑进行改建和扩建。清末，随着社会的发展，增建或改建了部分建筑，皇城建筑布局发生了一定变化。

与明代皇城一样，清代皇城建筑布局仍然体现出鲜明的中轴特点，左右对称分布。中轴线设计源于元大都时期，明代也是如此，清代因之。

清朝是少数民族建立的国家政权，较之明代，清代皇城内新增了一些带有浓厚满族特色的建筑，堂子即是其中一种。

堂子是满族进行萨满祭祀的地方。关于祭礼，清制“以元旦拜天、出征凯旋为重，皆帝所躬祭。其余月祭、杆祭、浴佛祭、马祭，则率遣所司。崇德建元、定制，岁元旦，帝率亲王、藩王迄副都统行礼。寻限贝勒止，已复限郡王止，并遣护卫往挂纸帛”[①]。自崇德建元、定制以后，即设杆祭天礼。又于静室总祀社稷诸神祇，名堂子。顺治定都北京后，沿袭前俗，度地长安左门外，仍建堂子。顺治元年（1644）九月，建堂子于玉河桥东。此时堂子规模较大，“正中为飨殿，五楹，南向，汇祀群神，上覆黄琉璃。前为拜天圜殿，北向。中设神杆石座，稍后，两翼分设各六行，行各六重，皇子列第一重，次亲王、郡王、贝勒、贝子、公，各按行序，均北向。东南为上神殿，三楹，南向”。光绪二十六年（1900）八国联军占领北京后，各国在京设立使馆。皇城中翰林院、詹事府、兵部、工部、銮仪卫、太医院、钦天监、理藩院、堂子均遭到破坏。其中，堂子所在地改为意大利使馆。

除了民族特色的新兴建筑外，晚清时期因为适应社会发展需要，皇城建筑布局发生很多变化，一些建筑被改造，外观样式或室内装修等方面体现出西式风格。

光绪年间，慈禧太后驻跸瀛台，先后两次大兴土木，在中海西岸修建了仪鸾殿、海晏堂及仿俄馆等洋式建筑。光绪十一年（1885）开始修建仪鸾殿，十四年建成。光绪二十七年（1901）八国联军入侵期间，仪鸾殿被联军统帅瓦德西占领。二月二十九日深夜，因厨房铁炉延烧壁上木皮纸突然起火，致使仪鸾殿遭受火灾被毁。慈禧太后回京后，决定另觅新址重建仪鸾殿。光绪二十八年（1902）选定在蚕池口建造，光绪三十年（1904）竣工。新建的仪鸾殿规模较为宏大，还添盖了后罩楼一座，宫门一座，亭式重檐垂花门一座，东西朝房两座等。第二年，仪鸾殿重新装修，安装了洋式花飞罩、洋玻璃多宝格，东配殿安装了洋式落地罩、洋式玻璃书格落地罩，西配殿鼓儿槛墙板上安装了一道大洋玻璃窗。

从仪鸾殿已毁基址改建的洋房被定名为海晏堂，一切照西式办理，专为接见外国各使。海晏堂后面还建造了仿俄馆，两座建筑在外

---

① 赵尔巽等：《清史稿》卷85。

观及内部装修方面都体现了西式特点。

清末，北京出现了具有近代社会转型特征的新建筑。其中，较为著名的是在明代马神庙基址上修建的京师大学堂。

戊戌维新运动时期，光绪皇帝命孙家鼐为管学大臣，筹建京师大学堂。光绪二十四年（1898）五月初八日，清廷下旨成立京师大学堂，其中提到“京师大学堂为各行省之倡，必须规模宏远，始足以隆观听而育人材”。随后制定的《大学堂章程》在总纲第一节中也强调：“京师大学堂为各省之表率，万国所瞻仰。规制当极宏远，条理当极详密，不可因陋就简，有失首善体制”。[①] 大学堂拟设礼堂、学生聚集所、藏书楼、博物馆、讲堂、寄宿舍、寝室、自修室、公共休息室、食堂、盥所、养病所、浴室、厕所、体操场、职员所居室、教习所居室和执事人所居室等。当然，很多设想最终并未得到实施。

京师大学堂校址最终选在景山东街东侧一带。这里原是明代的马神庙，是御马监祭祀马神的地方。到了清代乾隆时期，和嘉公主下嫁福隆安，乾隆皇帝赐为公主府，所居“当年称四公主府”，“今北大马神庙路北大学堂旧址”。[②] 公主去世后，光绪二十五年（1899），和嘉公主府被改造成京师大学堂。京师大学堂的营建包括对原有公主府旧址的改造和兴建新建筑两部分。其中，公主府正殿被改造为大讲堂，著名学者蔡元培、胡适、鲁迅、钱穆等都曾在此演讲授课。公主府的宅园改造为大学堂总监督的办公场所。八国联军占领北京后，俄兵和德兵先后占据京师大学堂，所有书籍、仪器、家具、案卷等项，一概无存，房屋亦被拆毁，情形甚重，京师大学堂被迫暂停。光绪二十八年（1902）初，清政府正式下令恢复京师大学堂。张百熙被任命为管学大臣，京师大学堂得到较大发展，增建了一片校舍和教学楼，进一步扩大了学堂的规模。

光绪三十二年（1906）三月，商部请旨设立农事试验场，并请将西直门外乐善园作为种植灌溉的试验场之地，得到清廷允准。此

① 《总理衙门筹议京师大学堂章程》，见朱有瓛主编《中国近代学制史料》第一辑下册，华东师范大学出版社1986年版，第654页。

② 崇彝：《道咸以来朝野杂记》，北京古籍出版社1983年版，第51页。

后，农工商部开始筹建工作，将乐善园、继园旧址、广善寺、惠安寺及附近部分土地划入试验场范围。至光绪三十四年（1908），农事试验场初具规模，开始进行试验和陈列展品。其后，农事试验场建立了实验工厂、博览园等。在博览园内修筑了中、西、日式等各种楼屋亭榭。此外，建立了现代意义上的动物园，饲养了从国内外引进的大批名禽佳兽，成为京城民众学习世界新知识以及享受现代休闲方式的处所。

东交民巷使馆区的建立对清代皇城建筑布局产生很大影响。东交民巷原名东江米巷，因元代设有漕粮税关而得名。明代为中央政治行政中心所在地。清代，中央衙署众多，部分官员府邸和民宅也混杂其间。

第一次鸦片战争后，清政府战败，英、法、美三国在取得通商权利的同时，提出在北京设立各国驻华使馆的要求，但未有结果。第二次鸦片战争后，清政府被迫同意各国提出的设立使馆的要求。咸丰十年（1860），英国强租梁公府划为使馆用地，将东江米巷内庆公府划拨给法国作为使馆用地。此后，法国、美国、德国、比利时、西班牙、意大利、奥地利、日本、荷兰等国相继在东江米巷设立使馆区，俄国也在康熙时期设立的俄罗斯馆基础上进行了扩建。此后，东江米巷改名为东交民巷，作为外国驻华使馆区。光绪二十七年（1901）《辛丑条约》签订后，各国使馆自主派驻军队负责安全保卫工作，清政府无权过问使馆区事务，界内的清政府衙署必须移出，原居中国人迁往他处。东交民巷使馆区成为北京的国中之国。不过也应看到，东交民巷使馆区的建立对北京城的市政建设、建筑布局等产生了深远的影响，使馆区内较为现代的建筑形式、设备设施、生态环境对促进北京城市的近代化起到了一定推动作用。

三　民国年间皇城的拆除及其内街巷格局的变迁

民国建立之后，皇城作为一个封闭的体系占据着城市的相当面积，对于城市中心道路的阻碍作用非常明显。当时，要想穿越东西城，只能经由地安门以北及正阳门棋盘街绕行，“仅东西华门及地安门三面许人通行，而东西辽远，城圈阻阂，殊感不便”[1]。京都市政公所成立后，以城市道路建设与交通改善作为现代市政建设重点。由于皇城的存在，城市内部缺乏贯通的大马路，很多道路被城墙打断，数量有限的城门成为皇城、内城与外城的连接点，城市交通压力颇大。出于政治上的原因以及交通上的需要，皇城城墙将被拆除。

就皇城城墙在民国的拆除过程而言，历时较长，是一个逐渐发生的过程。长安左、右门自民国元年即已拆去，仅余门阙，俗称三座门。东安门于民国十三年拆去。西皇城根如灵清宫一带，民国六年拆去。东皇城根向南一段，拆于民国十三四年，向北一段，拆于民国十五六年。北面皇城拆于民国十五六年。拆墙之外，复设城门。民国初年，于东侧辟南池子门，于西侧辟南长街门，又西侧辟灰厂墙门。于是，南、北长街和南、北池子以及灰池、石板房诸处，昔为行人所不易至者，俱成为通衢孔道。至民国十六年，则城垣尽拆，翠花胡同、宛平县署之新门，亦无余迹。原皇宫东、西、北三面之外，旧有护宫营房凡数百间，倚濠而墙，藉资宿卫。民国十八年，北面一带均行拆卸，于东北、西北两隅，建屋各五楹，倚槛凭栏，雨柳风荷，颇饶佳胜。神武门、贞顺门及宫内东西两角楼，亦同时修葺，焕然一新。[2]可以说，在北洋政府倒台之前，皇城城墙的拆除工作一直在进行。

市政公所起初采取的拆除方式，是在皇城城墙上行打豁口，分别在皇城西北与厂桥相应的地方开凿了豁口，南面打通了府右街，东面开有翠花胡同等豁口，缩短了穿行南北东西的空间距离，在一定程度上打通了北京城的交通联络。从1915年至1920年，皇城四面又开辟了北箭亭、枣林豁子、南池子三孔旋门、南长街三孔旋门、菖蒲河、五龙亭、大甜水井、汉花园马路、南锣鼓巷和石板房等一批豁口，原有的封闭体系开始瓦解，皇城与外面的道路开始打通，皇城内外的交通联系建立了起来。

但是，随着豁口的不断增多，形成了越来越多的新的所谓小型

---

① 《京都市政汇览》，1914年6月至1918年12月。

② 陈宗蕃：《燕都丛考》，北京古籍出版社1991年版，第30—32页。

"城门"，皇城城墙的整体性开始遭到肢解，个别段落的城墙开始被小规模拆除。1921 年 10 月，南北河沿空地开放，两处城墙被拆除。1923 年，东方时报社新建洋房，将对面皇城打开一个豁口，此后不到半年，市政公所将该豁口到大甜水井豁口一段长达 21 丈 2 尺的皇城全部拆除。皇城不仅在"点"上，而且在"线"的层面上也开始遭到破坏了。

另外，大明濠暗沟工程也迫使皇城城墙被更大规模地拆除。大明濠和御河是北京两大排污系统。大明濠北自西直门大街起，南至宣武门护城河，纵贯京城西部地区，为西城重要排水干道。民国初年时大部分已经塌毁，中部更多淤塞，功能丧失。附近居民将生活污水以及垃圾等直接倾倒，每至夏日，污秽不堪。京都市政公所计划将大明濠改为暗沟，在上面开辟马路。但由于经费紧缺，市政公所经过估算，决定用旧城砖代替铁筋混合土，以节省费用。随后，市政公所在第 6 段工程招标中规定所有该段需用旧城砖，由灰厂至西华门及御河桥至东华门两段皇墙拆用，并归包揽大明濠暗沟厂商自行拆用及拉运。自 1921 年 6 月起，承包商开始拆除西安门以南段城墙，10 月又开始拆用东安门以南段城墙。其后，在徐世昌任总统期间，因其与逊清皇室的密切关系，曾下令内务部停止拆除皇城城墙。1924 年，颜惠庆以国务总理兼掌内务部时，认为城墙系数百年古物，亟宜保存，不可拆毁。但此后随着控制北京的军事势力的变化，在内务部、京师市政公所主持下，开始大规模拆除皇城城墙。1925 年 1 月，内务部将东安门以北段通往京师大学堂等处的城墙拆卖，同年 8 月，将地安门东西全墙折价三万元拆卖。1925 年 7 月，京都市政公所以改造大明濠上段工程为由，向内务部购买了宽街至西华门这段皇城城墙的处置权。1926 年春，市政公所工程队开始拆用西安门北段皇城。到 11 月，西安门至仓夹道皇城基本拆完，1927 年续拆东北拐角向东一段皇城。至此，皇城东、西、北面城墙以及东安门、西安门先后被拆除，仅剩余零散的几段，原东、西城墙遗址也被民居占用，至此，皇城城墙仅存南段正面东西墙及由天安门至中华门之部分。

为解除东四、西四之间的交通阻隔，京都市政公所打通了紫禁城神武门以北、景山以南、北海中海之间的金鳌玉蛛桥、文津街、三座门这条路线。作为皇城的核心之地，对这条线路的改造并没有使之成为交通要道，只是起到了沟通皇城东西的作用。袁世凯将总统府迁入中南海后，为防止有人从金鳌玉蛛桥上窥视其府邸，保证他的人身安全，命人在桥上南面栏板的内侧，砌筑了一道高墙，此墙东西两端与桥头原有的中南海北围墙衔接，起到了封闭作用。1928 年北伐战争取得胜利，北洋政府垮台，中南海被辟为公园后，这道围墙才被彻底拆掉，金鳌玉蛛桥恢复旧貌。

不可否认，皇城城墙的拆除与城门的增辟对北京内城交通的改善作用是明显的。皇城内部街道与外部街道连为一体，形成了内外城众多新的交通干道，原有的封闭格局被打破，北京城数百年来因为皇城存在导致的通行障碍问题在很大程度上得以解决。

就城市格局而言，原本皇城北墙与厂桥相对应的地方开凿了便门，从而形成今天的西什库大街，在西什库南口辟建出西安门大街。地安门内大街则北起地安门，南到景山后街。其后两侧是景山东街与西板桥大街（今景山西街），再南为景山前街，构建了一条沟通皇城北部与中部的通道。从西安门至翠花胡同西口之间形成了联络线。这就完全打破了原有皇城与其外不能相通的局面。

在拆除皇城城墙的同时，京都市政公所不断对大清门到天安门之间的区域进行改造。1912 年，首先拆除了长安左门与长安右门，仅剩门阙，俗称三座门。

1913 年，拆除大清门内东、西千步廊及东、西三座门两侧围墙，开辟了天安门前的东西大道，并允许市民从神武门与景山之间的道路通行，从而打通了宫城南北的两条交通干线。1914 年，东、西、外三座门被相继拆掉，千步廊完全废除，南端的大清门改称为中华门，以显示中华民国之肇始。此外，开放从中华门到天安门之间的道路，普通百姓自此可以自由穿越长安街，或者自前门入中华门，沿着曾经只有皇帝等少数统治阶层才能经过的御道一直向前，一睹天安门的真面目。

街道的命名也开始具有了崭新的意味，长安左门到长安右门之间的道路一度被命名为中山路。其东为东三座门大街，再向东为长安街；西面为西长安门大街，再向西是府前街，又向西是西长安街，北京东城、西城得以贯通。1921 年西长安街改建成沥青路，1928 年东长安街改建成沥青路。

1928 年国民革命军北伐完成后，成立南京国民政府，北京改名北平，城市性质也由曾经的国家政治中心转化为一个地方性城市，原来附带于国都地位的城市发展动力逐渐丧失，北平市政府必须重新考虑城市发展的基本方向，于是千年古都的新定位——文化城市与旅游城市的设想被提出。北平社会各界对历史古迹的价值开始产生新的认识，提出拆城墙、建环城马路，“市内如多空地，城垣无碍于都市发展时，亦可保留，以供军事与游览之用”①。何其巩担任北平市长之后，明令保护仅存的南段皇城城墙。1933 年，北平市工务局拟定《本市工务部分之初期建设计划》，提出对原来皇城的各个城门进行修缮，北平市政府批准了工务局的计划，皇城范围内的西安门，地安门，东、西长安门，东西三座门及新华门楼等被列入维修项目，进行修补和油饰。

1935 年，南京国民政府行政院专门设立了故都文物整理委员会，其执行机关为文物整理实施事务处。该委员会成立后，把涉及皇城城墙的部分委托给北平市工务局代办，包括天安门、地安门、西安门、端门、东西阙门、内城城垣等。1936 年 3 月至 1937 年 4 月，北平市工务局还完成了文整处交给代办的新华门和皇城角楼的修缮工程。

整体而言，民国时期，皇城城墙虽然被拆毁大半，外皇城区域内的建筑格局发生改变，但后来随着北京城市发展方向逐步明确，无论是官方还是民间对故都文物的态度都发生了明显变化，文物保护意识逐渐清晰，文物的历史价值与文化价值逐渐得到越来越广泛的认同。尤其是专门性的文物整理实施事务处的设立，为北平文物保护提供了比较坚实的机构保障，北洋政府时期对文物古迹的破坏趋势基本得到扭转。进入 20 世纪 30 年代之后，北京城墙的损毁势头得到遏制，皇

① 张又新：《改良中国城市的要点》，《市政评论》1934 年第 1 期。

城城墙拆除后内城城墙与外城城墙体系被大体保存了下来。专业机构的成立保证了制定文保措施的科学性，改造皇城的办法由拆墙改为建门，皇城内外空间联系的系统性和完整性得到了一定程度的保持。

第三节　紫禁城：中轴线核心区域的历史演变

紫禁城作为北京中轴线的核心区域，是明清两代帝王皇宫，也是中国传统文化、中国皇权宗法礼教及中国古老哲学诗学形体化、格式化、标准化的代表，在中华民族乃至世界文明史上都占有重要地位。紫禁城所展现的成就不是一个时代的产物，而是千百年智慧的结晶。它以传统儒家的天命观和秩序观为灵魂，成为中国集权体制的最高象征和最后堡垒。辛亥革命后，紫禁城由曾经的最高权力机关逐渐转变为文化机构，与民国时期北京政治文化的变化交相辉映，共同谱写了京师文化的新篇章。

一　最高皇权的象征：明代的紫禁城

永乐四年（1406）颁布《营建北京诏》后，朱棣命陈珪等人重建北京宫殿。其所依据的模板，是南京的宫城。所以北京紫禁城“规制悉如南京，而高敞壮丽过之”，其在布局上比金中都、南京均更为完整。

作为北京中轴线的最核心地带，紫禁城体现了最高的皇权意识。其宫殿南北分为前朝和大内，东西分为三路纵列，加上中宫和东西六宫，形成众星拱月的布局。加之皇城东西部御苑部分、西宫和万岁山等，形成以紫禁城为中心，西宫、南内、万岁山三处御苑环绕其周的格局。

永乐时期，紫禁城已经奠定了基础。正统时期，紫禁城进行了大规模的兴建，三殿两宫的建设是这一时期的主要工程。紫禁城的修建于正统朝时期基本完成。嘉靖时期，火灾颇多，最大的一次是嘉靖三十六年（1557）的三殿火灾，一直延烧到午门和左、右廊，“三殿十五门俱灾”，整个前朝化为瓦砾灰烬。万历二十五年（1597）三殿又发生了一次火灾。万历四十三年（1615）才开始兴建，直到天启七年（1627）才完成。万历、天启重建的三大殿较永乐初建时的体量要低，与三台高度不协调。这个阶段，限于朝廷财力，只能进行小规模维修。

紫禁城中，三大殿是最重要的建筑。在明成祖初创时期，从前往后依次称奉天殿、华盖殿、谨身殿。三殿建成后，屡遭大火，数次重建，嘉靖朝重建后，把奉天、华盖、谨身三殿更名为皇极殿、中极殿、建极殿。“嘉靖四十一年九月壬午，以三殿工成，命……分告南、北郊、太庙、社稷。甲申，更名奉天殿曰皇极、华盖殿曰中极、谨身殿曰建极。文楼曰文昭阁，武楼曰武成阁，左顺门曰会极，右顺门曰归极。奉天门曰皇极，东角门曰弘政，西角门曰宣治。”[①] 整个明代，三大殿初建于永乐朝，之后分别在正统朝、嘉靖朝和万历天启时期有过三次重建。

三大殿在明代几次重建中，形制与永乐朝初建时已然不同。嘉靖朝三大殿的规制，据记载：“三殿规制，自宣德间再建后，诸将作皆莫省其旧，而匠官徐杲能以意料量，比落成，竟不失尺寸。”[②] 从中可知，宣德朝所建三大殿，“皆莫省其旧”。不过，宣德朝虽确有重修三殿的计划，但一直未能实施。

面对重新修建三大殿的局面，嘉靖帝对当时的内阁说：“我思旧制固不可违，因变少减，亦不害事。”内阁首辅严嵩答：“旧制因变减少，固不为害，但臣伏思，作室，筑基为难，其费数倍于木石等。若旧基丈尺稍一移动，则一动百动，从新更改俱用筑打，重费财力，久稽岁月，完愈难矣。臣愚谓，基址深广似合仍旧，若木石围圆，比旧量减或可。”[③] 因为时间有限，嘉靖帝产生了“因变少减”的想法。随后严嵩提出，如果改动地基，恐怕“完愈难矣”，将会更耗费时间，这才让嘉靖帝放弃了最初的想法，而采取了一种折中的方式：在

---

① 《明世宗实录》卷513。

② 于敏中等编纂：《日下旧闻考》卷34，北京古籍出版社1983年版，第518—519页。

③ 《明世宗实录》卷470。

原来地基不变的情况下，减少建筑的体量，也就是所谓“比旧量减”。

至天启朝，三大殿的重建不仅耗时最长，且已经难循旧制。天启元年（1621），御史王大年将万历至天启时期的国力、财力与嘉靖朝做了对比：“彼时物力充盈，咄嗟立办，大非今比。”熹宗于是同意缩减开支重建大殿的建议，除了街石、顶石的尺寸还按照原来的规格以外，并未做更大的增改。

二　集权体制的最后堡垒：清代的紫禁城

清代紫禁城的建筑布局与明代一样，严格遵循《周礼·考工记》中前朝后寝的帝都营建原则建造，有外朝与内廷之别。外朝以三大殿为中心，是皇帝行使权力、举行盛典的地方。内廷以乾清宫、交泰殿和坤宁宫为中心，是皇帝与后妃居住的地方。

清代外朝三大殿基本沿袭明制。三大殿是代表封建皇权的主要建筑群，是举行重大典礼的地方。清代沿用明代皇宫的旧制，将外朝三大殿的名称加以改变。清代将明皇极殿改称太和殿，明中极殿改称中和殿，建极殿改称保和殿。

康熙八年（1669）正月至十一月，因太和殿建造年久，颇有损漏，进行修理。康熙十八年（1679）十二月初三，太和殿发生火灾，惨遭焚毁。康熙帝下“罪己诏”，认为殿亭告灾，乃上天示警。第二年太和殿两庑渐次修复，因当时平定三藩的战争正在进行，太和殿工程暂停。康熙二十一年（1682），因兴建太和殿，在全国多处采办楠木。康熙二十五年（1686）因四川山路崎岖，又饱受战火，人民生活困苦，清廷下旨停止四川的楠木采运。康熙三十四年（1695）二月二十五日正式开始营建太和殿，康熙三十六年（1697）七月十九日竣工。重修后的太和殿，明间面阔二丈六尺三寸五分，次间八，各一丈七尺三寸，两边间各一丈一尺一寸。山明间面阔三丈四尺八寸五分，次间二，各二丈三尺二寸七分，前后小间各一丈一尺一寸。檐柱高二丈三尺，金柱高三丈九尺五寸。梁九是为太和殿工程做出巨大贡献的工匠之一。据载：“重建太和殿，自乙亥（康熙三十四年）二月二十五日。鸠工李少司空贞、孟元振言：有老工师梁九者，董匠作，年七十余矣。自前代及本朝初年，大内兴造，梁皆董其事。一日手制木殿一区，以寸准尺，以尺准丈，不逾数尺许，而四阿重室规模悉具。"①

此后，清朝的许多重大朝会活动都在太和殿举行。顺治四年（1647）正月初一，皇帝至太和殿，诸王、贝勒、贝子、公、文武群臣及蒙古诸王上表朝贺，皇帝赐宴。② 顺治八年（1651），太和殿举行世祖亲政大典，康熙皇帝、光绪皇帝也都在这里登基。另外，每年元旦、冬至、万寿三大节，以及国家适逢较大庆典活动，皇帝于此接受百官祝贺。

太和殿之后，东西两庑各三十间，正中南向者为中和殿。中和殿经过清初兴修后，康熙二十九年（1690）复修，乾隆三十年（1765）重修。较之太和殿，中和殿规制较小。中和殿纵广各三间，方檐圆顶，金扉琐窗，陛各三出。③ 但中和殿也有自己的建筑特色，"方檐圆顶，建造殊异，内顶雕刻彩绘极精美"④。中和殿也是国家重要活动的场所，凡遇三大节，皇帝先于此升座，内阁、内大臣、礼部、都察院、翰林院、詹事府堂官及侍卫、执事人员行礼毕，然后出御太和殿。遇方泽大祀及祀太庙、社稷之前一日，皇帝于殿内视祝版。亲祭历代帝王庙，先师孔子，朝日、夕月，亦如之。每岁耕耤，并于殿内阅视农器。⑤

中和殿之后为保和殿，深广九楹，重檐垂脊。殿正中设宝座，前陛各三出，与太和殿丹陛相属。殿后陛三成三出，北向，殿左右各一门，左曰后左，右曰后右，与中左、中右两门相对。门各三楹，南向，前后出陛。自太和殿至保和殿两庑丹楹相接，四隅各有崇楼，中路甬道相属。顺治初年修建后，康熙二十九年（1690）再修，乾隆

① 章乃炜等：《清宫述闻》，紫禁城出版社2009年版，第147页。

② 《清世祖实录》卷30。

③ 周家楣等：《光绪顺天府志》，北京古籍出版社1987年版，第20页。

④ 章乃炜等：《清宫述闻》，紫禁城出版社2009年版，第172页。

⑤ 鄂尔泰、张廷玉等：《国朝宫史》卷12《宫殿》，北京古籍出版社1994年版，第193页。

三十年（1765）重修。后左、后右两门袭明旧。每岁除夕，皇帝在此御殿筵宴外藩。每科朝考新进士，翰林院引入殿内，左右列试。

与外朝相对应，清代也进行了很多内廷修缮工程。清代沿用明代乾清宫、交泰殿、坤宁宫，乾清宫清袭明制，顺治元年（1644）兴修，十二年（1655）重建。康熙八年（1669）修，嘉庆二年（1797）遭灾，同年修，嘉庆三年（1798）工成。乾清宫工程自顺治元年（1644）七月始，至第二年五月竣工。[①] 修建后的乾清宫，“连廊长八丈六尺八寸，宽连廊四丈二尺六寸，山柱高三丈三尺。两傍大房二座，每座连廊五间，长五丈四尺，宽连廊三丈六尺，山柱高二丈三尺九寸。两傍房二座，每座连廊五间，长连廊五丈一尺，宽三丈六尺，山柱高二丈三尺六寸。四角小殿一座，每面三间宽三丈，四面皆同，高二丈五尺。两傍长房二座，每座十二间，长十四丈四尺，宽三丈二尺，山柱高二丈四尺四寸。后长房二十五间，长二十七丈五尺，宽二丈五尺，山柱高二丈一尺六寸。小楼五座，每座长一丈五寸，宽一丈二尺四寸。乾清宫门一座，五间，长八丈二尺，宽连廊四丈三尺，山柱高三丈一尺”[②]。

顺治十年（1653），清廷再次修建乾清宫。但是这一年的闰六月二十五日北京地区连降大雨，导致庄稼被淹，房屋倒塌，户科给事中周曾发奏请暂时停止工程，得到允准。顺治十二年（1655）正月二十一日，工程正式启动，同时修建的还有景仁宫、承乾宫、永寿宫等。当年四月，乾清宫上梁安吻。第二年五月，宫成，告祭天地、宗庙、社稷。七月初六，皇帝御新宫。

康熙八年（1669）正月，因乾清宫栋梁朽坏，撤旧重建，十一月竣工。康熙十九年（1680）六月，因修理乾清宫，皇帝移驻瀛台。乾隆五十年（1785）采运4989块林清砖，对乾清门内东南、西南二面台帮，至日精门、月华门以南台帮，进行局部修缮。

乾清宫后为交泰殿，清初兴建后，顺治十二年（1655）重建，

---

① 赵尔巽等：《清史稿》卷4《本纪四》。

② 《清世祖实录》卷16。

第二年闰五月宫成。康熙八年（1669）再修，安交泰殿金顶。嘉庆二年（1797），乾清宫火灾延及交泰殿，第二年春季开始修建，秋季即已完工，楣间南向悬挂乾隆皇帝御笔临摹康熙皇帝御笔匾额“无为”二字。[①] 交泰殿渗金圆顶，制如中和殿。殿中设宝座，左安铜壶刻漏，右安自鸣钟。

交泰殿后，南向正中者为坤宁宫。清代对明代坤宁宫进行了根本性的改造。坤宁宫在明代为皇后的寝宫，清代则不同，为皇帝大婚之处，更是祭祀与举行萨满仪式的地方。坤宁宫始建于顺治十二年（1655），形制仿照沈阳清宁宫，将明代中间开门的正殿改为两间东暖阁、五间祭神所，宫门偏开。坤宁宫共九楹，其中，东一楹至东二楹为东暖阁，为皇帝大婚之处。第三楹至第六楹，为祭神的地方。坤宁宫祀神是满族传统祭祀活动在清代宫中的重要体现。坤宁宫祭祀包括元旦行礼、每日朝夕祭、每月祭天、每岁春秋二季大祭、四季献神等，是清代宫廷独特的祭祀方式。

在乾清宫与坤宁宫的两侧，分别建有东西六宫，是后妃居住和生活的主要地方，东六宫为景仁宫、承乾宫、钟粹宫、延禧宫、永和宫和景阳宫。其中，景仁、承乾、钟粹三宫为顺治十二年（1655）重建，延禧、永和、景阳三宫为康熙二十五年（1686）重建。西六宫为永寿宫、翊坤宫、储秀宫、启祥宫、长春宫和咸福宫。其中，永寿、翊坤、储秀三宫为顺治十二年重建，启祥、长春、咸福三宫为康熙二十五年重建。

在外朝三大殿的东侧，沿用明代旧制，仍建有文华殿，为经筵进讲之所。在文华殿后，建有文渊阁。文渊阁为宫廷藏书处，明成祖迁都北京后所建。明代文渊阁在内阁之东，规制庳陋。所储书帙仅以侍诏、典籍等官司其事，职任既轻，多有散佚，其制渐废，仅存遗址。

清代文渊阁为乾隆时期所建，始建于乾隆三十九年（1774）十月，竣工于乾隆四十一年（1776），地址在文华殿后。中国古代建筑

---

① 庆桂等:《国朝宫史续编》上册卷55《宫殿五》，北京古籍出版社1994年版，第440页。

采用木质结构，因此极易发生火灾。浙江范氏天一阁藏书处采用砖甃构建，自明至乾隆时期未发生过意外。乾隆帝闻听后，派遣大臣前往该处仔细查看房间构造方法以资借鉴。因此，清代文渊阁并未采用明代砖城式样，而是仿浙江鄞县范氏天一阁。“阁制三层，上下各六楹，层阶累折而上。上覆绿色瓦，前甃方池，跨石梁一，引玉河水注之。阁后垒石为山。垣门一，北向。门外直房数楹，为直阁诸臣所居。”①

清代文渊阁主要为贮藏《四库全书》及《古今图书集成》之地。乾隆四十七年（1782）《四库全书》完成，二月初二皇帝御文渊阁，赐总裁、总阅、总纂、纂修、总校、分校、提调、暨文渊阁领阁事、提举阁事、直阁事、校理、检阅等官宴。② 文渊阁未建成以前，清代沿用明制，于文华殿举行春秋两季经筵。乾隆四十一年（1776）经筵进讲毕，皇帝亲临，赐茶于殿内，此后形成定制。③ 每岁经筵毕，赐讲官茶于此。

在三大殿的西侧，与文华殿相对者仍有武英殿，规制与文华殿一样。前跨梁三，周以石槛。殿广五楹，丹墀东西陛九级。东配殿称凝道殿，西配殿称焕章殿，后殿称敬思殿。武英殿东北为恒寿斋，西北为浴德堂。

清初摄政王多尔衮进京时，曾以武英殿为理事之所。顺治元年（1644）五月初二，多尔衮率军抵达北京，故明文武官员出迎五里，摄政王进朝阳门。老幼焚香跪迎，内监以故明卤簿御辇陈皇城外，跪迎路左，奏请摄政王乘辇。摄政王自称要效仿周公辅佐主，极力推辞。后在众人一再劝说下登上了御辇进入武英殿升座，故明众官拜伏呼万岁。摄政王下令严明军纪，诸将士等不许骚扰百姓，做到秋毫无犯。④ 康熙八年（1669）正月，因修理太和殿、乾清宫，康熙帝曾移

① 周家楣等：《光绪顺天府志》，北京古籍出版社1987年版，第21页。

② 《清高宗实录》卷150。

③ 于敏中等编纂：《日下旧闻考》卷12《国朝宫室》，北京古籍出版社1983年版，第166页。

④ 《清世祖实录》卷5。

御武英殿，十一月，由殿移居乾清宫。

康熙十九年（1680）设立武英殿修书处，专司监刊书籍。武英殿修书处初名造办处，设监造六人，派侍卫及司员经管，无定员。二十四年（1685）设笔帖式一人，四十一年（1702）增设笔帖式一人，四十三年监造六人俱行裁汰，后又复设监造六人。雍正二年（1724）裁监造，设库掌三人。四年（1726）复设监造二人。六年（1728）增设库掌一人。七年（1729）铸给武英殿修书处图记，设委署主事一人，改称武英殿修书处。[①] “乾隆以后，书馆盛开，武英殿专司刊校，未尝废置。刊行经、史、子、集，谓之殿本。以亲王、郡王一人领殿事，设总裁、提调、总纂、纂修、协修等官，其下则为校录之士、收掌之员，其他还有剞劂、装订，工匠尤多。道光二十年后，以经费支绌，刊书甚少，仅存其名而已。”[②] 武英殿前后二重，皆贮书籍。凡钦定命刊诸书，皆于殿左右直房校刻装潢。[③] 同时，这里也是文臣校刊《四库全书》的场所。

同治八年（1869）六月二十日，武英殿失火，延烧三十余间。据《清实录》记载：“本月二十日夜间，西华门内武英殿不戒于火，延烧至三十余间，虽经该管各员会同步军统领督率兵役赶紧扑灭，将西配殿及附近各处设法保护，究属疏于觉察。”[④] 事后，相关责任人员如管理武英殿事务的孚郡王奕譓、惠郡王明善等被交部议处，救火出力人员则得到奖赏。虽然其后武英殿在同年得到修复，但殿内珍藏的不少古籍自此永远消失。

三　从权力机关到文化机构：民国时期的紫禁城

紫禁城进入清晚期已经开始衰败，慈禧太后、同治皇帝、光绪皇帝很少居住在这里，他们大部分时间在西苑以及颐和园度过。庚子年间八国联军侵入北京，紫禁城惨遭洗劫，宫内一时荒草萋萋。辛亥革

---

① 《钦定大清会典事例》卷1173。

② 吴振棫：《养吉斋丛录》卷2，中华书局2005年版，第22页。

③ 于敏中等编纂：《日下旧闻考》，北京古籍出版社1987年版，第173页。

④ 《清穆宗实录》卷261。

命后，宣统皇帝退位，按照清室优待规定，居住在紫禁城乾清门以北、神武门以南部分（也称“内廷”、“内朝”、“后朝”等，即通常所谓的后宫），而乾清门以南、天安门以北部分（也称“外廷”、“外朝”、“前朝”等），包括太和殿、中和殿、保和殿以及文华殿、武英殿等收归民国政府所有。

清末出洋考察大臣归来时就曾上奏提出建立图书馆、博物馆的主张，蔡元培等学者也一直呼吁应该建立一所为公众服务的博物院。1913 年，时任北洋政府内务总长朱启钤呈请总统袁世凯，提出将盛京（沈阳）故宫、热河（承德）离宫两处所藏各种宝器运至紫禁城，筹办古物陈列所，北洋政府批准了这一建议，由美国退还庚款内拨 20 万元为开办费，于 1914 年 2 月在紫禁城前朝武英殿成立古物陈列所。3 月，热河都统治格兼任古物陈列所所长，王曾俊为副所长。所内设三科：一科负责人事行政；二科负责文物保管和陈列；三科负责总务。其后，由北洋政府与清室共同运到京城的热河行宫及各园林的陈设物品及沈阳故宫的古物，先后于 1914 年 3 月和 10 月分批接运完毕，以民国政府向清室借用的方式交由古物陈列所保管陈列。1914 年 10 月 10 日，古物陈列所正式向社会开放，开始接待观众前来参观。

1914 年 6 月，古物陈列所在紫禁城已毁的咸安宫旧址上兴建一座二层楼房，用来储存所里负责保管的古物，1915 年 6 月建成投入使用，并正式定名为宝蕴楼，又仿照武英殿样式将文华殿及后面的主敬殿改为陈列室对外开放。此外，还陆续修缮了一些殿阁城台，整修道路，种植花木，并将武英殿后面的空地辟为花园。

自 1915 年以后，紫禁城的三大殿——太和殿、中和殿、保和殿逐渐对外开放，参观群众自午门、东华门、西华门出入。曾经的大内禁区成为寻常百姓的游览胜地。

1924 年第二次直奉战争爆发，10 月 22 日夜，直军第三军总司令冯玉祥在前线倒戈回京，发动北京政变，软禁总统曹锟。控制北京之后，冯玉祥组成了以黄郛为总理的摄政内阁政府。11 月 4 日晚，摄政内阁通过《修正清室优待条件》，提出“大清宣统帝从即日起永远废除皇帝尊号，与中华民国国民在法律上享有同等一切权利”、“清室应按照原优待条件第三条，即日移出宫禁”等强制性内容。摄政内阁认为，民国建国已有十三年，以溥仪为首的清室却依旧占据故宫，“致民国首都之中，尚存有皇帝之遗制，实于国体民情，多所牴牾”[①]。这实际上违背了原订优待条件之第三条，因此必须在此基础上进行修改，并履行相关规定。

11 月 5 日上午 9 时，时任京畿警备司令的鹿钟麟受冯玉祥之命，携带摄政内阁总理黄郛代行大总统的指令，会同张璧、李煜瀛，带兵进入紫禁城，以武力强迫溥仪接受新的“优待条件”。溥仪抵抗无用，于当日下午与其妻妾婉容、文绣，以及随从大臣、太监、宫女等在冯军的“保护”下，经神武门出故宫，前往其父载沣位于什刹海的醇王府暂住。

溥仪被逐出宫后，皇宫内廷被摄政府接管。紧接着，如何处置溥仪离去之后的故宫成为摄政府亟须解决的重要问题。1924 年 11 月 7 日，摄政内阁下令成立“办理清室善后委员会”，专门负责故宫公私财产的清点、分类等事宜，并提出：“所有接收各公产，暂责成该委员会妥善保管。俟全部结束，即将宫禁一律开放，备充国立图书馆、博物馆等项之用，藉彰文化，而垂永远。”[②] 其后，教育总长易培基公开谈及故宫古物的处理方式时说，这些清宫物品归入民国后，应由什么机关进行管理，“实为一大问题。内务部与教育部执应管理，皆可不论，惟附属于一机关中，殊觉不安。余意拟成立一国（立）图书馆与国立博物馆以保管之，地址即设在清宫中，惟组织须极完善，办法须极严密，以防古物意外损失”[③]。这从某种程度上代表了摄政内阁政府的基本态度。

11 月 20 日，“办理清室善后委员会”宣告成立，李煜瀛被聘为

① 吴瀛：《故宫博物院前后五年经过记》卷 1，北平故宫博物院 1932 年版，第 10 页。

② 中国第二历史档案馆编：《中华民国史档案资料汇编（第三辑）·文化》，江苏古籍出版社 1991 年版，第 292—293 页。

③ 《教长易培基关于保存古物之谈话》，《大公报》1924 年 11 月 18 日。

委员会委员长，委员会由政府和清室双方人士组成，政府方面聘任的委员有汪光铭（由易培基代）、蔡元培（由蒋梦麟代）、鹿钟麟、张璧、范源濂、俞同奎、陈垣、沈兼士、葛文浚九人。清室方面指定绍英、戴润、耆龄、宝熙、罗振玉五人。“办理清室善后委员会”的职责主要包括：会同军警长官与清室代表，办理查封接收故宫珍宝；审查区别公私物件，并编号公布；保管宫殿古物；筹建长期事业如图书馆、博物馆等。但清室代表无人到会，他们主张善后委员会不必建立，应设置清宫管理处，由清宫自行清理保管。同日，清室善后委员会举行第一次会议，在清室代表缺席的情况下，通过了《点查清宫物件规则草案》，就点查与监察人员的组合、点查登记编号造册等手续，做了详尽规定，又规定及时发布点查报告，公开一切，此后立即着手点查宫内物品。

1924 年 11 月 24 日段祺瑞临时执政府成立之后，按《清室善后委员会组织条例》的规定，决定成立博物馆筹备会，聘请易培基为筹备会主任。此后，清室善后委员会组织人力对深藏宫禁的珍宝一一登记，化私产为公产。

为了顺利进行清宫物品点查工作，清室善后委员会特制定了 18 条《点查清宫物件规则》，对于人员组成、点查程序、应注意事项等做了详细规定。在李煜瀛的主持下，从 1924 年 12 月 24 日开始点查，至 1930 年 3 月基本结束。为了让社会及时了解点查情况，清室善后委员会先后公开刊行《故宫物品点查报告》6 编 28 册。这次点查工作，对于故宫由皇宫向博物馆的转变起了重要的推动作用。

清室善后委员会议定，博物院以溥仪原居住的清宫内廷为院址，名称为故宫博物院，并起草了《故宫博物院临时组织大纲》和《故宫博物院临时董事会章程》，博物院下设三馆、一处，即图书馆、古物馆、文献馆和总务处。

清室善后委员会经郑重遴选，推定 21 名董事，他们都是地位显赫的军政界要人和声名远扬的学者教授，如鹿钟麟、张学良、卢永祥、蔡元培、许世英、熊希龄、于右任、吴敬恒等。这种安排主要是为显示社会各界的支持，寻求博物院的保护力量，确保其长远发展。

执行故宫博物院管理事务的理事会9人名单如下：李煜瀛、黄郛、鹿钟麟、易培基、陈垣、张继、马衡、沈兼士、袁同礼。各理事推定李煜瀛为理事长，暂不设院长，由李煜瀛以理事长身份主持院务。9月29日，李煜瀛手书的“故宫博物院”匾额，已高悬在神武门城楼上方。

为庆祝博物院的成立，将原定为一元的参观门票减为五角，优待参观两天，开放区域包括御花园、后三宫、西六宫、养心殿、寿安宫、文渊阁、乐寿堂等处，增辟古物、图书、文献等陈列室任人参观。《社会日报》报道：“唯因宫殿穿门别户，曲折重重，人多道窄，汹涌而来，拥挤至不能转侧。殿上几无隙地，万头攒动，游客不由自主矣！且各现满意之色，盖三千年帝国宫禁一旦解放，安得不惊喜过望，转生无穷之感耶？”①

1926年3月19日，段祺瑞临时执政府以共产党的罪名，通缉李煜瀛、易培基，二人潜离京师。卢永祥、庄蕴宽被推举为故宫院务维持员，但维持工作主要由庄一人负责，但由于经费等原因，维持工作异常艰难。1926年4月段祺瑞临时执政府倒台之后，清室遗老与保皇党人暗中策划溥仪回宫，公开以清室内务府名义，致函北洋政府，要求恢复清室优待条件，此举对故宫博物院可谓雪上加霜。7月，直系内阁政府代总理杜锡珪召开会议，决定改组故宫博物院，成立故宫保管委员会。随后选举清室遗老、旧臣赵尔巽和孙宝琦为正副委员长，接管故宫博物院院务，但随着9月22日代总理杜锡珪辞职，内阁解体，委员会也随之消失。10月，汪大燮、庄蕴宽等发起组织故宫维持会，12月9日正式宣布维持会成立，推举江翰为会长，庄蕴宽、王宠惠为副会长，由会长指定王式通、沈兼士、袁同礼、李宗侗、马衡、俞同奎、陈垣等十五人为常务委员。然而维持会遇到的困难更多，经费短缺，筹措无方，工作不能开展。1927年9月，安国军政府以故宫博物院管理委员会取代故宫维持会，聘任王士珍为管理委员会委员长。10月21日管理委员会接收委员接管了维持会的工

① （林）白水：《故宫博物院之不满意》，《社会日报》1925年10月13日。

作。1928 年 6 月，安国军政府垮台，管理委员会也就此宣告结束。

北伐军占领北京之后，南京国民政府任命易培基为接收北平故宫博物院委员，易因病未北上，委派在北平的马衡、沈兼士、俞同奎、肖瑜、吴瀛五人为代表，于 1928 年 6 月 21 日从以王士珍为首的管理委员会手中接管了故宫博物院。6 月 27 日，国民政府委员经亨颐提出"废除故宫博物院，分别拍卖或移置故宫一切物品"案，故宫同仁联名反驳，强调博物院是为了"保存数千年来吾国文化之精粹"，"无论故宫文物为我国数千年历史所遗，万不能与逆产等量齐观"。[①]反对最力者为故宫博物院理事张继，他以大学院古物保管委员会主席名义，呈文中央政治会议，所据之理："故宫已收归国有，已成国产，更何逆产之足言，故宫建筑之宏大，藏品之雄富，世界有数之博物院也。""设立专院，使之责成，而垂久远。后来学者幸甚，世界文化幸甚！"[②] 经过多方努力，经亨颐提案被否决，国民政府随即颁布《故宫博物院组织法》，故宫得以继续保留。

1929 年 3 月，国民政府任命李煜瀛为故宫博物院理事会理事长，易培基为故宫博物院院长，任命 27 名理事，多为国民党中央与政府领导机构的重要任务。成立了秘书处、总务处。业务部门为古物馆、图书馆、文献馆，易培基兼任古物馆馆长，马衡为副馆长，庄蕴宽为图书馆馆长，袁同礼为副馆长，张继为文献馆馆长，沈兼士为副馆长。此后一直到七七事变爆发之前，一直是故宫稳定、快速发展的时期。紫禁城从皇帝的私产开始真正成为带有公共性的文化机构，甚至"世界公物"，那里不再是皇帝和他家族的内部庭院，而是一个国家文化精华的保存场所，一个任人参观的公共博物院。1929 年 10 月 10 日，在故宫博物院成立四周年之际，作为理事会理事长，李煜瀛给故宫博物院如此定位："希望故宫将不仅为中国历史上所遗留下的一个死的故宫，必为世界上几千万年一个活的故宫。以前之故宫，系为皇室私有，现已变为全国公物，或亦为世界公物，其精神全在一公字。

① 《故宫博物院开放三天接收委员函请维持该院原案》，《申报》1924 年 7 月 14 日。

② 吴瀛：《故宫博物院前后五年经过记》卷 2，北平故宫博物院 1932 年版，第 35—37 页。

余素主张，使故宫博物院不为官吏化，而必使为社会化，不使为少数官吏的机关，必为社会民众的机关，前在清室善后委员会时代，曾请助理员顾问数在百计，帮同点查，以示公开，即现在此工作人员，薪水微薄，因彼等目的，非为权利，实在牺牲，共谋发展。总之故宫同人，在此四年中，对于一公字，已经做到具体化。”①

1930 年中原大战结束后，南京方面基本上确立了对北平的全面控制。同年 10 月，易培基提出“完整故宫保管计划”议案，拟将古物陈列所与故宫博物院合并，将中华门以北各宫殿，直至景山、太庙、皇史宬、堂子、大高玄殿一并归入故宫博物院，后因时局不宁，合并一事一直未能实现。

1931 年九一八事变爆发，北平受到威胁，故宫博物院决定精选文物避敌南迁南京、上海，南迁工作于 1932 年秋启动，直到 1933 年 5 月最后一批南迁文物运走。同时南迁的还有古物陈列所保管的文物。两处先后南迁的文物共 5 批，包括铜器、瓷器、书画、玉器、珐琅、雕漆、珠宝、钟表等十余类，总计 13400 多箱迁到上海。1933 年，故宫博物院改隶国民政府行政院。

1945 年 9 月抗日战争胜利，故宫博物院奉命复员，仍由马衡院长主持工作，根据上级安排，陆续接管了几批散失在外的文物（清宫旧有），接收了一些私人收藏家捐献的物品，并收购了一些流散文物。1948 年随着政治军事形势的变化和面临的各项经费短缺的窘境，故宫博物院的工作又进入了维持状态。原由院管理的太庙、景山两处，均被国民党军队强行占用而被迫停止开放。

1948 年 3 月，古物陈列所最终并入故宫博物院，结束了两馆并立的局面，古物陈列所南迁文物全部拨付中央博物院筹备处。1948 年 9 月，国民政府命令故宫博物院空运文物精品到南京，马衡院长采取消极态度拖延执行，空运未能实现。同年底至 1949 年初，南京解放前夕，国民政府从南迁文物中选取 2972 箱运往台湾，成立了台北

---

① 《清故宫须为活故宫》，见中国国民党中央委员会编《李石曾先生文集》下册，（台湾）中国国民党中央委员会 1980 年版，第 241—242 页。

故宫博物院，从此院藏文物被分割两地。1949 年 1 月 31 日，北平和平解放。2 月 19 日，北平市军管会文化接管委员会派钱俊瑞、尹达、王冶秋办理接管故宫博物院事宜。3 月 6 日在故宫太和殿召开全院职工参加的接管大会，由文物部长尹达宣布正式接管故宫博物院，整个交接工作于 1949 年 3 月完成。

第四节　从景山到钟鼓楼：中轴线北段的形成与变化

自景山至钟鼓楼，是北京中轴线的北段。虽然分布在这条线上的建筑数百年来均隐藏于紫禁城的背后，但因为独特的地理位置和建筑特色，使其能够俯瞰北京，记录历史，从而成为北京中轴线规划的基准点与定位点。

一　景山（万岁山）的修建及其功能演变

清初宋起凤在《稗说》中谈到，万岁山“非生而山也，乃积土为之。其高与山等，上植诸木，岁久成林，逾抱。山亦作青苍色，与西山爽气无异。登山，则六宫中千门万户，与嫔妃内侍纤细毕见，虽大珰不敢登。上纵放麋鹿仙鹤，山下垣以石堵，建亭于山麓之中，额曰万寿。地平坦，可以驰射，先朝列庙无有幸者，独思宗（即崇祯帝）岁常经临焉。上每御是地，辄遣禁军操演，以观其技”。但力图振作的朱由检，仍难挽国势日衰的命运。明末李自成率军攻入北京，走投无路的崇祯皇帝，只得走出玄武门，缢死在万岁山东麓的老槐树上，以个人的悲剧形式见证了明代皇家园林的落幕。

在金元时期，北京即有万岁山，但与后来明清时期的万岁山（景山）并非一处：“金元之万岁山在西，而明之万岁山在北也。”①

金代在中都北部修建离宫、开凿西华潭（今北海）时，即于此堆积小丘。元大都建成后，因正处城内中心，遂辟为专供皇家赏乐的

① 于敏中等编纂：《日下旧闻考》卷 35，北京古籍出版社 1983 年版，第 551 页。

“后苑”，名为“青山”，建有延春阁等建筑。永乐年间营建北京城时，将拆毁元代宫殿和挖掘护城河的渣土堆积其上，形成一座更高的土山，永乐十八年（1420）与紫禁城同时落成，成为整个北京城的最高点，既满足了宫城“倚山面水”的布局要求，也不无暗藏厌胜前朝“风水”之意。

此后，“本金元之旧”，一直被称为万岁山，俗称煤山。据载：“京师厚载门内逼紫禁城，俗所谓煤山者，本名万岁山，其高数十仞，众木森然。相传其下皆聚石炭，以备闭城不虞之用者。”① 万岁山在明代又有“镇山”之称。“万岁山在子城东北玄武门外，为大内之镇山，高百余丈，周垣二里许。”②

万岁山作为皇家御园，其北半部寿皇殿区域“是元大都中轴线上的大道的一部分”，南半部的土山位置则是元大内后宫遗址部分。③将其置于皇城后半部，则与紫禁城前面的金水河构成了依山傍水的格局，体现了传统文化中对建筑的最高理想和审美诉求。

明代的万岁山上五峰并峙，奇峰突起，主峰恰好位于北京内城南北两城垣的中间，成为全城对角线的中心点。据《明宫史》记载：“山（指万岁山）之前曰万岁门，再南曰北上门，左曰北上东门，右曰北上西门。西可望乾明门，东可望御马监也。再南，过北上门，则紫禁城之玄武门也。”④

到明代中后期，经过上百年的经营，万岁山下遍植果树，通称“百果园”，又称“北果园”，“其上林木阴翳，尤多珍果”。⑤ 山下种植果木，山上则循着土坡栽种松、柏、槐等树，又饲养了鹤、鹿等寓意长寿的珍稀动物。园内苍松翠柏，繁花丛草，极清幽怡人。初夏四

① 沈德符：《万历野获编》卷24《畿辅》“煤山梳妆台”条，中华书局1959年版，第604页。

② 于敏中等编纂：《日下旧闻考》卷35引《西元集》，北京古籍出版社1983年版，第550页。

③ 中国科学院考古研究所元大都考古队、北京市文物管理处元大都考古队：《元大都的勘察和发掘》，《考古》1972年第1期。

④ 刘若愚：《明宫史》，北京古籍出版社1982年版，第8—9页。

⑤ 文徵明：《甫田集》卷10。

五月，明帝“或幸万岁山前插柳，看御马监勇士跑马走解”。园中依山势修建了规模不一的殿、楼、亭、阁。其中山北东隅的观德殿，“山左宽旷，为射箭所，故名观德”，万历二十八年（1600）添建。观德殿东南有寿皇殿，是供皇帝登高、赏花、饮宴的地方，“内多牡丹，芍药，旁有大石壁立，色甚古”[①]。每年九月九日重阳节，帝后或“驾幸万岁山登高”，并吃迎霜麻辣兔、菊花酒，以应节祈寿。

山顶的观景亭阁，有玩芳亭（万历二十八年改名玩景亭，随后更名毓秀亭），亭下有寿明洞、毓秀馆。又有长春亭、康永阁、延宁阁、万福阁、集芳亭、会景亭、兴隆阁、聚仙室、集仙室等，多建于万历年间。晚明时，“山上树木葱郁，神庙时鹤鹿成群，而呦呦之鸣，与在阴之和，互相响答，闻于霄汉矣。山之上土成磴道，每重阳日，圣驾至山顶，坐眺望颇远。前有万岁山门，再南曰北上门，左曰北上东门，右曰北上西门。再南，过北上门，则紫禁城之玄武门也”[②]。文徵明瞻观万岁山之诗云：

> 日出灵山花雾消，分明员峤戴金鳌。东来复道浮云迥，北极觚棱王气高。仙仗乘春观物化，寝园常岁荐樱桃。青林翠葆深于沐，总是天家雨露膏。

《金幼孜和胡学士春日陪驾游万岁山诗》云：

> 凤辇游仙岛，春残花尚浓，龙纹蟠玉砌，莺语度瑶宫，香雾浮高树，祥云丽碧空，五城双阙外，宛在画图中，巀嶪临丹阙，迢遥跨紫台，龙香浮日动，凤盖拂云来，迭巘参差出，层厓隐映开，幽情不可极，临眺重徘徊。[③]

---

① 吴长元：《宸垣识略》，北京古籍出版社1982年版，第53页。

② 朱偰：《北京宫阙说》，商务印书馆1938年版，第78页。

③ 于敏中等编纂：《日下旧闻考》卷36引《金文靖集》，北京古籍出版社1983年版，第566页。

《王洪和胡学士从游万岁山诗》云：

> 飞旆临丹壑，鸣镳陟紫台，日边双凤下，云里六龙来，宝殿临空敞，璚筵就水开，共夸青琐客，陪宴柏梁回。[1]

明末万岁山的格局分布情况，可由崇祯七年（1634）皇家对万岁山的一次丈量得知。据载，万岁山“自山顶至山根，斜量二十一丈，折高一十四丈七尺，万岁山左门、山右门于万历十八年八月添牌。有玩芳亭，万历二十八年更翫景亭，二十九年再更毓秀亭，亭下有寿明洞，又有左右毓秀馆、长春门、长春亭。寿皇殿万福阁下曰臻禄堂，康永阁下曰聚仙室，延宁阁下曰集仙室，万福阁东曰观德殿，又有永寿门、永寿殿、观花殿、集芳亭、会景亭、兴隆阁，万历四十一年更翫春楼，万福阁西曰永安亭、永安门，乾佑阁下曰嘉禾馆、乾佑门，兴庆阁下曰景明馆，外为山左里门，山右里门”[2]。明清鼎革之际，万岁山由此有了比较清楚的形象。

崇祯十七年（1644），李自成领导的农民起义军长驱直入攻破北京城，崇祯皇帝朱由检见大势已去，于是杀死皇后，砍伤十五岁的公主，杀死妃子，仓皇出紫禁城，在万岁山老槐树自缢身亡，明朝就此灭亡。

明清鼎革，再次将都城定于北京。顺治十二年（1655），将万岁山改称“景山”，典出《诗经·鄘风·定之方中》：“望楚与堂，景山与京。”乾隆帝曾在《御制白塔山总记》中说：“宫殿屏扆则曰景山”，将景山喻为皇宫之屏障。景山入门为绮望楼，建于清乾隆十五年（1750），分上、下两层。有两个小门，中南向者为寿皇殿，门内九间，供康熙皇帝神御，有御制碑文。殿后东北是集祥阁，西北是兴

---

① 于敏中等编纂：《日下旧闻考》卷36引《毅斋集》，北京古籍出版社1983年版，第567页。

② 于敏中等编纂：《日下旧闻考》卷35引《明宫殿额名》，北京古籍出版社1983年版，第550页。

庆阁。殿东为永思门，内为永思殿，又东为观德殿。[①] 乾隆十六年（1751），在景山的五座山峰各建一座佛亭，自东向西依次命名为周赏、观妙、万春、辑芳、富览，其中以中峰的万春亭规模最大。

景山后为寿皇殿，乾隆十四年（1749）移建，第二年五月工成。大殿九室，规制仿太庙，左右山殿各三楹，东西配殿各五楹，碑亭、井亭各二，神厨、神库各五，殿内敬奉康熙帝和雍正帝御容，供后世祭拜。[②] 自乾隆时期修建后，嘉庆二十五（1820）年对东、西三座神龛进行油饰，光绪十八年（1892）再次大加修葺。此外，在景山前门还设有景山官学，左右连房四十五间，为康熙二十四年（1685）建立，专以教授内务三旗子弟。

同治十四年（1875）对景山关帝庙等处工程进行勘修，包括：关帝庙大殿一座三间，前有抱厦三间；紫光阁前抱厦五间；极乐世界东面重檐方亭二座，阐福寺前牌楼一座，万佛楼前北牌楼一座，琳光殿前牌楼二座，永安寺前南牌楼一座，新闸一座以及南海并紫坛阐福寺灰土甬路等项。后经仔细勘察，估算整项工程为：关帝庙大殿一座三间，前抱厦三间揭瓦；南海仁曜门迤西至春耦斋门楼外灰土甬路，凑长七十二丈，刨筑灰土；中海紫光阁前抱厦五间，拆盖正座，前朗揭瓦；北海永安寺前南面四柱三楼牌楼一座，琳光殿前四柱三楼牌楼二座，阐福寺前四柱九楼牌楼一座，俱拆修；极乐世界东面重檐四方亭二座揭瓦；万佛楼前背面四柱三楼牌楼一座拆修；坛寺等处灰土甬路凑长四百七十三丈刨筑灰土；新闸一孔闸一座拆修，以及各座油画糊饰，殿内佛像供案、供器装言严油漆见新等。[③]

康熙及雍正皇帝对于景山的优美景色多有御笔题咏之作，如康熙所题《初秋景山》中载："新凉树色向金天，御辇遥停蔓草边。盛暑已过销夏日，清风才到有秋年。高临三殿九重阔，下看千家万户连。

① 吴长元：《宸垣识略》卷3《皇城一》，北京古籍出版社1981年版，第53页。

② 于敏中等编纂：《日下旧闻考》卷19《国朝宫室》，北京古籍出版社1983年版，第259—260页。

③ 中国第一历史档案馆藏朱批奏折，道光十四年十二月二十四日，"奏报勘估修理景山关帝庙等处工料银两事"。

薄暮山亭观射毕，回宫复道起苍烟。”其另一首《九日幸景山登高》中则言：“秋色净楼台，登高紫禁隈。千门鸣雁度，万井霁烟开。翠拂銮舆上，云随豹尾来。佳辰欣宴赏，满泛菊花杯。”此外，雍正帝曾在驾临景山观杀虎后，题诗一首：“山拥黄扉壮，林开碧殿隈。雄风生虎腋，腥雾袭龙衣。血溅琱戈劲，弧张利爪摧。桓桓争奏技，敛手有余威。”

明清两代，每年农历九月九日重阳节，皇帝由亲信大臣陪同，到景山御园山顶上饮酒赋诗，登高为乐，有时在园中“视射较士”及赏花等。清代，自雍正、乾隆以后，逐渐成为存放死去帝后的影像、祭祀祖先及停放梓宫的地方。

民国成立后，按照《优待清室条件》，景山仍由居住在紫禁城内廷的逊清皇室管理使用。由于清皇室此时无力顾及，景山一度荒废。1924 年 11 月溥仪被驱出宫之后，景山作为清室财产，由清室善后委员会接管。

1925 年 8 月，北京市民姜绍谟等 120 人致函清室善后委员会，请求开放景山，公诸当世，以免胜迹荒颓，他们认为“景山地处北京中央，高可俯瞰全城，松柏苍古，风景怡人，最适于公共游览之用。旧为清室占据，不使开放。弃置多年，日就圮废，京中人士莫不深惜”，溥仪出宫，“景山收归国有，此实开放良机，急宜公诸国人”，他们希望能将景山“即日开放作为公园，既为民众开一游览之区，又可藉以时加修葺，不致使胜迹有荒颓之憾，一举两得，实为公便”①。1925 年 10 月，故宫博物院成立，景山由其收归管理。1928 年稍加修葺整理，以公园形式对外开放。但寿皇殿、观德殿等殿宇未作为开放景点，仍由故宫博物院管理使用。

此后，故宫博物院筹措一定数量的工程经费，对景山进行了大规模修缮，包括景山门外的马路、四周的围墙、园内的绮望楼、山峰上的五座亭子和寿皇殿、观德殿等建筑，先后进行了路面修筑，内外墙修砌，楼阁殿亭瓦顶拔草、揭瓮，木架油漆彩画以及修整上下山的道

---

① 《市民请开放景山，胜迹荒颓殊为可惜》，《社会日报》1925 年 8 月 27 日。

路等数十项工程，同时还进行了补种松柏树、栽植花草等绿化工程。1930 年，在景山东边山脚下明朝末代皇帝崇祯自缢的地方立了“思宗殉国碑”，以志追念。

日据时期，景山各处的修缮工程大大减少。抗战结束后，北平市政府也无暇顾及景山的修缮工作。1948 年初，故宫博物院曾在观德殿内筹办职工子弟小学。当年 12 月解放军包围北平后，景山被国民党军队占用。1949 年，北平和平解放，经过重新修整，景山于 1950 年 6 月恢复开放，并将太庙图书分馆的图书阅览室移至景山绮望楼对外开放，历经 500 余年的景山（万岁山）得以在新的时代发挥出更大的作用。

二　鼓楼与钟楼：北京的时间简史

中国自古就有“晨钟暮鼓”之说，北京的钟、鼓二楼常合称“钟鼓楼”，始建于元代至元年间，是元、明、清三朝的报时中心。钟鼓楼是北京城中轴线北端的两大单体建筑，也是中轴线结尾的标志性建筑。

鼓楼初建于元至元九年（1272），名“齐政楼”，为“都城之丽谯也。东，中心阁。大街东去即都府治所。南，海子桥、澄清闸。西，斜街过凤池坊。北，钟楼。此楼正居都城之中。楼下三门。楼之东南转角街市，俱是针铺。西斜街临海子，率多歌台酒馆。有望湖亭，昔日皆贵官游赏之地。楼之左右；俱有果木、饼面、柴炭、器用之属”①。鼓楼曾因雷击、大火等原因数次焚毁。明永乐十八年（1420），向东移后再次重建，却再遭火焚。清嘉庆五年（1800）、光绪二十年（1894）两次进行修缮后，基本成为今天的模样。

现在的鼓楼位于地安门外大街北端，南与景山公园内的中心建筑万春亭相呼应。鼓楼高约 33 米，重檐重楼黄瓦歇山顶，楼两层，面阔五间。在二层大厅，原有铜壶滴漏一座，明末清初时遗失，清代改

① 熊梦祥著，北京图书馆善本组辑：《析津志辑佚》，北京古籍出版社 1983 年版，第 108 页。

用时辰香计时。另有大鼓 1 面，小鼓 24 面，作为定更报时的器具。后小鼓纷纷丢失，仅剩大鼓。清末，八国联军入侵北京后，日本军队曾冲上鼓楼，将楼内的精巧器物掠夺而去，用军刀刺破大鼓鼓皮，并在鼓帮上刻写侮辱性文字，留下难以磨灭的人为破坏痕迹。

进入民国后，鼓楼勉强继续发挥其为京城报时的作用。1924 年，冯玉祥发动北京政变，将溥仪等人驱逐出宫，才废止了鼓楼的报时功能。同年，京兆尹薛笃弼将鼓楼改名为“明耻楼”，刻匾挂于楼门之上，并在鼓楼里面陈列八国联军烧杀抢掠等照片、实物等，以警示民众。次年，继任京兆尹李谦六恢复“齐政楼”之名，并在鼓楼开办“京兆通俗教育馆”，进行公共卫生及改良风俗方面的宣传。馆内设立图书部、游艺部、博物馆、平民学校等，陈列历代帝王像、著名文臣武将像以及北京名胜古迹照片，供人参观。又在鼓楼西侧、楼后兴建儿童和成人体育场。

1928 年，“京兆通俗教育馆”改隶北平特别市教育局，改称“北平特别市通俗教育馆”。1931 年九一八事变发生后，该馆时常举办展览会、讲演会，并上演戏剧，进行抗日宣传。1933 年，该馆改为北平市社会局直辖，更名为“北平市第一社会教育区民众教育馆”，内设教学、阅览、康乐三部，附设儿童游乐场。七七事变后，北平为日人所占，该馆因曾宣传抗日，为日军所仇恨。1938 年春，被迫改称“北京市第一社会教育区新民教育馆”，被搜查、掠去各种图书报刊及陈列品，并于 1942 年 2 月 15 日勒令闭馆。抗战胜利后，鼓楼经过修葺，于 1946 年 8 月 4 日复馆，定名为“北平市第一民众教育馆”，设有教学、艺术、陈列、书报等部门。1949 年 2 月，北平市军事管制委员会接管了鼓楼，将其更名为北京市立第一人民教育馆。

钟楼同样为元代至元时初建，“阁四阿，檐三重，悬钟于上，声远愈闻之”，该楼“雄敞高明，与鼓楼相望”，“楼有八隅四井之号，盖东西南北街道最为宽广”。钟楼高约 38 米，全为砖石结构，精致而坚固，灰筒瓦绿剪边歇山顶，四面开券门，楼内悬挂大铁钟一口（后改为悬铜钟），位于鼓楼向北约 100 米，是传统意义中轴线北端的顶点。

元代的钟楼毁于大火，明永乐十八年（1420）进行了重建，位置比元时略向东移动，但后来再次被火焚毁。清乾隆十年（1745）在前明钟楼基础上又一次重建，两年后竣工。此后一直承担着为京城人民报时的职能。其间，用新铸的大铜钟替换掉了原有的铁钟，换下来的铁钟原被放置在钟裤胡同东口，后于1925年被移至鼓楼北面的空地之上。日据时期，日本侵略者曾想将闲置的铁钟拉去冶炼，制作枪炮，无奈铁钟体积十分庞大，无法顺利搬运，只得留在原地。1983年，铁钟被安置在大钟寺古钟博物馆。

替换铁钟的铜钟每日用两米长的撞钟木撞击报时。至1924年冯玉祥发动北京政变后，钟楼与鼓楼一起停止了报时。次年，荒废掉的钟楼被改造为京兆通俗教育馆附设的电影院，放映无声电影。1926年开设“民众电影院”（后曾改为“北京新民电影院”），成为京城百姓的一个娱乐场所。日本占领北平后，钟楼的电影院与“京兆通俗教育馆”一同停止，由敌伪建设总署堆放“三合土”等材料。抗战胜利后，钟楼于1946年仍旧设电影院，于鼓楼之间的广场开办“平民市场”。

第五节　坛庙：皇家与精英的场域

北京拥有众多的坛庙，而中轴线上的坛庙因为大多具有帝王背景而更彰显其尊贵的地位。就功用而言，坛庙多为祭祀之地，统治者利用这些坛庙，通过祭祀天、地、日、月、社稷等虚实结合的自然现象及神灵概念的活动与方式，所谓“天子”者即自命行治国之权，获取了合法的身份和合理的地位，巩固了自己的统治基础。

一　天坛

北京天坛是我国现存最大的一处坛庙建筑，占地约4000亩，比故宫面积大两倍。天坛始建于明永乐四年（1406），至永乐十八年（1420）建成，历时14年。

明初时，皇家进行祭祀典礼时，为天地一起祭祀，故天坛建成时始名“天地坛”。嘉靖九年（1530），立四郊分立制度，在天坛建圜丘坛，用以祭天；在北郊建方泽坛，用以祭地，自此改为天地分祀。嘉靖十三年（1534），正式定名为天坛。

天坛是皇帝祭天、祈求丰年的地方，有内外两重坛墙，分为内坛和外坛。坛墙的上面是圆形，下面是方形，圆形象征天，方形象征地，即所谓“天圆地方”。天坛的主要建筑是圜丘坛和祈年殿（即祈谷坛）。从功能来讲，圜丘坛在天坛建筑群中轴线的南端，是专门用来“祭天”的地方，祈年殿在天坛建筑群中轴线的北端，是“祈谷”和“求雨”的地方。在圜丘坛的后面有座圆形建筑皇穹宇，是储存祭天时所用“皇天上帝”神位的地方。在祈年殿后面有一座名为皇乾殿的建筑，是储存祈谷、求雨时的神牌的地方。此外，还有许多相适应的建筑：在外坛的西南有神乐署，专为训练举行祭祀仪式时所需的舞乐人员；在圜丘坛和祈年殿的东面有神厨、神库，为制造和储存祭祀时所用籩豆等祭器；神厨旁边有宰牲亭，为祭祀时宰杀牲口所用；在外坛西南隅有牺牲所，为畜养祭祀时所用牲口的场所；在圜丘坛和祈年殿的前面均有具服台，是帝王进行祭礼时更换衣服之处；在内坛西门的南面，还有一座四周设护城河，用高大宫墙围绕的“斋宫”，是帝王在祭祀之前“斋戒”的地方。

天坛的建筑设计，体现出其所具有的祭祀功能。作为皇家祭祀场所，其每一处建筑的设计都与“天”息息相关。

天坛的北沿为圆弧形，南沿与东、西墙成直角，呈方形；北圆南方，象征着“天圆地方”的观念，因此被称作天地墙。天坛的核心建筑祈年殿，正好立于圆形基座之上，其大殿为圆形攒尖顶，围墙为方形，同样蕴含着“天圆地方”的思想。

圜丘坛又叫祭天台，外有两道墙，外方内圆，再次运用了“天圆地方”的理念。同时，圜丘坛上的石板、石栏以及台阶都与“9”这个阳数密切相关。其每一层都有石栏板环绕，上层为72块，中层是108块，下层最多，共180块，这三个数都是9的倍数，相加共360块，象征周天360度。从圜丘坛中心的天心石向外有三层台面，每层铺设九圈扇形石板，每层亦为3的倍数，并逐层增加，至第九圈为 81 块；上、中、下三层，共 27 圈，有 387 个 9，共计 3402 块石板。这又是皇家“九五之尊”的象征。

圜丘坛初建时，坛面为蓝色琉璃砖，皇穹宇、祈年殿、皇乾殿等建筑的屋顶都用蓝色琉璃瓦，这些设计都是以蓝色象征天空，以此加重了人们进入天坛后对“天”的感觉与敬重。祈年殿三重攒尖顶逐层向上收缩，象征与天相接。①

祈年殿是天坛的象征，其大殿采用上屋下坛的构造形式，大殿内的大柱也按天象建立。中央四根龙井柱代表着春、夏、秋、冬四季，中间 12 根楠木柱代表一年 12 个月，外围 12 根檐柱代表一天的 12 个时辰，中、外两层柱子加起来共 24 根，象征着一年的 24 节气，三层相加共 28 根柱子，表示周天的 28 星宿，再加上柱顶的 8 根童柱就象征 36 天罡。

天坛从位置的选择、建筑设计以及祭祀礼仪乐舞，无不依据古代《周易》阴阳五行等学说，着力营造一种人和“天”对话的理想氛围，把古人对天的敬畏与崇敬表现得淋漓尽致，处处展示中国古代特有的寓意、象征艺术表现手法，包含了深刻的文化内涵。就其功能而言，祭天是天子希望皇天上帝保佑天下太平，祈年则是希望上天保佑五谷丰登，将“天地合而万物生，阴阳合而变化起”的“天人合一”的核心思想用皇家礼仪体现出来，从而借用鬼神的力量统治天下的臣民。

二　社稷坛

社稷坛位于紫禁城外西南方，天安门与端门之右，为明清两代帝王祭祀社（土神）和稷（谷神）的处所，始建于明永乐十九年（1421）。该地原为辽金时代兴国寺旧址。

社稷坛核心为一个方形土坛，四周砌白石阶，各四级，其最上一层方台铺筑有黄、青、红、黑、白五色土，正中为黄色，象征“普

---

①　朱耀廷：《论“天坛文化圈”》，《北京联合大学学报》（人文社会科学版）2008 年第 1 期。

天之下，莫非王土”之意。坛的四周砌筑有红色围墙，墙上覆盖着四种不同颜色的琉璃瓦，四面各有一门。坛的北面是拜殿（又称祭殿）和戟门，各为五楹，上覆黄琉璃瓦，其外垣亦为红色，南为三门，东、西、北各为一门。在垣墙内外的庭院中，还筑有神库、神厨、宰牲亭、奉祀署等建筑设施。

清代皇帝经常在社稷坛举行祭祀礼仪。顺治元年（1644）定社稷坛为大祀，每年仲春仲秋，皇帝亲诣行礼，祈求神灵保佑风调雨顺，五谷丰登，国家兴旺，社稷平安。祭祀前，“先于中和殿阅视祝版，用白质墨书，玉用方圭，帛用礼神制帛，牲用太牢，乐用七奏，舞用八佾，配位无圭。祭日如遇风雨，在拜殿行礼”[①]。凡遇旱涝，更要来此祭拜，“凡祭社稷之礼，岁春祈秋报，皆以仲月上戊日祭太社、太稷之神。以后土句龙氏、后稷氏配太社位右，太稷位左，均北向。后土句龙氏，东位西向，后稷氏，西位东向。祭日，春戊常亲祀。秋值巡狝，遣亲王恭代。祷雨泽，则有特祭。执献俘馘，于社稷街前，如太庙”。康熙十一年（1672）二月，皇帝亲祭社稷坛。雍正二年（1724），平定青海，告祭社稷坛，行献俘礼。乾隆二十年（1755）六月，以平定准噶尔，献俘社稷坛，十月再行献俘礼。乾隆三十六年（1771），高宗谕旨，命所司“预设幄次于拜殿内。俟御辇由阙右门入东北门，至坛北门外。御礼舆入左门，循戟门东行，至拜殿东阶下降舆，至幄次。迨礼成，由幄次至东阶下升舆如仪。又嘉庆六年夏六月，皇上特举祈晴之典”[②]。此外，凡岁旱祈雨，也会在此行大雩礼，祈雨求福。史称：“康熙十一年二月，圣祖仁皇帝亲祭社稷坛。雍正二年，平定青海，告祭社稷坛，行献俘礼。乾隆二十年六月，以平定准噶尔，献俘社稷坛，十月再行献俘礼，俱遣亲王将事。二十四年谕，朕此次亲诣社稷坛，祈求雨泽。……凡遇社稷坛祈雨，皇帝亲诣行礼，一应典礼，俱照致祭社稷坛礼节行。三十七年，议定社稷坛礼节。……四十一年四月，平定金川，告祭社稷坛，行献俘

① 《钦定大清会典事例》卷427《礼部》。

② 章乃炜等：《清宫述闻》，紫禁城出版社2009年版，第25页。

礼。六十年十二月，以次年元旦举行授受大典，遣官告祭社稷坛。嘉庆五年谕：向来常雩以后未得雨泽，应遣官于天神地祇太岁三坛祈祷，若七日不雨，则虔祷社稷坛，亦仍遣官行礼。……道光十八年，平定教匪王告祭社稷坛。十二年六月，宣宗成皇帝步诣社稷坛祈雨。”①

至清末时，社稷坛已逐渐荒废。民国建立后，1913 年 3 月，清隆裕皇太后去世，社稷坛作为临时停灵之所允许群众参拜，时任交通总长的朱启钤负责指挥事宜，此时的社稷坛“古柏参天，废置既逾期年，遍地榛莽，间种苜蓿，以饲羊豕。其西南部分则为坛户饲养牛羊及他种畜类，渤溲凌杂，尤为荒秽不堪”②。1914 年京师市政公所成立后，朱启钤兼任公所督办，创办公园成为市政公所城市建设的重要内容，“辟坛为公园之议”遂得到落实，社稷坛成为首选之地，主要原因在于其“地址恢阔，殿宇崔嵬，且接近国门，后临御河，处内外城之中央，交通便利”③。

在改建过程中，主要是对社稷坛的外坛进行了改造。朱启钤指示利用天安门两侧已经损毁而拆下的千步廊木料建园，并将原有的社稷坛、祭殿、庖厨等保护下来，作为景观单元组织到公园中。同时，朱启钤对于内坛格局及古建筑均完整地保存，对明初筑坛时栽植的多棵古柏，特别是坛南部辽金古刹所遗的几棵古柏，一一记录树围尺寸并妥善保护。朱启钤还改善中央公园周边交通环境，由于当时天安门内禁止通行，1914 年秋冬，在坛南垣天安门西侧开通园门（今中山公园南门），并修筑一条石渣路到南坛门门口，方便游人出入。

1914 年 10 月 10 日，社稷坛改建为中央公园，正式对外开放。中央公园开放之日，时值国庆，社会各界参观热情高涨，“男女游园者数以万计，蹴瓦砾，披荆榛，妇子嘻嘻，笑言哑哑，往来蹀躞柏林丛莽中。与今日之道路修整，亭榭间出，茶寮肆分列路旁俾游人憩

---

① 《钦定大清会典事例》卷 427《礼部》。

② 中央公园委员会编：《中央公园廿五周年纪念刊》，中央公园事务所 1939 年印行，第 1 页。

③ 王炜、闫虹编著：《老北京公园开放记》，学苑出版社 2008 年版，第 52 页。

息，得以自由，朴野纷华，景象各别。然彼时游人初睹宫阙之胜，祀事之隆，吊古感时，自另具一种肃穆心理”[①]。11 月，《市政通告》发表《社稷坛公园预备之过去与未来》，声明开放公园之目的在于“使有了公园之后，市民的精神，日见活泼，市民的身体，日见健康”[②]。

1915 年 5 月，中央公园内建成北京第一个公共讲习体育场所——“行健会”。按规定，只要定期缴纳一定数量的会费，即可成为行健会会员，凭会员证可免费进入公园并享有使用、参加行健会一切设施、活动的权利。因其内设有棋类、台球、网球、投壶、弓矢等器械，并聘请武术教师教练拳术、剑术，颇为新潮，吸引了不少市民。1915 年 6 月，京都市政公所成立“中央公园管理局”。管理局的权力机构“董事会”由政府外的士绅、商人组成，直接管理公园的日常运作，财政上也力求自主。自 1928 年之后，园内又新建儿童体育场、溜冰场、高尔夫球场等。

中央公园自建成之后，由于各种因素的累积，一直是北京城中最具代表性的、人气最高的公园，“嗣后先农坛公园、北海公园等继之，而终不如中央公园之地位适中，故游人亦甲于他处。春夏之交，百花怒放，牡丹芍药，锦绣城堆。每当夕阳初下，微风扇凉，品茗赌棋，四座俱满。而钗光鬓影，逐队成群，尤使游人意消”[③]。有人评论当时北平的公园说：“兹述园囿，首中山公园，次中南海，次北海，次景山，次颐和园。”[④]

中央公园也因其浓厚的文化气息吸引大批游客及文人学者。1916 年，教育部在中央公园里建成“中央图书馆阅览室”，市民可以在这里借阅书籍、杂志与报纸，性质已经不同于以往的私人藏书楼。1921 年 1 月 4 日，周作人、郑振铎、沈雁冰、叶圣陶、王统照、许地山等

---

① 中央公园委员会编：《中央公园廿五周年纪念刊》，中央公园事务所 1939 年印行，第 8 页。

② 《社稷坛公园预备之过去与未来》，《市政通告》1914 年第 2 期。

③ 陈宗蕃：《燕都丛考》，北京古籍出版社 1991 年版，第 141 页。

④ 汤用彬等编著：《旧都文物略》，北京古籍出版社 2000 年版，第 59 页。

人组织的文学研究会在中央公园来今雨轩召开了成立大会；半年以后的6月30日，北京大学、男女两高师等五家单位在来今雨轩为美国学者杜威离华举办送别宴会，包括学界名流等80人出席。

此外，1923年11月在此成立“中国清真教学界协进会”；1935年水榭修葺，北京文坛推举陈三立为主盟，聚会赋诗。1936年为苏东坡900岁生日会，40多人到会，当场作诗20余首，时论赞为风雅盛事。同年还在此成立“中国书学研究会”，蔡元培、胡适、鲁迅、章士钊、吴宓、戴季陶、于右任、朱自清、沈从文、萧乾、徐志摩、林徽因、老舍、李苦禅、张恨水等各界文人经常光顾这里。

以茶座为代表的中央公园在那个时候成了文人聚会最多的地方。不管是东面的来今雨轩，还是西面的春明馆、长美轩、上林春、柏斯馨等都是高朋满座，而且茶客不同于一般的茶馆，总体来说是以中上层社会的知识分子居多，尤其是各个大学的教授，还有一些著名高中的教员、医生、记者、画家以及大学生等。各个茶座都有固定的茶客，如郭则沄、黄节、夏仁虎、傅增湘等都是春明馆的常客，马叙伦、傅斯年、钱玄同、胡适之及画家王梦白、速记专家汪怡，这几位都是长美轩的常客。而在二三十年代中，来今雨轩的茶客可以说是北京最为阔气的茶客。外国人有各使馆的公使、参赞、洋行经理、博士、教授，中国人有各部总长、次长、银行行长、大学教授，当时北京的一等名流很少有没在来今雨轩坐过茶座的。因为来今雨轩茶资最贵，且文化层次高、气氛浓，因而一般茶客很少来此。除了文人聚会，每逢节日时节，中央公园还经常举办庆祝会，播放电影、燃放焰火，还有杂技表演等节目。

中央公园不是一个功能单一的市民休闲场所，它还是民国时期北京城中一处政治意味浓厚的公共空间。1915年4月11日、5月23日，北京商会等民众团体在中央公园连续发起集会，30多万市民踊跃参加，宣传爱国自强，提倡国货，抗议日本扩大侵华权益的“二十一条”秘密条约。1918年11月28日，为庆祝一战中协约国胜利，北洋政府在中央公园召开国民大会，军政各界要人如国务总理钱能训、参战督办段祺瑞等到会演说；同一时期，北京大学也以“欧战总结”为主题举办多场演说大会，李大钊在这里发表了著名的讲演——《庶民的胜利》。第二年，北洋政府将原来建在东单的克林德碑转移到中央公园，并改为“公理战胜坊”，在一定程度上带有“雪耻”之意，段祺瑞亲自主持了盛大的奠基典礼。

中央公园还经常举办赈灾等公益活动，如1917年天津水灾筹赈会；1920年9月华北救灾秋节游园助赈会；1921年2月全国急募赈款大会；1921年7月贵州赈灾游艺会；1921年10月江苏水灾筹赈会；1921年11月湖南新宁筹赈会；1923年4月河南灾荒赈济会；1923年5月山西旱灾会；1923年秋旅京贵州镇远筹赈会；1935年9月湖北赈灾会；1936年2月苏北水灾筹赈会等。

中央公园经常举行比较大型的群众政治集会。1924年7月13日，北京学生联合会、社会主义青年团、马克思学说研究会等50多个团体及国会议员胡鄂公等约230人在中央公园来今雨轩举行了反帝国主义运动大联盟成立大会。1925年3月孙中山在北京逝世之后，灵柩由协和医院移至中央公园，安置在拜殿中，供全体市民公祭。1929年，国民政府把原来停放在香山碧云寺内的孙中山灵柩移往南京中山陵。其后，北平市把举行过孙中山追悼会的社稷坛拜殿更名为“中山堂”，永远纪念孙中山在北京留下的足迹。北平妇女协会等5个民间团体发起，在中山公园内建成“孙中山奉安纪念碑”。1931年9月30日，北平市民众学校联合会在中山公园召开反日大会，声讨日本侵略者悍然发动九一八事变的暴行。

1928年7月，中央公园董事会奉国民党北平特别市政府令，改称“中山公园”。1937年北平沦陷之后，中山公园复改为中央公园，中山堂一度更名为“新民堂”，成为日本“新民会”的活动场所。1945年抗战胜利之后，中山公园之名得以恢复，一直沿用至今。

三 先农坛

明洪武九年（1376），朱元璋在南京正阳门外建造山川、太岁、先农诸坛。朱棣决定迁都北京后，开始在北京营建都城。永乐十八年（1420），建山川坛（后更名为先农坛），与天地坛（后更名为天坛）

东西对应，成为明清两代帝王祭祀先农、山川、神、太岁诸神的地方。

先农坛建筑由内外两重围墙环绕。围墙平面呈北圆南方形状，周围3公里，总面积约130公顷，其形制仿南京，建于太岁坛旁之西南，为制一成，石包砖砌，方广四丈七尺，高四尺五寸，四出陛。西为座位，东为斋宫、銮驾库、东北为神仓、东南为具服殿。殿前为观耕台，用木，方五丈，高五尺，南东西三出陛。先农坛合祀太岁、月将、风、雨、雷、电诸神，建筑群共有13座祭坛。这种祭祀制度、格局为明代诸帝所继承，一直沿用至嘉靖年间。

清初，先农祭祀和耕耤礼曾一度中断，直到顺治十一年（1654）才得以恢复。清朝祭享先农和耕耤礼的仪式基本上沿袭明朝制度，但重视程度与明朝有差别。清初皇帝多遣官代祭。如顺治十一年时皇帝亲祭，其余7次均为遣官代耕。康熙十一年（1672），皇帝亲祭先农，其余若干次均遣官代祭。但雍正帝不同，在位13年，除元年忙于皇考妣大葬等新政未能亲祭外，自二年起至十三年，共亲祭先农、亲耕耤田12次。不仅如此，雍正帝还颁布了一系列相关政策。耕耤礼中皇帝躬耕耤田时，按照原有礼仪，皇帝三推，雍正二年（1724），三推毕，加一推，并颁新制三十六禾词。雍正四年（1726），又颁上谕，要求全国各级官员均亲行耕耤礼。

雍正帝做出示范后，乾隆以后诸帝尤其重视耕耤礼。乾隆三年（1738），皇帝行耕耤礼前六日，先到丰泽园演耕。乾隆在位60年，亲耕次数达28次，其余遣官或亲王行礼。在75岁高龄时，乾隆仍行亲耕之典，并提出“凡遇亲耕典礼，若年在六十以内。礼部自应照例具题，年年躬行耕耤之礼。若年逾六十，令礼部先期以亲莅或遣官之处”[①]。乾隆十九年（1754）时对先农坛进行了重修，新建观耕台，“方形、西南，高五尺，方广五丈，表面以金砖铺地，四周镶嵌黄琉璃瓦，汉白玉护栏”[②]。

---

① 《光绪大清会典事例》卷313。

② 《北京先农坛史料选编》编纂组编：《北京先农坛史料选编》，学苑出版社2007年版，第275页。

嘉庆、道光亦十分重视亲耕仪式。嘉庆帝曾“思礼以亲耕为重，朕恪恭祀事，躬举四推”，道光也曾说，“朕思耕耤大礼，致祭先农，必应躬亲祀事”。因此，自嘉庆、道光以至咸丰、同治年间，皇帝几乎每年或亲祭、亲耕，或遣官代祭。

光绪时延续了这个传统。据统计，光绪在位 34 年，亲耕、亲祭或遣官代耕、代祭的次数为 29 次。光绪二年（1876）、七年（1881）、十六年（1890）、二十五年（1899）、二十七年（1901），5 次未祭祀。在光绪皇帝祭祀的记录中，有关光绪十三年（1887）皇帝亲自祭祀先农和行耕耤礼的情况比较细致。除了官方记载外，翁同龢在日记中做了详细记录，从中可见，早在祭祀前半个月左右，礼部已选定随同皇帝祭祀的三王九卿（缺大理寺）。至祭祀前四日，翁同龢、潘祖荫等人到先农坛视察农具；前三日，光绪帝到丰泽园演耕；前二日，在申和殿前陈设农具和祭祀所用的稻谷；前一日，农具和祝版送至中和殿，随后又送至太和殿，接受皇帝的审阅；到了祭祀的当天，皇帝首先祭祀先农，随后在太岁殿拈香、具服殿更衣后，行耕耤礼。翁同龢认为这些仪节“当从心上出，否则非虚即伪，而骄惰且生矣”①。

中华民国成立后，帝制时期的国家祭祀制度大多被废除，祭祀场所也转为他用。先农坛坛庙不再是封闭的皇家祭祀场所，祭享先农仪式和行耕耤礼已不再举行，先农坛的功能不断发生变化。

1912 年，内务部接管全城坛庙，将京城坛庙所用的祭器统一移存到先农坛太岁殿及两庑中，成立古物保存所，并对先农坛进行改造。1913 年元旦，改造完成后的先农坛对外开放，借以庆祝共和周年。民众在园内游览过程中，在强身健体和娱乐的同时，不仅对中华历史文明有了更深入的了解，爱国意识也潜移默化地植入公众精神之中。时人评论说，先农坛的开放，“把极荒凉的坛地，变得无限繁华。这几天游人颇盛，不止北京一方面，连天津保府通州之人，来逛

① 陈义杰整理：《翁同龢日记》第 4 册，中华书局 1989 年版，第 2101 页。

的也不在少数”[1]。

在试开放取得不错效果后，1915 年，先农坛正式作为公园对游人开放。园内布景设置了鱼庄，添置了鹿囿、茶社、秋千圃、抛球场、蹴鞠场等，种植花草，隙地另辟菜畦篱豆，宛若村落。从天桥至先农坛先行平垫，将来兴筑马路，又在香厂以南开辟北坛门，准备就绪后，于五月初五端午节开幕。由于每年端午前后，向来有“驰赛马”的习俗，故在二道门外空旷地方开辟跑马场，并招商面搭茶棚杂陈百戏，时间为五天。

先农坛内建筑也进行了功能上的转化。原本庆成宫三座门以南有大片空地，1924—1925 年间被改为市立体育运动专科学校暨公共体育场。因为“这儿正好位于先农坛西北一隅，是远离繁杂的绝好地方”[2]。内坛的一些空地转为商用，开始对外出租，办鹿场、蜂场、兔场，或种菜蔬等。如承租人刘幼辅租坛内庆成宫后身空地七亩半，作为养鹿之所，自民国十八年六月一日起至廿五年五月终止，租期 7 年，租金前三年每亩四元，三年以后每亩五元。益仁堂、万代养蜂场、东亚峰业公司第一分场等，承租坛内官地开设养蜂场，租金每年六十五元。随后几年，内务部逐步拆去北外坛墙，大量居民移驻北外坛，在原坛墙东北角处先后有了先农市场、城南商场等。经过这番改造，至 1930 年，先农坛外坛墙全部被拆除，附近建成市场、道路、民居等，坛西成为广场。

其后，先农坛一度受到军队的控制。1931 年 7 月，东北第四通信大队全队官兵马匹占驻先农坛内神厨及庆成宫。一个月后，驻军迁出，东北边防军通信队又迁入占用。此后，太岁殿、诵豳堂、庆成宫等处皆被国民军 105 师占用。1934 年 5 月，先农坛内除神仓及库房为坛庙管理所所址外，其余各处如太岁殿、诵豳堂、庆成宫等处皆被 105 师占用。二百余亩地分别出租给种菜和五谷，另有鹿园四处和牛乳场一处。

---

① 《游坛纪盛》，《北京先农坛史料选编》，学苑出版社 2007 年版，第 246 页。

② 《从先农坛到陶然亭》，《北京先农坛史料选编》，学苑出版社 2007 年版，第 277 页。

虽然军队一再强调不准毁坏建筑、文物，但坛内建筑、房间等仍受到不同程度的损坏。1935 年时，先农坛已荒芜不堪，观耕台西已成瓦砾之场，“仅内坛尚存，辟为城南公园”①。时人不禁感叹：“曾经显赫一时的先农坛是多么壮观和有意思啊！这些建筑不再作为军营而使用，现在已作为派出所和一些公众事务所向公众开放。北半部的围墙已经被推翻，那些古柏大部分被砍伐，作为军队的烧柴。内墙北面的场地已经被开辟为城南公园，这个名字被那些穷苦的百姓所周知。”②

1949 年以后，先农坛作为公园渐渐荒废，祭祀先农和耕耤礼则已不再举行。先农坛逐步成为北京育才学校及其他几家单位共同使用的场所。③

四　太庙

太庙位于紫禁城外东南，始建于明永乐十八年（1420），占地二百余亩，根据中国古代“敬天法祖”的传统礼制建造，是皇帝举行祭祖典礼的地方。其主体建筑为三大殿，大殿对面是大戟门，大戟门外是玉带河与金水桥，桥北面东、西各有一座六角井亭，桥南面为神厨与神库。再往南是五彩琉璃门，门外的东南有宰牲房、治牲房和井亭等。

嘉靖十四年（1535），改天地合祀为分祀制度后，皇帝接受中允廖道南的建言，在原来太庙的基础上，于嘉靖十五年（1536）十二月新建九庙，分别供奉历代祖先。④ 后因雷火，太庙九庙焚毁。嘉靖二十四年（1545）予以重建。

清代，太庙仍是帝王供奉与祭祀祖先之所。经过顺治、乾隆、嘉庆三朝的不断修葺与修缮，形成了现有的规制与格局。

顺治六年（1649），朝廷重建太庙。乾隆年间大规模修缮后，太

① 马芷庠编，张恨水审定：《北平旅行指南》，经济新闻社 1937 年版，第 89 页。

② 《老北京城宫殿于坛庙巡礼》，《北京先农坛史料选编》，第 273—274 页。

③ 刘潞：《〈祭先农坛图〉与雍正帝的统治》，《清史研究》2010 年第 3 期。

④ 于敏中等编纂：《日下旧闻考》卷 33，北京古籍出版社 1983 年版，第 498 页。

庙正殿由面阔九间增为十一间，进深未变。此时的太庙“在阙左南向。围垣一重，琉璃砖门三间，左右门各一。戟门五间，崇基石阑，中三间前后均三出陛，中九级，左右七级，门内外列戟百有二十，左右门各三间，前后均一出陛，各五级。前殿十有一间，重檐，阶三成，绕以石阑，五出陛，一成均四级，二成均五级，三成中十有一级，左右九级。东西庑各十有五间，阶均八级，燎炉二。中殿九间，后殿九间，两庑各十间。后殿东庑南燎炉一，戟门外石桥五，桥北井亭二，六角，间以朱棂。桥南神库五间西向，神厨五间东向。庙门外之西南奉祀署三间，东向左右房各三间，垣一重，门一，北向。东南宰牲亭三间，前治牲房五间，均西向，垣一重，门一，西向。井亭一，六角，间以朱棂。西南为太庙街门五间，西北为太庙右门三间，均西向”①。

作为皇家祭祀祖先的圣地，每逢皇帝登极、亲政、大婚、远征、凯旋、献俘、生辰、清明节、七月十五、奉安梓宫等重大事件，以及每年孟春、孟夏、孟秋、孟冬（农历正月初一、四月初一、七月初一、十月初一）及岁暮大袷等，皇帝都要赴太庙告祭。史载：“太庙时飨，每岁，孟春正月上旬间，孟夏、孟秋、孟冬以朔日。孟春时飨，如遇祈谷、斋戒之期，皇帝诣太庙出入，导迎乐设而不作。岁除前太庙袷祭，月大建，以二十九日行礼，小建，以二十八日行礼。庙制，中殿供奉太祖高皇帝、太宗文皇帝、世祖章皇帝、圣祖仁皇帝、世宗宪皇帝、高宗纯皇帝列圣后神位。祭日，恭请奉安前殿，礼成，恭送至中殿，供奉如初。后殿，供奉肇祖原皇帝、兴祖真皇帝、景祖翼皇帝、显祖宣皇帝列圣列后神位。大袷日，恭请奉安前殿，礼成，恭送至后殿供奉。其四孟时飨，遣亲王诣后殿行礼。间遇夏雩、秋狝，遣亲王代执俘酋志，例献于太庙街门。……至每祭，特派皇子亲王，随诣列祖位前上香，遴近支宗室，分献帛爵。”②

不过，制度规定如此，但事实上整个明清两代500余年里，在这

① 于敏中等编纂：《日下旧闻考》卷9，北京古籍出版社1983年版，第129—130页。
② 章乃炜等：《清宫述闻》，紫禁城出版社2009年版，第23页。

座建筑广阔、殿宇高大的庙里，除举行登基、大婚等庆典活动时，才有帝王来此祭祀祖先外，平时这座地位崇高的庙宇之内多是冷冷清清，只有少数守护官员、差役等在这里驻守而已。

民国肇建，清帝逊位，祭典废除。根据《清室善后优待条例》，“宗庙陵寝永远奉祀，民国政府派兵保护”。太庙继续供奉爱新觉罗氏的历代祖先，但已无国家级的政治仪式。1924 年 11 月溥仪被驱出宫之后，太庙结束了作为皇家祭祀的历史，由清室善后委员会接管，变为公产，改为和平公园，向普通市民开放。1925 年 10 月以后，归属新成立的故宫博物院管理。张作霖进驻北京之后，太庙于 1927 年 8 月改由安国军大元帅府内务部坛庙管理处管理。

1928 年 10 月第二次北伐结束，张作霖倒台，故宫博物院由南京国民政府接管。根据南京国民政府公布的《故宫博物院组织法》的规定，太庙继续由故宫博物院进行管理。1930 年，经过一番筹备，太庙作为故宫博物院的分院对外开放。故宫博物院图书馆还在太庙开辟了阅览室，对外提供院藏图书的阅览。1935 年 5 月，太庙改称故宫博物院太庙事务所，原图书馆的阅览室改称故宫博物院图书馆太庙分馆。此后，故宫博物院对太庙庭院环境进行了整理，对房屋、殿宇、井亭、河墙等建筑进行维修，增建图书分馆办公用房，堆垫土山、修筑道路等工程。

日据时期及抗战胜利后，太庙一直由故宫博物院管理。1948 年底北平解放前夕，太庙曾被国民党军队占用。1949 年北平和平解放后，太庙又由故宫博物院收回，并于当年 3 月恢复开放。

总体来说，太庙自民国时期由故宫博物院接收管理，并辟为公园对外开放供观众游览以来，其名称一直未变，殿宇中的供桌、祭器等设施也多未变动。1949 年后，太庙被辟为“北京市劳动人民文化宫”，以新的面貌继续为北京市民服务。

北京中轴线作为北京城市历史的一条主脉，绝不仅仅是单体建筑的组合，也不是各种社会设施、街道、建筑物等的聚合体，更不是各种服务部门和管理机构的简单相加，而是由各种礼俗和传统构成的统一体，是这些礼俗中所包含并随着传统而流传的那些统一思想和感情的整体。

北京中轴线代表着复杂而多元的文化体系。以紫禁城为核心的皇家文化、以西苑“三海”为代表的园林文化、以“九坛八庙”为代表的祭祀文化、以景山为标志的风水文化、以钟鼓楼为核心的皇城后市文化、以天桥为代表的民俗文化、以前门和大栅栏为代表的商业文化、以京师大学堂为代表的近现代新文化等等，这些构成北京城中轴线重要的文化因素，经过数千年的传承，至今仍然影响着北京的建设与城市的发展，影响着城市的形象和人们的生活。也正是这些蕴藏在这条历史之线的建筑和曾在此活动的人群之中的文化要素，孕育出北京的城市精神。这种城市精神既以观念形态、心理状态等形式存在于城市居民的思想意识中，同时又表现为城市人的一种特定的价值取向、精神境界、理想信念、伦理道德、思维方式和文化传统，它隐含在源远流长的历史文脉和地域性文化底蕴中，凝聚着一座城市的历史、文化与民风民俗，体现着市民对城市生活价值的内在认同感和趋同意识，因而具有强大的精神感召力，影响着城市的发展方向和路径。

北京中轴线的历史文脉，蕴含着千年的思想积淀，展现着不朽的文化风貌，今后还将继续呈现出城市的历史底蕴和未来图景。因此，探寻北京中轴线历史文脉与城市文化发展之间的关系，必将更好地揭示城市的文化特质，彰显城市的个性特征，对建设现代城市文化、描绘城市的美好未来具有重要意义，值得我们不断去深入挖掘、反复玩味，进而在新的时代背景下，为北京的历史文化赋予更为全面的解读和更深层次的阐释。

第二章　朝阜大街：北京历史文脉横向肌理

朝阜文脉是以朝阜大街为主轴线并向两侧适当扩展的一条东西向的重要历史文化带，它是北京历史文脉横向肌理的重要组成部分，集中、全面地反映了北京旧城历史街区的历史文化、历史变迁与城市变迁。

第一节　北京历史文脉的横向陈列

主轴线朝阜大街，与元大都的都城建设同时形成。街道和胡同横平竖直，呈棋盘形，每座城门直对一条大街。齐化门（明代以后称朝阳门）内的大街即今朝内大街，平则门（明代以后称阜成门）内的大街即今阜内大街。从地理位置上来看，朝阳门偏南，而阜成门偏北。元、明、清时期，大街中部因有太液池和皇城、宫城等，互不相通。民国时期，为方便交通，故宫博物院展宽马路时，拆除北上门等，马路展宽到景山门前，使朝阜路贯通起来。新中国成立后，又多次扩建，遂成今日格局。其南、北两侧均为旧城区，东连朝阳门，西接阜成门，是唯一一条横贯旧城中心的东西向大街，自西向东依次为：阜成门—阜成门内大街—西安门大街（西四东大街）—文津街—景山前街—五四大街—东四西大街—朝阳门内大街—朝阳门，中经皇城和紫禁城。作为朝阜文脉，以朝阜大街为主轴线，向东西适当延展，西至阜成门外大街，东至朝阳门外大街。

从历史文化的相互关联以及地理空间的相对均衡着眼，朝阜文脉的南界为“日坛北路—内务部街—灯市口大街—灯市口—骑河楼—丰盛胡同—武定胡同—月坛北街”一线；其北界为“工人体育场南路—潘家坡胡同—南门仓胡同—东四五条—育群胡同—三眼井胡同—景山后街—大红罗厂街—西四北四条—大茶叶胡同—鞍匠胡同—百万庄大街”一线，个别地方因照顾到街区风貌的完整性而略有伸缩。

朝阜文脉作为北京历史文脉的横向文化景观陈列带，汇聚了皇家宫殿、寺院学府、园林山水、幽静庭苑、繁华商业与日常民居，是历史上皇权正统文化与民间多元文化交汇的代表。这些著名的文物景观构成了一个整体，不仅具有鲜明的文化主题，更是城市品格与名城风貌的立体展示，宛如北京的文化博物馆。可以说，以传统中轴线与朝阜历史文化带为骨架构建的这片区域几乎是北京古都风貌最后的保留之地、核心之地，其重要性无论怎么强调都不过分。如果这片区域不能得到有效保护与利用，那么北京作为一座有着悠久历史的古老都市将彻底失去它的灵魂。

20 世纪 80 年代以来，随着国民经济快速发展，对北京的城市属性与功能认识水平不断提高，历史文化资源保护在北京城市规划中所占的分量不断增强，重要性亦不断凸显。尤其是近两年来，在几个事关北京未来发展战略的重要规划中，历史文化资源的保护都是城市文化建设的重点内容，而朝阜文化带更是重中之重。

2004 年新修订的《北京城市总体规划（2004—2020 年）》，对新中国成立以来北京城市建设与历史名城保护的经验及教训进行了总结，提出了在市域范围内构建“两轴、两带、多中心”的北京未来空间发展的战略构想，对北京的城市建设发展提出了宏伟目标，对北京历史名城的整体保护将产生极为深远的影响。朝阜大街作为两轴中的一轴，其重要性不言而喻。在不久前刚刚公布的《中共北京市委关于发挥文化中心作用、加快建设中国特色社会主义先进文化之都的意见》中对历史文化资源的表述方面强调：展现古都北京的历史文化风貌和独特城市魅力，逐步恢复古都壮丽景观，充分发挥利用丰富的历史文化资源，着力聚合浓郁京味文化，城市建设文化品位明显提升。文件中也把朝阜大街的保护作为重点内容提出。

关于朝阜大街的保护与规划已经明确列入北京市“十二五”规划，是北京市“十二五”时期文物保护工作的最重要内容之一。《北京市国民经济与社会发展第十二个五年规划纲要》具体指出：再现朝阜大街美丽景观。重点围绕白塔寺、历代帝王庙、西什库教堂、北大红楼等重要节点，加强整体规划设计，修缮重点文保区院落，逐步恢复历史文化街区风貌。有效保护和合理利用朝阜大街北侧的胡同四合院风貌，发展特色旅舍、小剧场或小商铺，使之成为品味老北京独特韵味的重要街区。在保护文物的同时，更加注重文物背后文化内涵的开发，在展现美丽街道景观的同时，展示北京多元文化交汇融合的独特魅力。朝阜路可以看作是北京最有特色的缩影，朝阜路的特质决定其必将以其身后的文化风貌吸引世人。

朝阜文脉上有最古老和最美丽的街道。如文津街，东西走向，东起北长街与景山前街相接，西至府右街与西安门大街相连，全长 771 米，是老北京的地脉所在。又如景山前街，东起北池子大街，西至北长街，与城市南北中轴线相交，因在景山公园前而得名。老舍先生曾把景山前街至文津街写进《骆驼祥子》第九章：祥子在曹宅拉包月，虎妞来找他，说她“有了”。他们由北长街走到北头的三座门，再到景山前街和文津街，边走边谈，祥子平日里拉车过桥，精神全放在脚下，唯恐出错，一点儿也顾不得向左右看。此时，可以自由地看一眼了，心中反而觉得这个景色有些可怕：冰是灰冷的，高塔是惨白的，寂寞得似乎要忽然狂喊一声，或狂走起来！脚下的大白石桥显得异常的空寂，特别的白净，连灯光都有点凄凉。祥子此刻不愿再走，不愿再看，更不愿再陪着虎妞，甚至想“一下子跳下去，头朝下，砸破了冰，沉下去，像个死鱼似的冻在冰里”。抛开祥子的心境来看，景山前街至文津街的景致真的好美：御河、故宫的红墙、故宫玲珑的角楼、金碧的牌坊、丹朱的城门、景山上的亭阁、北海的团城与白皮松、琼岛上的白塔、金鳌玉蝀桥、中南海的湖面、国图古籍馆、绿树成荫的街道、古色古香的建筑，宫殿园林与湖光山色交映，堪称“最美丽的街”：“一条街上能有这么多景致、这么多元素，在北京，大概只能是景山前街—文津街了。”①

朝阜文脉上有中国传统文化的宝藏，坐落在文津街 7 号的国家图书馆古籍馆。其前身是清代京师图书馆，藏有珍贵古籍二十余万册，其中主要是唐人写经，宋元刻本，明初纂修的《永乐大典》和清代纂修的《四库全书》等。其中，《四库全书》是北京图书馆镇馆之宝，是七部《四库全书》中保存最为完整并且至今仍是原架、原函、原书一体存放保管的唯一一部。分装在 6144 个书函中，陈列摆放在 128 个书架上的经、史、子、集各部书籍，各配有绿、红、蓝、灰四色，一如当年的夹板、丝带、铜环，书册里的“文津阁宝”朱印、“纪昀复勘”黄笺、雪白的开化纸、端正的馆阁体楷书，使朝阜文脉有了一种与生俱来的文化传统和人文精神。

朝阜文脉上汇聚了众多宗教文化建筑，如宝禅寺、北京佛教居士林、白衣庵、白塔寺、朝阳庵、城隍庙、朝天宫、崇宁庙、地藏庵、大光明殿、大高玄殿、大乘寺、大悲院、斗母宫、东四清真寺、伏魔庵、法华寺、福佑北京天后宫、火神庙、华严寺、广济寺、观音庵、灵官庙、隆福寺、老君堂、鹫峰寺、妙应寺、能仁寺、南豆芽清真寺、普寿寺、普安寺、普度堂、青塔寺、神寿庵、时应宫、三义庵、三官庙（延福宫）、水月寺、天仙庵、显灵宫、西什库教堂、西四缸瓦市教堂、玄帝庙、无量庵、五圣庵、万寿兴隆寺、迎禧观、延祐观、延龄阁、圆通庵、玉皇庙、云华庵、翊教寺、智化寺、真武庙、忠义祠、昭显庙、正法寺、祝寿寺等，体现了道教文化、佛教文化、伊斯兰教文化、基督教文化等多元宗教文化并存与和谐发展。妙应寺白塔在阜成门内大街路北，建于辽代，由尼泊尔工艺师阿尼哥主持修建，是中尼两国人民友谊和文化交往的历史见证。广济寺在西四路口西，建于金代，是京城著名律宗道场。明代太祖、成祖、世宗等帝王崇信道教，在皇城内先后敕建了很多道教庙宇。清代统治者为了巩固边疆，利用宗教来维系多民族之间的关系，尊崇藏传佛教，至乾隆时期达到顶峰，在皇城中先后修建了普度寺、普胜寺、嵩祝寺、福佑寺

① 舒乙：《北京最美的街——景山前街及其延伸线》，《北京观察》2009 年第 1 期。

等多座藏传佛教寺院。北海永安寺白塔，仿妙应寺白塔而建，是一座覆钵式塔（或称喇嘛塔）。天主教西什库教堂，也称北堂，在中南海湖畔蚕池口，今旧北京图书馆斜对面，1703 年开堂，是北京最大、最古老的基督教堂。东四清真寺，在东四牌楼南路西，始建于明正统十二年（1447），由当时任后军都督府都督、同知陈友出资创建。代宗景泰元年（1450）敕题“清真寺”三字。整个建筑具有明代建筑的特点，又间有阿拉伯建筑的风格，体现出阿拉伯宗教文化与中国传统文化的融合。

朝阜文脉上有传统民间信仰、民俗文化的载体。如旧时西四北大街西侧的护国双关帝庙，供奉关羽、岳飞，坐西朝东。又如阜成门内大街的黑旗土地庙。东四南大街路东，面对灯市口处原有二郎庙，民间称为狗神庙。位于朝外大街 141 号的东岳庙，是道教正一派在华北地区的第一大道观，主祀泰山神东岳大帝，具有元、明、清三代建筑风格，素以神像多、楹联多、碑刻多著称，距今有 600 多年的历史。自元代以来一直香火极盛，每年农历三月二十八为东岳大帝诞辰，自三月十五至二十八有庙会，延续数百年之久，京都各行业争相来此举办善事，热闹非凡，《帝京景物略》谓，东岳庙在“朝阳门外二里，元延佑（祐）中建，以祀东岳天齐仁圣帝。殿宇廓然，而士女瞻礼者，月朔、望日晨至，左右门无闲阈，座前拜席为燠，化楮钱炉，火相及，无暂熄。……三月廿八日帝诞辰，都人陈鼓乐、旌帜、楼阁、亭彩，导仁圣帝游。帝之游所经，妇女满楼，士商满坊肆，行者满路，骈观之”。《道咸以来朝野杂记》记载，三月二十八日，“较每月朔、望为热闹，谓之诞辰会（俗呼掸尘）至二十七、八日末，游人香客为最盛，出入朝阳门者肩摩毂击也”。《京都风俗志》称：“三月十五日起，朝阳门外东岳庙日日士女拈香、供献、放生、还愿等善事，及各行工商建会，亦于此庙酬神。盖此庙水陆诸天神像最全，故酬神最易。至二十八日为东岳齐天圣帝生辰，特建掸尘等会，其游人与修缮事者较平日称为更盛。”娱神同时，亦娱人。

朝阜文脉上陈列着皇家祭祀文化的建筑群。大高玄殿，建于嘉靖二十一年（1542），在景山前街西端的三座门大街，是最高等级的道教礼仪建筑，内供道教最高神灵三清神像，是明清祈晴、雨、雪并举办道场的御用道观。阜成门内大街131号的历代帝王庙，始建于明朝嘉靖九年（1530），是我国现存唯一的历代帝王庙，是明清两朝祭祀三皇五帝、历代帝王和文臣武将的皇家庙宇。庙内188个帝王牌位和79个名臣牌位朝位，承载着历史的悲欢离合与盛衰浮沉，也使得“中国”这个符号超越了地域与族群范围，具有了中华一统、一脉相传、连绵不断的抽象意义。明初，天、地、日、月本为合祀。洪武三年（1370），为正祭礼而分祀日月，在南京城东、西城门外分建日、月坛，至二十一年废。嘉靖九年（1530），将地、日、月重新分祀，敕建了日坛、月坛等皇家坛庙。而朝阜主轴线向南北的适当展宽，正好将日坛、月坛涵盖进来，从而完整地体现了皇家祭祀文化。

朝阜文脉上有很多近现代史迹。五四大街上有北大红楼，是新文化运动的营垒。清光绪二十四年（1898）六月二十日，成立“京师大学堂”，校址在沙滩后街路北。1912年5月，京师大学堂改名国立北京大学。1916年，在今沙滩大街（五四大街）建北大红楼，1918年落成并投入使用。因大楼墙体多用红砖砌成，故称“红楼”，是当时北京城最有现代气息的西洋式风格建筑。1916年蔡元培先生任北大校长后，主张学术民主，百家争鸣，对新旧思想实行“兼收并蓄”的办学方针，胡适、辜鸿铭、钱玄同、刘半农、杨昌济、刘师培、李四光、马寅初、翁文灏、沈尹默、马叙伦、陈垣、陈独秀、李大钊、鲁迅、毛泽东等学者名流荟萃于此。现已辟为“新文化运动陈列馆”。宏伟古雅的中国美术馆也坐落在五四大街上。

朝阜文脉上有很多王府，如怡亲王府（孚郡王府）、和亲王府、惠亲王府、睿王府、定王府、礼亲王府（康亲王府）、恒亲王府（惇亲王府）、愉郡王府（钟郡王府、涛贝勒府）、庆亲王府、果亲王府、顺承郡王府等，体现了深厚的王府文化。孚王府在朝阳门内大街路北，是京城等级最高的王府建筑。清雍正帝十三弟“铁帽子王”允祥逝后，因雍正帝对允祥的感情至深，遂将今东安市场东校尉胡同一带的怡王府改为贤良祠，祭祀允祥，在朝阳门内大街为世袭罔替的允祥之子弘晓修建新府，称为“怡亲王新府”。咸丰年间，怡亲王第六代孙载垣，官居一品，为“辅政八大臣”之一。“辛酉政变”后自尽而死，王府收归。同治三年（1864），赐给刚成年需要分府的道光帝九子、咸丰帝九弟、九王爷孚郡王奕譓，故又称孚王府，或九王府。

朝阜文脉上有很多胡同和四合院都保存着较好的风貌，承载着北京丰富多彩的名人文化。砖塔胡同自元代以来皆有记载，堪称北京胡同之“根”。众多胡同里居住着历史文化名人，蕴藏着丰厚的名人文化，如明代书画家米万钟，清代的武英殿大学士明珠、金之俊、吕宫、高士奇、朱彝尊、励杜讷、查昇、蒋廷锡、那桐、阮元，以及梁启超、梁思成、徐世昌等曾生活或寄寓在此。此外，鲁迅故居与博物馆、张恨水先生故居、毛泽东故居、程砚秋故居等，都是点缀在朝阜文脉上的独特的人文景观。

朝阜文脉上有着传统与现代的繁华商业区。朝阳门是连接京城与通州的节点，是京杭大运河北端重要码头，是漕粮等由水路进京的必经通道，朝阳门附近地带广备粮仓，有许多带“仓”字的地名，如海运仓、百万仓、南新仓、北新仓、禄米仓、新太仓等，以满足京城庞大的粮食消费需求。阜成门是门头沟、斋堂等地燃煤运入城内的重要通道，以满足京城居民冬日采暖所需。如今，阜成门内大街路南已经成为新兴的金融街，高楼大厦鳞次栉比。东四、东单牌楼一带自元代起即为京城内重要的商业中心，至清代，生意最盛。东四牌楼在清代后期成为北京城内的金融中心，金铺、各类首饰店、缎靴店、帽店、估衣店、茶叶店、食品店以及饭馆、三槐堂、同立堂、宝书堂、天绘阁书肆等齐聚于此。隆福寺，在明末清初就已成为商业性的庙市，每年自正月起，每逢九、十开庙。开庙之日，百货云集，珠玉绫罗、衣服饮食、古玩字画、花鸟虫鱼以及寻常日用之物、星卜杂技之流，无所不有，游人熙攘不绝。西单、西四牌楼也是元代以来热闹商市的中心，店铺林立，商旅往来，热闹非凡。朝阜文脉上还有驴市、马市、猪市、菜市、羊市、果子市等专门市场，以满足宫廷、皇室、勋贵、衙署、市民的日用消费。此外，灯市口大街一带，自明代以来已经形成了一条商业街，店铺林立，热闹非凡。每年正月初八至十六灯市期间，店铺酒楼彩灯高悬，纱灯、纸灯、麦秸灯、走马灯、五色明角灯等，种类繁多，贵重华美，气象富贵，热闹异常，更加带动了城市商业的发展，这种状况一直持续到清代中叶，灯市被转移到前门外廊房、琉璃厂一带。

在朝阜文脉上，元代直至近代不同时期的建筑风格各异，代表着各时期的各类文化遗产、多元宗教文化、近现代史迹、自然生态环境景观并存，宫殿民居、寺院宫观、学府王府、园林山水，各种要素齐聚，是“一幅绝无仅有的北京民族文化和历史政治的精彩画卷，一部记载老北京历史变迁的教科书，一曲韵律优美、节奏鲜明的传统建筑的交响乐。……如果说长安街是体现北京‘政通人和’的政治大街，那么，朝阜路则是体现首都‘文明古都’的文化大街。长安街雄伟、明亮、豁达，而朝阜路更多的则是深邃，富有人情，透着文化味”。朝阜路是“货真价实的真古董”，是“镶满珍珠的长链”，“在北京城市文化中占有举足轻重的分量和特殊的重要的地位”。①

第二节　构建朝阜文脉布局的胡同坊巷

当代的“朝阜大街”只是一个相对简洁的俗称，并不是一条自朝阳门到阜成门贯通无碍的街道。在元、明、清三朝，它的中间矗立着作为国家政治中枢的宫廷区。直到 1931 年将景山与故宫之间的北上门拆除，开辟出景山前街等道路之后，朝阜大街两端才得以辗转相通。

至元四年（1267），开始在大都旧城（亦即金中都城）东北郊修建大都新城。以中轴线为基准，元大都东西两侧的肃清门与光熙门、和义门与崇仁门、平则门与齐化门，北侧的健德门与安贞门，南侧以丽正门为中心，两侧的顺承门与文明门，在上述三方面都是彼此对称的。

在朝阜文脉之内，齐化门位于都城的东南，在“后天八卦”里

① 刘秀晨：《古都文化一条街：从北京城市文化谈朝阜路》，《北京政协》1995 年第 10 期。

对应着巽、风、春末夏初。“齐化”包含着使万物一齐接受大自然的化育，或者在自然力的化育之下整齐完美之意。与齐化门对称的平则门位于都城的西南，在“后天八卦”里理应与坤、地、夏末秋初相对。“平则”，有倡导人们以谦恭平易的态度遵循自然规律、恪守社会法则之意，与“齐化”在语义上相互对称。

元大都是按照刘秉忠制定的城市规划建设起来的都城，纵横交织、整齐有序的街巷布局，以东西向和南北向为主，由此构成了方格状的网络系统。《析津志》记录了大都南北城的几条街巷，但没有叫作“××衚衕”的。“长街：千步廊街、丁字街、十字街、钟楼街、半边街、棋盘街。五门街、三叉街，此二街在南城。”“米市、面市，钟楼前十字街西南角，……段子市在钟楼街西南，……菜市，丽正门三桥、哈达门丁字街。……穷汉市……一在顺城门城南街边，……珠子市，钟楼前街西第一巷。……文籍市，在省前东街。……车市，齐化门十字街东……”① “车市，齐化门十字街东”一语，记录的“齐化门十字街”，就处在朝阜文脉之内。这个名称指代齐化门内呈十字相交的两条街道：横向的是《北京历史地图集》所示的“齐化门街”，相当于今朝阳门内大街；纵向的是一条靠近齐化门的南北干道，大致应在今东四北大街和东四南大街的位置。与齐化门街相对应，《北京历史地图集》画出了“平则门街”，相当于今阜成门内大街。李好古提到的“砖塔儿衚衕”，元代属平则门街南侧的“咸宜坊”，今名“砖塔胡同”。除此之外，朝阜文脉内的元代街巷就难寻踪迹了。

到了明代，地方志以及嘉靖年间张爵的《京师五城坊巷衚衕集》的出现，提供了关于北京坊巷胡同的具体细节。在朝阜文脉之内，“坊”的设置在继承元代的基础上有所改易，以“胡同”为主要通名的街巷空前丰富起来。明代的这个变化不仅直接为清代北京街区的发展奠定了基础，由此产生的历史影响也一直延续到今天。

徐达占领元大都不久，即改为北平府，并把北城墙向南缩进五

---

① 于敏中等编纂：《日下旧闻考》卷38《京城总纪》引《析津志》。

里，永乐年间营建北京又把南城墙前移二里，直至嘉靖年间修建外城，北京的城市轮廓在南北两端发生了显著变化。但是，这些对朝阜文脉本身并没有直接影响。老城区的东西城墙延续了元代的旧观，只有两个城门被更改了名称；作为城市中心的宫城，地理位置变化不大，朝阜文脉仍然处在它的左右两端。坊的增减和更名以及街巷胡同的密集，才是明代发展变化的主要方面。

明英宗正统二年（1437），将元代遗留下来的七个城门名字一律更改。“齐化门”改为“朝阳门”，以其面向太阳升起的东方而得名；“平则门”改称“阜成门”，寓意使国家年丰物阜、人民安定，其语出自《尚书·周官》：“六卿分职，各率其属，以倡九牧，阜成兆民。”当代“朝阜大街”或“朝阜文脉”的语源，即滥觞于此。

在朝阜文脉之内，明北京皇城以东各坊与元大都时期相比，仁寿坊、明照坊基本未变；保大坊是此前的保大、蓬莱二坊合成；思诚坊相当于元代思诚、皇华二坊的北部，寅宾坊南部以及整个穆清坊；黄华坊由元代皇华、思诚二坊的南部合成，“黄华”是“皇华”的同音异写；寅宾坊北部在明代变为南居贤坊的南段。这个区域内的坊数由元代的 8 个变为明代的 5 个，蓬莱、寅宾、穆清三坊消失，其余各坊的范围也有所调整。在朝阜文脉之内，明北京皇城以西各坊与元大都时期相比，安富、咸宜、金城三坊的名称、位置、范围与元代相同；积庆坊是元代集庆坊的同音更名；鸣玉坊由元代的鸣玉、太平二坊合并而成；河漕西坊基本相当于元代的福田坊，以处在纵贯西城的河漕以西而得名；朝天宫西坊相当于元代的西成、由义二坊，以位于朝天宫以西而得名。鸣玉、河漕西、朝天宫西三坊，只有南半部处在朝阜文脉之内。

完成于嘉靖三十九年（1560）的张爵的《京师五城坊巷衚衕集》，反映了明代中期北京街巷胡同的基本情形，其中不少流传到当代。依据《京师五城坊巷衚衕集》记载的各坊条数，参照《北京历史地图集》“明北京城”幅画出的范围，全部处在“带”内的有明照坊（21 条街巷或地片）与思诚坊（28），二者合计 49 条（片）；大约 1/2 面积在“带”内的有：黄华（30）、保大（25）、鸣玉（30）、安富（15）、咸宜（33）、金城（53）诸坊，合计186条（片），取其1/2则为92条（片）；大约1/3面积在“带”内的有：仁寿（16）、积庆（20）、河漕西（27）、朝天宫西（37）诸坊，合计100条（片），取其1/3则为33条（片）。上述三种情形共计得174条（片）。如果再加上皇城与朝阳门外、阜成门外的部分，整个朝阜文脉范围内，当有大约200条街巷或地片，这样的密度在古代城市中已相当可观。元大都时代勾勒了城市街巷布局的基本轮廓，明北京的显著发展强化了城市街巷分布的主要特征，这就为清代与民国时期城市街巷的进一步加密以及某些旧有街巷的析出、合并及其名称的沿用、派生、更改提供了前提条件。不论从街巷分布格局还是街巷区片的名称上看，元、明、清以及民国时期的历史影响一直延续到当代。

清朝定都北京后，实行旗民分城居住的政策。八旗官兵环绕皇城分为里外两层，外层为八旗前锋参领、侍卫前锋校、前锋等，内层为八旗满洲五参领、蒙古二参领下护军参领、护军校、护军等。

内层的分界十分明确。镶黄旗、正黄旗以地安门为界，正白旗、镶白旗以东安门为界，正红旗、镶红旗以西安门为界，正蓝旗、镶蓝旗以天安门为界。外层同样划定界线。镶黄旗自地安门东至草厂胡同之西。正白旗自草厂胡同南至东厂胡同之西。镶白旗自东厂胡同循皇城而南至口袋胡同之西。正蓝旗自口袋胡同南而西至长安门金水桥。正黄旗自地安门西至皇城西北角。正红旗自皇城西北角循皇城而南至西安门南。镶红旗自西安门南循皇城而南至灰厂（今北京府右街北段）东。镶蓝旗自灰厂东而东至长安门金水桥。

到了雍正三年（1725），重新议定八旗界址，在每一旗驻防区内，最靠近城市中心的为满洲八旗，蒙古八旗次之，最外层为汉军八旗。由此确定：镶黄旗驻地西至地安门大街、旧鼓楼大街一线，东至东城垣，北至北城垣，南至宽街、府学胡同、东直门大街；正白旗驻地自府学胡同南，南至报房胡同之东，西至皇城，东至东城垣；镶白旗驻地自报房胡同南，南至头条胡同，东至东城垣，西至皇城；正蓝旗驻地自头条胡同南至南城垣，东至东城垣，西至金水桥；正黄旗驻地自旧鼓楼大街西至新街口大街，再自四条胡同西至西城垣，南至马状元胡同，北至北城垣；正红旗驻地自西直门内大街南至阜成门内大街，东至皇城，西至西城垣；镶红旗驻地自羊肉胡同南，南至白庙胡同，东至皇城，西至西城垣；镶蓝旗驻地自白庙胡同南至南城垣，东至金水桥，西至西城垣。

清代北京内城街道格局沿袭明代，变化不大，只是内外城门附近建有许多兵营，并增建了许多王公贵族府邸。雍正、乾隆以后，王公贵族为上朝方便，多在西城建宅，富商大贾多居于接近商业区和通惠河码头的东城，逐渐形成"西贵东富"的社会格局。在这种情形下，清代坊有了明显的弱化趋势。从唐朝幽州时代延续了千年的"坊"，基本失去了作为城市街区单位的功能。朱一新在《京师坊巷志稿》中列出 10 个坊名，分别是中西、中东、朝阳、崇南、东南、正东、关外、宣南、灵中、日南坊。其作用已经不如从前。

到清末时，政府推行新政，光绪三十二年（1906）与巡警分厅的设置相适应，在北京内外城出现了近五十个巡警分片负责单位——"区"，这更使得"坊"的作用急剧下降。后又经过数次的减省和调整，到民国时期，"区"终于成为真正的行政区域。1928 年国都南迁后，北平市形成了内一至内七区、外一区至外五区、郊一区至郊八区的行政区划格局。

笼统地来看，朝阳门内大街是正白旗与镶白旗的分界线，阜成门内大街是正红旗与镶红旗的分界线。今天的朝阜文脉，对照清代八旗的分布区域，中间属于皇城的范围，东段由正白旗南半部、镶白旗北半部构成，西段由正红旗南半部、镶红旗北半部构成。清末设置巡警负责各区之后，东段属于中一区与内左二区、内左四区的一部分，西段属于中二区与内右二区、内右四区的一部分。

民国时期朝阜文脉的街巷胡同在前代基础上有所增减，1949 年以后这种变化仍在进行中，其中比较突出的重要事件是部分地名的雅化与小胡同的合并。

清末民初有些文化人士感到某些地名的含义过于粗俗，于是通过谐音转换地名用字的方式使之变得文雅起来，这就是今人所谓地名的雅化。由于要顺应乃至迁就原来的语音，经过谐音雅化后的这类地名难以掩盖从前的痕迹，有些语词也有明显的生凑嫌疑而不如原来的明白晓畅，但从总体上看，这类改变仍然具有积极的社会意义，体现了健康向上的心理状态以及对精神境界的美好追求。

1965年的街巷整顿，主要集中在两个方面。首先，为了便于城市管理，若干小胡同并入相邻的大胡同；与此同时，原来只有一个名称的地片或村落，随着城市的扩展而变为多条街巷，在朝阜文脉西段的阜城门外，“北营房”变成了“北营房北街”等22条街巷，“扣钟庙”变为“扣钟胡同”、“扣钟南一巷”等12条街巷，“北露泽园”衍生为“北露园胡同”等11条街巷。其次，某些街巷的名称被完全更换或者取谐音改变了地名用字。对源于宗教类建筑如寺、庵、宫等为通名的地片或街巷名称，保留原来的专名再把通名换成“胡同”或“街”、“巷”之类，重新组合成结构完整的街巷名称。涉及帝王将相的语词也被更改，在减轻乃至消除旧时代痕迹的同时，体现新时代政治色彩与社会风尚的语词进入地名之中。

朝阜文脉内的胡同坊巷记录了北京历史文脉变迁的足迹。例如，在朝阜文脉东段，张爵著录的此类名称，有明照坊法华寺、关王庙，保大坊迎禧观，仁寿坊隆福寺街、红庙街，黄华坊智化寺，思诚坊老君堂、延祐观、三官庙（延福宫）、水月寺等，除了隆福寺街、红庙街之外，多数在明代只是建筑名称，但为以后形成的街巷提供了命名依据。在朝阳门外，“朝日坛”今称“日坛”，是明清帝王祭祀太阳神之处，嘉靖九年（1530）始建，1958年之后派生了日坛路、日坛北路、日坛东路等街巷名称；东岳庙是著名的道教建筑，始建于元延祐六年（1319），历明清两代陆续修葺扩建，遂成华北第一道观，1957年被列为市级文物保护单位。

在朝阜文脉西段，咸宜坊内的砖塔胡同，是见于元代文献、迄今所知最早的胡同，也应是元大都最早的胡同之一，以胡同东端南侧的万松老人塔得名。万松老人是蒙古初期名臣耶律楚材的师父。至元二十二年（1285），朝廷颁布了旧城居民迁居大都新城的规定。即使从这一年算起，“砖塔胡同”这个名称迄今也已沿用了720多年。显灵宫是建于永乐年间的道观，1965年取近音改称“鲜明胡同”。“能仁寺”即始建于元延祐六年（1319）、扩建于明洪熙元年（1425）的“大能仁寺”，清代已有“能仁寺胡同”，1965年定名“能仁胡同”。鸣玉坊“帝王庙”，即今“历代帝王庙”。河漕西坊“白塔寺”，清代在附近形成了“小塔院”与“白塔寺夹道”等街巷名称，1965年分别改为“白塔巷”与“白塔寺东夹道”。朝天宫西坊“青塔寺”创建于元代延祐年间，清代称“青塔寺胡同”，民国时称“青塔寺”，今名“青塔胡同”。“朝天宫”是明代北京的著名建筑，“朝天宫西坊”即以此为名，天启年间毁于大火，清代开始在这一代形成“东岔”、“西岔”、“狮子府”、“玉皇阁”、“东廊下”、“中廊下”、“西廊下”等街巷，1965年依次定名为“宫门口东岔”、“宫门口西岔”、“狮子胡同”、“大玉胡同”、“东廊下胡同”、“中廊下胡同”、“西廊下胡同”。阜成门外的“夕月坛”今称“月坛”，是明清帝王祭祀月明神之所，始建于明嘉靖九年（1530），1965年派生命名了“月坛北街”、“月坛西街”。

另外，这一区域内的牌楼与桥梁则标志着城市地域空间的布局。在《京师五城坊巷衚衕集》附图上可以看到，崇文门北，今有一座四柱三楼式木牌楼，这就是所谓“单牌楼”。由此向北，朝阳门内有与单牌楼形制相同的东、西、南、北四座木牌楼各占一方，共同构成了“四牌楼”这组建筑。以北京中轴线为基准，西城也有与此大致对称、形制完全相同的“单牌楼”和“西四牌楼”。张爵记载的两处“单牌楼”，在今长安街一线的东单、西单十字路口处；明照坊“四牌楼西南”、仁寿坊“四牌楼西北”，安富坊“西四牌楼东南”、积庆坊“四牌楼东北”等地片，处在朝阜文脉之内。四牌楼约在今东四南大街与东四北大街交接的十字路口处，西四牌楼则在西四南大街与西四北大街交接的十字路口上。它们不仅作为标志性建筑指示着地理方位，而且成为附近地段的泛称。清代以东西两边的牌楼为参照，命名了“东单牌楼大街”与“东四牌楼大街”、“西单牌楼大街”与“西四牌楼大街”。随着口语称说和文字书写过程中的自然简化，又变成了“东单”、“东四”、“西单”、“西四”，原来据以命名的“牌楼”被省略，当代与此相关的道路或区片命名，更是只取其符号意义而已。

朝阜文脉内在明代具有标志性意义的桥梁，最重要的是马市桥。它是纵贯西城的沟渠“河漕”（或称“大明濠”、“西沟”，清代称“大沟沿”、“西沟沿”）穿越阜成门街时的桥梁，以附近有马匹交易市场而得名，充当了河漕西、鸣玉、金城、咸宜坊的分界点。民国时期“大沟沿”改为暗沟，即今“赵登禹路”、“太平桥大街”、“佟麟阁路”一线，“马市桥”就处在阜成门内大街把“赵登禹路”和“太平桥大街”分开的交叉点上。

朝阜一带的街巷名称也由此记录了北京历史上以经济活动为主的丰富的社会生活。在朝阜文脉东段，明照坊的“鞍子巷”可能是买马鞍的地方；“鹁鸽市”是一处鸽子交易市场，清代变为“大鹁鸽市”与“小鹁鸽市”，1965 年定名为“大鹁鸽胡同”和“小鹁鸽胡同”。保大坊的“镫市”是“灯市”的异写，清代形成“灯市口大街”，是京城正月放灯期间的闹市。“取镫胡同”以明代在此设置存储“取灯”（功能类似于火柴）的仓库而得名，清代分解为“大取灯胡同”与“小取灯胡同”。在思诚坊，“驴市胡同”是牲畜交易市场，清宣统年间改为谐音的“礼士胡同”，略显粗鄙的“驴市”变成了文质彬彬的“礼士”，颇有些礼贤下士的意味；“炒米胡同”以卖炒米、炒面的小吃摊贩而得名，清代改为“前炒面胡同”与“后炒面胡同”；“铸锅巷”有铸锅的工匠在此居住，清代取谐音改为“竹竿巷”，1965 年简化为“竹杆胡同”；“牛房胡同”可能是养牛之地。

朝阜文脉西段，安富坊“板厂胡同”源于锯放木板的工厂，民国时期谐音改为“颁赏胡同”。咸宜坊“西院勾栏胡同”一带，清代演变为“大阮儿胡同”、“小阮儿胡同”（民国时谐音为“大院胡同”、“小院胡同”）、“三道栅栏”（1965 年称“三道栅栏胡同”）等街巷，前者与自明代以来保持稳定的“粉子胡同”一样，应是当年妓院留下的痕迹。鸣玉坊“驴肉胡同”源于制售驴肉的作坊，民国谐音改为“礼路胡同”；“箔子胡同”清代谐音作“报子胡同”或“雹子胡同”；“熟皮胡同”以熟皮作坊而得名，清代称“臭皮胡同”，民国谐音为“受壁胡同”。这三条胡同 1965 年依次定名为“西四北头条”、“西四北三条”、“西四北四条”。河漕西坊“茶叶胡同”，清代析为“大茶叶胡同”与“小茶叶胡同”。金城坊“麻线胡同”或与制售麻线的居民有关，清代析为“大麻线胡同”与“小麻线胡同”。

第三节　承载传统文化的坛庙

朝阜大街与中轴线的紫禁城相交于故宫北侧，这一线的封建礼制文化遗留主要是皇家苑囿的北海、景山以及皇家祭祀的历代帝王庙、日坛、月坛以及大高玄殿等。为皇天后土、社神稷神、日月星辰、风雨云雷、帝王功臣、先哲贤良、列祖列宗等设坛立台、建祠修庙，定期定点进行隆重的祭祀，教民知畏、趋福避难、尊长敬祖、崇贤法能，对于封建政权维系华夏一统、促进民族团结，具有独特的作用和意义。因此而设的各类皇家坛庙，是封建社会政权一统和巩固的重要代表，更是封建礼制文化的重要组成部分。北海与景山将在第三章详述，此处重点介绍历代帝王庙以及日坛、月坛、大高玄殿。

历代帝王庙，位于阜成门内大街，是中国目前所存唯一一处祭祀历代帝王的皇家坛庙，坐北朝南，占地面积约有 2 万平方米。主体建筑由中路和东西跨院组成。中路有影壁、钟楼、景德门、崇圣殿等建筑。东跨院依次为神库、神厨、宰牲亭、井亭，西跨院为致斋亭等建筑。目前所存帝王庙虽在清代重修，但其建筑规制主要承袭明代，其中的金丝楠木、金砖、金帷幔并称帝王庙中的“三金”，华美壮丽。史料记载，“庙在阜成门内，大市街之西，故保安寺址也”[①]。《帝京景物略》载，“世宗肃皇帝之九年，命建历代帝王庙”，并于第二年建成，“上亲诣致祭”。从此，“岁春秋，遣大臣祭”。[②]

历代帝王庙入祀帝王 188 位，功臣名将 79 位，体现了“中华一统、主权延续、朝代更迭、一脉相传”的历史特点，是我国统一多

① 于敏中等编纂：《日下旧闻考》卷 51《内城 · 西城二》。

② 同上。

民族国家发展进程一脉相承、连绵不断的历史见证，对中华民族的统一起着巨大的积极作用。

史载，嘉靖九年（1530），“令建历代帝王庙于都城西，岁以仲春、秋致祭”。但直至嘉靖十年（1531）春二月，庙未成，只好“躬祭历代帝王于文华殿，凡五坛，丹陛东、西名臣四坛。礼部尚书李时言，旧仪有赐福胙之文。赐者自上而下之义，惟郊庙社稷宜用。历代帝王，止宜云答。诏可”。嘉靖十一年（1532）八月，历代帝王庙完工，“礼部以新作历代帝王庙成，请上亲祀。许之。仍诏以祀之前一日预告皇祖，即太庙后寝行礼”[①]。后在嘉靖二十四年（1545），因蒙古“无岁不犯、边报日至”的边界忧患，嘉靖帝采纳礼科给事中陈棐之谏，下令罢撤在帝王庙供奉的元世祖忽必烈与木华黎、博尔忽、赤老温、伯颜几位元朝君臣的神位与祭祀。

及至清朝入关之后，沿用明制帝王庙的祭祀传统。顺治元年（1644），“以故明太祖神牌入历代帝王庙”，将明太祖朱元璋牌位由太庙移至历代帝王庙。顺治二年（1645），在历代帝王庙恢复了在明嘉靖年间罢撤的元世祖牌位，并相应地增加了辽太祖、金太祖、金太宗以及成吉思汗的牌位。史载：“三月初三日，例应祭历代帝王。按故明洪武初年立庙将元世祖入庙享祀。……当日宋之天下、辽金分统南北之天下也。今帝王庙祀、似不得独遗。应将辽太祖、并功臣耶律曷鲁，金太祖、金世宗，并功臣完颜粘没罕、完颜干离不，俱入庙享祀。元世祖之有天下，功因太祖，未有世祖入庙、可遗太祖者。则元世祖之上，乃应追崇元太祖一位。其功臣木华黎、伯颜应从祀焉。至明太祖并功臣徐达、刘基各宜增入。照次享祀以昭帝王功业之隆。用彰皇上追崇往哲至意。”[②] 至此，清代入祀帝王庙的帝王共有 21 位。

康熙六十年（1721）四月，康熙帝曾言：“朕披览史册，于前代帝王每加留意，书生辈但知讥评往事，前代帝王虽无过失，亦必刻意指摘，论列短长，全无公是公非。朕观历代帝王庙所崇祀者，每朝不

① 《清世祖实录》卷 14，顺治二年三月甲申。

② 同上。

过一二位。或庙享其子而不及其父，或配享其臣而不及其君，皆因书生妄论而定，甚未允当。况前代帝王，曾为天下主。后世之人，俱分属臣子，而可轻肆议论，定其崇祀与不崇祀乎。今宋明诸儒，人尚以其宜附孔庙，奏请前代帝王，既无后裔，后之君天下者，继其统绪，即当崇其祀典。朕君临宇内，不得不为前人言也。朕意以为，凡曾在位，除无道被弑，亡国之主外，应尽入庙崇祀。有明国事，坏自万历、泰昌、天启三朝，神宗、光宗、熹宗不应崇祀，咎不在愍帝也。"①康熙帝旨在肯定历代君王的客观作用与作为，昭示了他对入祀历代帝王庙的君主的评价标准超越了民族界限，并初步形成了大一统的帝王观。

雍正七年（1729），重修历代帝王庙，曾至庙中行礼并御制碑文。碑文载，"当明初定制时，议礼之臣不能通知大体。……崇祀只创业之君，从祀唯开国之臣，自兹以后阙焉"。进一步阐述了自康熙时期已有的"应将凡曾在位，除无道被弑亡国之主外，尽宜入庙崇祀"的祭祀主张。雍正年间，入祀历代帝王庙的帝王大量增加，帝王增至 164 位，陪臣则增至 79 位。雍正帝还为历代帝王题写了神牌。②

乾隆时期是历代帝王庙祭祀制度的定型时期。乾隆三年（1738），工部郎中达海上陈奏折，要求"整饰庙貌，以肃观瞻，以光钜典"。内称，"帝王庙定例春秋二祭，皇上亲诣行礼，其庙貌理应华焕。而沿习旧制，所用脊之稳兽均系绿色琉璃，其垄瓦则系纯黑琉璃，似乎太俭"，建议"专以黄覆，用彰今日之尊崇"。③乾隆二十七年（1762），礼部尚书陈德华奏称："历代帝王庙正殿，为景德崇圣之殿。旧制，覆殿顶瓦用青色琉璃，檐瓦绿色琉璃。考文庙大成殿瓦改用黄色琉璃。今帝王庙正殿，所礼三皇五帝历代帝王皆以圣人在天子位亦应用王者之制。现值缮修。除两庑仍循旧制。其正殿覆瓦，

① 《清圣祖实录》卷 292，康熙六十年四月丙申。

② 《清世宗实录》卷 22，雍正二年七月戊申。

③ 中国第一历史档案馆藏录附奏折，乾隆三年七月二十八日"奏请整饬历代帝王庙貌以肃观瞻事"。

请改纯黄。”得到乾隆帝的应允，批复“所奏是。著改盖黄瓦以崇典礼”。完工之后，乾隆帝亲自撰写重修历代帝王庙的碑文与诗文，并为景德崇圣大殿御题“报功观德”匾额与“治统溯钦承，法戒兼资，洵哉古可为监；政经崇秩祀，实枚式焕，穆矣神其孔安”的楹联。

此后，乾隆帝两次颁布谕旨撤去东汉桓帝、灵帝神位，增加东晋、南北朝、唐、五代、金、明各朝 26 位帝王入祀，将历代帝王庙的祭祀帝王从 164 位最终增至 188 位。景德崇圣殿内供奉神牌的龛位由 5 个增至 7 个，将西一龛辟为左、右二室，将西二、西三、东三这三龛辟为中、左、右三室。至此，历代帝王庙中的 188 位祀君与 79 位陪臣确立下来，至清末再未发生变化。整个乾隆一朝，乾隆帝更先后七次为历代帝王庙撰写碑文。总之，乾隆一朝，完善了中华一统的的祭祀体系，体现我国统一的多民族国家一脉相承祭祀体系的构建。

此外，日坛、月坛作为朝阜文脉的东端和西端，所连接的这条东西向骨架，与贯穿天坛、地坛的中轴线，构成了北京历史文脉的完整结构。

日坛，又名朝日坛，位于朝阳门外东南方向，为明清两代帝王祭祀大明之神——太阳的坛庙。《日下旧闻考》记载，“朝日坛在朝阳门，外缭以垣墙，嘉靖九年建”。朝日坛“以春分之日祭大明之神”。日坛方广五丈，高五尺九寸，应取“九五之尊”之意。坛面用红琉璃阶九级，俱白石棂星门，象征太阳。西门外有燎炉和瘗池，西南侧为具服殿，东北为神库、神厨、宰牲亭、灯库，钟楼北为遣官房，外为天门二座，北天门外为礼神坊，西天门外以南为陪祀斋宿房。

月坛，又称夕月坛，位于阜成门外，是明清两代皇帝每年秋分时节拜祭夜明之神（月亮）和其他天上星宿之所。祭坛始建于明嘉靖年间，为一层方形，四丈见方，高四尺六寸，四面皆有石台阶，每处台阶六级。坛四面环绕矮墙，高八尺，厚二尺二寸。墙四面有棂星门，西、南、北各一门二柱，东门为三门六柱。坛南门外有神库，西南有宰牲亭、神厨、祭器库，东北有具服殿等。

明崇祯十三年（1640）八月初六秋分，崇祯帝决定亲祭夕月坛，命令兵部加强警戒：“严加敬饬，俱要整肃摆守，不许喧哗冒替，违者重加惩处。”康熙十三年（1674）九月，定月坛祭祀时辰“用酉时”。乾隆三年（1738），“今年夕月坛旧例系遣官之年，但朕即吉之后，一切祭祀典礼，初次举行，朕皆欲躬亲，以展诚敬。八月初十日夕月坛，朕亲诣行礼”。乾隆十一年（1746）正月，“钦定祭祀中和乐章名”，其中“夕月坛乐，迎神、迎光；奠玉、帛、初献、升光；亚献、瑶光；终献、瑞光；彻馔、涵光；送神、保光”。嘉庆十九年（1814）八月，“谕内阁，秋祀夕月坛，嗣后如遇朕亲祭之年，其配位著派亲郡王上香”。

第四节　展现北京文脉的宗教文化长廊

朝阜区域内也是北京历史上宗教信仰文化的聚焦之地。一是宗教文化种类齐全。朝阜文化带上的宗教文化，既有中国土生土长的道教文化，也有传入后完成中国化的佛教文化，还有伊斯兰教、基督教等外来宗教文化。具有浓郁佛教文化的宗教圣地，就有阜成门内大街路北的白塔寺、锦什坊街路西的普寿寺、阜成门内大街东口的广济寺、西四南大街路西砖塔胡同的万松老人塔、西安门大街的北京佛教居士林、北长街北口路西的万寿兴隆寺、北长街北口路东的福佑寺、北海公园内的永安寺白塔、景山东侧嵩祝院内的嵩祝寺和智珠寺、织染局胡同内的华严寺遗址、东四北大街之西的隆福寺、禄米仓胡同的智化寺等，阜成门往西的延长线上，还有西四环定慧桥西南侧的定慧寺、八里庄引水渠畔的慈寿寺。道教文化方面，有恩济庄关帝庙、阜成门内的天师宫遗址、大玉胡同的玉皇阁、西安门大街路南的大光明殿遗址、北海大桥西南侧的时应宫遗址、北长街的昭显庙、三座门大街的大高玄殿、北池子大街的宣仁庙、育群胡同的北京天后宫、朝阳门内大街的大慈延福宫（俗称三官庙）、朝阳门外的东岳庙。基督教方面，有阜成门外的明清以来外国传教士墓地、西安门大街以北的西什库教堂、西四缸瓦市教堂、北京基督教会宽街堂、王府井大街救世军“中央堂”。属于伊斯兰教的有东四南大街的东四清真寺、朝内豆瓣胡同的南豆芽清真寺。凡此等等，既体现出丰富多彩的多元宗教文化，也显示了多种宗教文化在同一区域内的和谐发展。

二是历史悠久，具有代表性。始建于元初的白塔寺，是国内现存最早、规模最大的元代藏式佛塔。东岳庙始于元代后期，是道教正一派在华北地区最大的宫观。明代天师宫为天师赴京觐见时的住处，成为明代正一教在北京的又一具有代表性意义的宫观。利玛窦墓地始于明万历年间，明清以来成为北京外国传教士的墓地，在中西文化交流史上具有典型意义。建于清代中期的北京天后宫，是北京内城独一无二的天后宫，体现了北京官方文化与民间文化的互动。缸瓦市教堂是北京现存最早的基督教堂，也是近代北京最早成功发起“教会自立运动”的教堂。1922 年在王府井大街建成的“中央堂”，既是救世军在北京最重要的建筑，也是救世军在华的总部所在地，为推进中国近代慈善事业的发展起到过重要作用。东四清真寺具有典型的明代建筑特点，又有阿拉伯建筑的装饰风格，是伊斯兰教本土化的代表。

三是文化底蕴深厚，影响大。大高玄殿是明清规格最高的皇家道观，具有独特的文化意义。白塔寺体现了藏传佛教的发展历程，更是中外文化交流的历史见证。明清以后，东岳庙成为北京“娘娘”信仰的祖庙，在民众中间产生了广泛而深远的影响。顺治初年，清廷曾聚集满汉子弟于“三官庙”教学，影响一时。万寿兴隆寺现在是中国佛教文化研究所所在地，在佛教文化的传承和发展上发挥了重要作用。大光明殿被毁的《道藏》经板、东四清真寺内的元代《古兰经》手抄本、嵩祝寺的藏经、智化寺的佛乐、西什库教堂的“北堂藏书”等，也无一不是闻名于世的文化珍品。

佛教文化方面有白塔寺，位于阜成门内大街路北，正名“妙应寺”，因以寺中高十五丈、通体洁白的白塔知名远近，遂得“白塔寺”之俗称。白塔寺的历史，最早可以上溯到辽代。辽寿昌二年（1096），为宝藏释迦佛舍利，特在地处辽南京北郊的此地创建永安寺，“内贮舍利戒珠二十粒、香泥小塔二千，无垢净光等陀罗尼经五部”①。元至元八年（1271），世祖忽必烈发视石函、铜瓶，“愈加崇

① 于敏中等编纂：《日下旧闻考》卷 52。

重”，下令在毁于战火的辽塔遗址上重建佛塔。主持其事者，为入仕元朝的著名尼泊尔工匠阿尼哥。经过精心设计和八年施工，到至元十六年（1279），白塔建成，并迎请佛舍利入藏塔中。忽必烈随即又令以新修的佛塔为中心，兴建一座规模庞大的寺庙，作为营建元大都的重要工程。整个寺院范围的确定，据说是以塔顶射出弓箭的射程来确定的，面积达到16万平方米之巨。经过近十年的努力，到至元二十五年（1288），新寺终于落成，名为“大圣寿万安寺”，因位于大都城西，又称作“西苑”。其建筑极尽辉煌，世传其用于装饰佛像和窗壁的黄金就达五百四十两、水银二百四十斤，而用于缮写金字藏经的黄金，更达到二千二百四十四两之巨。[①]

自建成之日起，白塔寺便以皇家寺院的身份，举办皇家大法会，佛事庄严，规格极高，其殿陛等“一如内廷之制”[②]。元代皇帝常来此焚香拜佛，后来又成为元廷百官学习礼仪和译印蒙文、维吾尔文佛经的地方。元成宗时，在白塔两侧建造神御殿（即影堂），置元世祖帝后与元裕宗帝后影堂，岁时以供皇室及随从百官祭拜。[③] 由此，白塔寺更成为元室岁时瞻拜的重要佛寺。如元文宗即位后，即至大圣寿万安寺“谒世祖、裕宗神御殿”[④]。这种由皇帝亲自参与的盛大典礼，无疑会大大提升白塔寺的知名度，增加其香火。元贞元年（1295），由皇帝主持的“国忌”佛事，饭僧竟达七万之众。[⑤] 延祐二年春，又将原来所置万安规运提点所，升为大圣寿万安寺都总管府，秩正三品，以加强管理，并提升其政治地位。[⑥] 在此前后，堪称白塔寺发展的鼎盛时期。但好景不长，至正二十八年（1368）六月，白塔寺发生雷火，“帝闻之泣下，亟命百官救护”。但仅抢出东西二影堂神主和宝玩器物，其余殿堂均遭烧毁。[⑦] 唯白塔幸免于难，仍巍然屹立，

① 顾炎武：《日知录》卷11。
② 于敏中等编纂：《日下旧闻考》卷52。
③ 于敏中等编纂：《日下旧闻考》卷32。
④ 《元史》卷32。
⑤ 《资治通鉴后编》卷159。
⑥ 姜宸英：《湛园札记》卷3，又《资治通鉴后编》卷165、《续通志》卷64。
⑦ 于敏中等编纂：《日下旧闻考》卷52。

成为元明之际北京城西醒目的地标之一。

入明后，白塔寺的地位下降。宣德八年（1433），敕命对幸存的白塔进行维修。天顺元年（1457）重建寺庙，次年改名“妙应寺”[①]。但其范围仅为元代白塔寺遗址的中部狭长地带，面积也只有1万多平方米，不及元初的十分之一。成化元年（1465），于塔座周围建造灯笼108座，“以奉佛塔”[②]。清康熙二十七年（1688）重修妙应寺后，有御制碑文两通，略谓“岁久渐颓，既命仍旧制修治”。乾隆十八年（1753）再次重修，御制碑铭勒于七佛殿，谓“于烁兰若，朗耀大千”云。乾隆帝还亲自书写了《般若波罗蜜多心经》一卷及梵文尊胜咒，与所赐大藏经一部七百二十四函，共同收藏于寺内。又赐匾正殿曰“意林心镜”、塔下三宝殿曰“具六神通”，联曰“风散异香禅偈静，鸟窥清呗法筵开”，“皆皇上（即乾隆帝）御书”。乾隆四十一年（1776）再次修缮，赐御制满汉蒙古西番合璧大藏全咒一套，以及西番首楞严经一分、维摩诘所说大乘经全部。[③] 此后至民国年间，白塔寺又进行过多次维修，但其趋势则每况愈下。八国联军侵入北京时，曾冲入白塔寺，将法器、供器等席卷一空。1961年，妙应寺白塔被国务院公布为第一批全国重点文物保护单位，但“文化大革命”期间还是对白塔寺进行了又一轮的毁坏。当时寺内历经运动留下来的喇嘛都被遣散，大门和钟鼓楼被拆除改建为商场，寺内也被机关单位占用，大量文物或遭损毁，或遗失。直到1997年，北京市委市政府提出“打开山门，亮出白塔”的口号，大力拆除商场，重修山门和寺内建筑。次年，白塔寺重新开放，以新的面貌迎接京城百姓和海内外游人。

又如，万松老人塔，是北京作为文化古城的早期标志之一，也是北京城区现存唯一一座密檐式砖塔。始建于元代，乃金元时期曹洞宗高僧万松行秀的墓塔。万松行秀（1166—1246），俗姓蔡，籍贯河内（今河南），自称万松野老，人称万松老人。他15岁剃度出家，后抵

① 孙承泽：《春明梦余录》卷66。

② 于敏中等编纂：《日下旧闻考》卷52。

③ 于敏中等编纂：《日下旧闻考》卷52，又《清一统志》卷7。

燕参庆寿寺主持胜默光。万松迁中都万寿寺时，得到金章宗与其后宫之垂青，后主持仰山，“章庙入山，屡重顾问”。曾遣赐钱二百万，使者令其跪听，万松抗礼，称“出家儿安有此例，竟焚香立听诏旨”[①]。其行如此，名声亦大振，名流多来往络绎。元初著名政治家耶律楚材曾向其学习佛法，“冒寒暑，无昼夜者三年”，尽得其道[②]。其所作忆师诗云，“华亭仿佛旧时舟，又见吾师钓直钩。只道梦中重作梦，不知愁底更添愁。曾参活句垂青眼，未得生侯已白头。撇下尘嚣归去好，谁能骑鹤上扬州”，可见两人深厚的师生之谊。[③] 元定宗元年（1246），81 岁的万松圆寂于仰山栖隐寺，弟子分塔供养其荼毗舍利，万松老人塔即其一。

万松老人塔引人注目处，除了历史悠久、香火旺盛外，寺内还珍藏了许多历史上遗留下来的珍贵文物。山门外两侧的石碑是唐代的遗物，弥足珍贵。而石碑摹仿龙、虎之形写着“龙”、“虎”两个大字，以龙虎把守大门在寺庙中极为罕见，具有奇特的文化意味。大文殊殿前的无字碑、有字碑相对而立，其中有字碑更是清康熙皇帝的御笔，在北京颇为难得一见。藏经楼内，有北魏铜铸的旃檀佛像，有北宋刊刻的雷峰塔藏经，有明代在菩提树叶上绘制的十八罗汉像。最珍贵的文物，还有千钵文殊铜像、铜殿铜塔、无量殿、华严经字塔，以及重达万斤的大铜钟。千钵文殊铜像铸于明代，全国少有。华严经字塔由蝇头小楷字组成，在长一丈八、宽六尺的黄绫和白绫上，写有《华严经》80 卷计 60 万字，这是清康熙年间苏州许德心花费 12 年心血完成的匠心之作，弥足珍贵。

万松老人塔具有丰富的文化内涵。万松老人塔已有近千年的悠久历史，但依然巍峨壮观，国内罕见。在长期的风雨沧桑中，万松老人塔经历过好几次八九级大地震的洗礼，至今巍然屹立，充分反映了中国古代高超的建筑艺术。而周围白云塔影、水色山光的秀丽景色，以及形象生动的神话传说，使万松老人塔很快即成为重要的名胜古迹。

---

① 姚之骃：《元明事类抄》卷 19。

② 顾嗣立：《元诗选》初集卷 12。

③ 耶律楚材：《湛然居士集》卷 6。

明代顾乾《三十六景图》中称为“古塔穿云”，清黄申瑾《二十四景图》以“塔影团圆”名之。往来其间的文人骚客，更为后人增添了新的文化景致，流传有绪。明刘梦谦咏塔诗云：“居然遗塔在，扰攘阅朝昏。草蔓萦萦合，松声谡谡存。传灯过佛祖，留字到儿孙。不读从容录，安知老宿尊。”清代满洲第一才子、风流倜傥的纳兰性德在《渌水亭杂识》中，也记述了万松老人和耶律楚材的师生之谊。从某种程度上说，现为北京市文物保护单位的元代万松老人塔，已成为北京具有标志性意义的历史与文化建筑。

又如智化寺，位于东城区禄米仓东口路北，始建于明正统九年(1444)，原是明代著名太监王振的家庙，由明英宗赐名“报恩智化寺”。王振为蔚州（今河北蔚县）人，永乐年间入宫，受明成祖眷爱，读书内廷，明仁宗“委以心腹之任”，宣宗时侍奉东宫，“遂荷付托之重”①。正统年间，王振出任司礼监太监，权势日重，英宗亦呼“先生”而不名。王振命人撤去太祖朱元璋在宫门所置“内官不得干预朝政”的铁牌，并在京城为自己建造豪华宅第。智化寺即王振在宅东营建的家庙，“穷极土木”②，由僧录司右觉义然胜出任开山住持。然不久发生“土木堡之变”，王振被族诛。明英宗复辟后，于天顺元年（1457）复王振之职，刻沉香木“为振形，招魂以葬”，又在智化寺之北为王振立“旌忠祠”，塑像祭祀。③ 智化寺得到英宗的宠眷及宫中诸阉的维护，香火再次盛于一时。明清智化寺续有修葺，直到乾隆七年（1742），经山东道监察御史沈廷芳奏请，诏将王振塑像毁废，改供佛像，“以示惩创”。此后，智化寺逐渐破败。

智化寺仿唐宋“伽蓝七堂”规制而建，是北京保存最为完整的明代寺庙建筑。智化寺建筑庄重典雅，装饰彩绘素雅清新，黑琉璃瓦顶用料独特，具有鲜明的时代特色，1961 年就被列为全国重点文物保护单位。智化寺藏殿内的转轮藏，是目前北京唯一的明代原木结构转轮藏。它高 4 米多，下设汉白玉须弥座，木制八角形的经柜上各有

---

① 王振：《敕赐智化禅寺报恩之碑》，现存于智化寺内。

② 《明史》卷 34，又《明史纪事本末》卷 29。

③ 于敏中等编纂：《日下旧闻考》卷 48，又《元明事类抄》卷 7。

45 个长方形抽屉。匣面浮雕佛像莲瓣肥硕，带有独特的明代造像风格。智化寺转轮藏建造年代早，雕刻精美，线条粗犷有力，但细节上又极尽奢华，匠心独运，与寺内特有的京音乐以及藻井，并称为智化寺的三大绝世艺术珍宝。

智化寺原有三个藻井，分别装在如来殿、智化殿、藏殿上。据说都是用楠木做的，雕有游龙、盘龙，装饰着卷云、莲瓣等图案，很是壮观，工艺也极其精湛，展现了精美古朴的佛教艺术。但在 20 世纪 30 年代，智化寺两个珍贵无比的藻井被迫于生计的智化寺住持卖给了美国人，从此流失海外，现藏于美国纳尔逊博物馆和费城艺术博物馆。唯有藏殿上的藻井，仍孤零零地守在智化寺内，见证和述说着这一段近代文化史上的耻辱。

至于有“中国古音乐活化石”美誉的智化寺京音乐，更是不可多得的艺术瑰宝。智化寺京音乐源于王振建寺之初，擅自将宫廷音乐谱稿带出，并组建乐队，用于寺院佛事。此后代代相传，清道光、咸丰年间又逐渐传播到北京周边地区，遂成为北方佛曲的代表，冠以“京音乐”之称。智化寺京音乐有明确纪年的工尺谱本，有独具特色的乐器、曲牌、词牌，有按代传承的艺僧。它既包含唐、宋以来佛教法乐的精髓，又吸收了元、明诸代民间俗乐的调式，成为一种雅俗共赏的艺术形式。智化寺京音乐传承至今，已有 500 多年的历史，一直保持着原始的风貌，被誉为“中国古音乐活化石”，与西安城隍庙鼓乐、开封大相国寺音乐、五台山青黄庙音乐及福建南音一起，成为中国现存最古老音乐的代表。1986 年，为了弘扬祖国优秀文化遗产，“北京佛教音乐团”赴联邦德国、法国、瑞士等国演出，引起极大轰动。

此外，智化寺内保存的乾隆《大藏经》经板，是世界上目前仅存的两部汉文大藏经经板之一。乾隆《大藏经》经板全部选用上好的梨木，雕工精细，刀法洗练，字体浑厚。全部经板雕刻费时近 6 年，共计 78230 块，重达 400 吨，具有独特的文物价值。经板最初存放于嵩祝寺，后移置柏林寺，1982 年又移到智化寺保存。乾隆《大藏经》经板在世界佛教史上具有重大的文化意义，为世人所关注。

在道教方面，有明清皇家御用道观——大高玄殿。大高玄殿是中国目前仅存的建于皇宫旁边的规模最大的皇家道观。位于紫禁城外西北方，东临景山西街，北隔陟山门街与清代御史衙门相对。四周红色围墙内，最北端为象征“天圆地方”的二层楼阁，楼前为九天应元雷坛，坛前是大高玄殿，再前为大高玄门。围墙南端为券洞式三孔门，围墙东北角有门一个，隔路与景山西门南的围墙相对。南端门外有牌楼三座，与景山寿皇殿前的牌楼相似，各为四柱三间，当中一座牌楼南向，面对护城河，左边一座牌楼东向，右边一座牌楼西向。中间牌楼两侧，各有习礼亭一座，形状与紫禁城角楼相似。在习礼亭四周筑有红色围墙，在围墙南北两边各有木栅栏门一个。这里是皇室、宫官婢女演练道教科仪（“科仪”指道教的法规制度与礼仪）的场所，也是明、清两代皇帝祈祷上天、求雨祈晴的地方。清代，与紫禁城内钦安殿、玄穹宝殿并称为皇家三大道场。

大高玄殿的历史，应追溯到明代的“道士”皇帝明世宗朱厚熜，亦即嘉靖帝。受其父兴献王朱祐杬信奉道教的影响，朱厚熜幼年便开始对道教斋醮产生兴趣。以外藩身份入承大统后，嘉靖帝更痴迷于道教法术，为自己上了“太上大罗天仙紫极长生圣智灵统元证应玉虚总掌五雷大真人元都境万寿帝君”等道号。他曾征召龙虎山上清宫道士邵元节来京，命管朝天、显灵、灵济诸道观，又以祈求子嗣有功，加授礼部尚书。

嘉靖十八年（1539）邵元节病逝，嘉靖帝又将恩宠转向邵元节推荐的道士陶仲文。陶仲文（1475—1560），湖北黄冈人，初为县掾，好神仙方术，后寓邵元节府中，遂结为友，得荐。嘉靖帝封其为“神霄保国弘烈宣教振法通真忠孝秉一真人”，恩宠日甚。正是在陶仲文的鼓动和建议下，嘉靖二十一年（1542）四月，大高玄殿在京城建成。工程由著名工匠郭文英主持，时人谓其“工费以亿万计，土木衣文绣，匠作班朱紫，道流所居拟于宫禁”[1]，其木料远自四川、湖广等地，成为明代道教与皇权紧密结合的代表性产物。

---

① 《御批历代通鉴辑览》卷109。

“琪树琼林春色静，瑶台银阙夜光寒。炉香缥缈高玄殿，宫烛荧煌太乙坛。白首岂期天上景，朱衣仍得雪中看。”[①] 明人夏言的诗句，描绘的就是嘉靖帝与宠臣在大高玄殿日夜斋醮的情景。吕毖《明宫史》称：“北上西门之西，大高玄殿也。其前门曰始青道境。”又载：殿东北“象一宫，所供象一帝君，范金为之，高尺许。乃世庙玄修之御容也”[②]。在西苑众多的道观中，大高玄殿供奉玉皇大帝和三清，地位最为尊贵，嘉靖帝也是“有祷必至”，使其备受荣宠。但在嘉靖二十六年（1547）大高玄殿即毁于火，直到万历二十八年（1600）才重修。又由于嘉靖四十五年（1566）朱厚熜驾崩后，人传其暴死或与服用丹药有关，因而嘉靖帝在位时修建的道观多被毁弃，大高玄殿在明代后期也鼎盛不再。

清代康熙间因避讳改称“大高元殿”，后又更为“大高玄殿”。清朝对明代宫殿多予沿袭，所以大高玄殿依旧作为清帝求神场所。虽然对道教的尊崇已不及明朝，但仍为皇家专用道场，并保留朔望拈香行礼的惯例。据统计，乾隆元年到乾隆五十年间（1736—1785），乾隆帝每年正月、十一月均前往行礼，总计共达近百次之多。[③] 尤其是亢旱时节，皇帝多在此举行祭天祈雨的仪式。大高玄殿也不断得到维护与修缮，尤以雍正八年（1730）、乾隆十一年（1746）、嘉庆二十三年（1818）三次重修规模为大。乾隆八年（1743）五月，高宗在大高玄殿最南端添建牌楼一座，御笔题名为“乾元资始”和“大德曰生”；又拆除乾元阁之前的左右共四座配殿，以及位于雷坛殿和大高玄殿两山的耳房[④]。乾隆十七年（1752）三月，除修缮各殿外，取消第三道山门，将其改为一座歇山顶的大高玄门；同时，拆除乾元阁左右两座耳殿。乾隆三十三年（1768）七月，以“大高玄殿南面墙高，东西北三面墙甚矮，观瞻未协，应照南面墙身长高，使与南墙一

① 《御选宋金元明诗》卷 80。

② 《续文献通考》卷 79。

③ 《皇朝文献通考》卷 93。

④ 奏销档 209—006，“奏请领取大高玄殿修缮工程所用银两折”，转引自杨新成《大高玄殿建筑群变迁考略》，《故宫博物院院刊》2012 年第 2 期。

式，以肃观瞻”，最后一次进行了较大规模的改建。

进入晚清，关于大高玄殿的工程多是修修补补，在布局方面并无较大变动。庚子年间，八国联军侵占北京，法国军队进驻大高玄殿，在此扎营超过10个月，大高玄殿建筑群及陈设文物遭到破坏和劫掠，其内神像陈设等全部被洗劫一空[①]。光绪二十七年（1901），吏部尚书张百熙等受命与京城道路工程一并修复，但由于经费拮据，工期仓促，光绪二十九年（1903）初，草草完工的大高玄殿很快险情频生。此后因时势变迁，大高玄殿未再有过大规模修缮。

辛亥革命后，大高玄殿依照《优待清室条件》仍由居住在紫禁城内廷的逊清皇室管理使用，由小朝廷的“内务府”派人进行管理。溥仪继续按照旧制，派贝子等官员到大高玄殿拈香行礼。稍后，在大高玄殿南向的牌楼与护城河之间开辟了简易马路，来往人流及车辆增多。但因为牌楼年久失修，柱木伤折，而向南倾斜，危及来往行人与车辆的安全，经北洋政府内务部与清室“内务府”多次交涉，于1920年5月将该座牌楼拆除。大高玄殿的南门外，遂只剩下东西向的两座牌楼。

1924年溥仪及其眷属被逐出紫禁城后，大高玄殿同太庙、景山一起由清室善后委员会接管，1925年后又交由故宫博物院管理使用。1926年初，故宫博物院将大高玄殿辟为临时库房，把接收北洋政府国务院保存的清代军机处档案和有关清代掌故书籍等存放在该处保管。1929年，因沿筒子河的道路仅有四米宽，不便车马行人，将大高玄殿门前两侧界墙及木栅拆除，辟新路通过东西牌坊，两亭则被隔至路南，并在亭外加矮墙围护。又将景山南端两侧界墙拆通，将原景山正门“北上门”划为故宫博物院之外门，原景山之二门“景山门”改为景山之正门，形成早期的景山前街。

20世纪30年代初修筑景山门前马路时，大高玄殿南门与习礼亭也被路面隔开，但大高玄殿前东西向的两座牌楼尚未拆除。在此以后

---

① 中国第一历史档案馆编：《光绪朝朱批奏折》第104辑，中华书局1996年版，第161—162页。

的一段时间内，故宫博物院还先后完成了大高玄殿瓦顶拔草、查补渗漏，大高玄殿门油饰、大高玄殿围墙及习礼亭的维修等项工程。

1937 年七七事变后，北平沦陷，大高玄殿被日本侵略军队强行占用。1945 年抗日战争胜利，大高玄殿又被国民党军队接管使用。1949 年北京和平解放，大高玄殿由故宫博物院收回管理。

大高玄殿坐北朝南，有大高玄门、东西配殿、大高玄殿、九天应元雷坛等。其门前左右牌坊，原分别题先天明镜、太极仙林、孔绥皇祚、宏佑天民。门前有二亭，“钩檐斗桷，极尽人巧，中官呼为九染十八柱云”[①]。现存大高玄殿正殿阔 7 间，重檐黄琉璃筒瓦庑殿顶，左右配殿各 5 间。象征天圆地方的乾元阁，造型与天坛祈年殿相似，圆攒尖屋顶，覆以蓝琉璃瓦，内部彩绘及藻井十分精美，堪称一绝，极具文化价值。大高玄殿已有 100 多年未经过大规模修缮，彩绘和门窗等几乎都是清末最后一次修复时的原件。这样“原汁原味”保存清代建筑特色的黄琉璃瓦重檐庑殿顶，在全北京甚至整个中国都很罕见。

20 世纪 50 年代初期，因拓宽景山前街的马路，将神武门的北上门及大高玄殿前的东西两座牌楼及两座习礼亭、围墙一齐拆掉，同时被拆除的还有北上门两侧的东西连房等建筑。1956 年，又将余下的两座牌楼和音乐亭全部拆除。这样使兰座门大街与景山前街发展成今天的景山前街。1996 年，大高玄殿被列为全国重点保护文物单位。此后，郑孝燮、罗哲文等文物保护专家不断呼吁腾退修缮，早日对社会开放，60 多年来红漆大门紧闭的大高玄殿，或有望再现其昔日辉煌，并向世人展示其悠久深厚的历史与文化价值。

道教文化圣地——东岳庙，位于朝阳门外神路街，是道教正一派在华北地区最大的宫观。东岳庙由玄教大宗师张留孙始倡于延祐六年（1319），后经其徒吴全节建成。至治三年（1323），主殿与东、西庑殿竣工，元仁宗赐名“东岳仁圣宫”，俗称“东岳庙”。天历元年（1328），鲁国大长公主祥哥剌吉又发愿捐建后殿神寝，后经元文宗

① 高士奇：《金鳌退食笔记》卷下。

赐名“昭德殿”。由于张留孙、吴全节等道士受到元历代帝王的尊崇，所创玄教在大都盛极一时，因而东岳庙得到元代宫廷与达官贵人的积极参与和大力资助，影响迅速上升。史料有载：“每岁自三［二］月起，烧香者不绝。至三月烧香酬福者，日盛一日。比及廿日以后，道途男人□□赛愿者填塞。廿八日，齐化门内外居民，咸以水流道，以迎御香。香自东华门降，遣官函香迎入庙庭，道众乡老甚盛。是日，沿道有诸色妇人，服男子衣，酬步拜，多是年少艳妇。前有二妇人以手帕相牵拦道，以手捧窑炉，或捧茶、酒、渴水之类，男子占煞。都城北，数日，诸般小买卖、花朵小儿戏剧之物，比次填道。妇人女子牵挽孩童，以为赛愿之荣。道旁盲瞽老弱列坐，诸般楫［揖］丐不一。沿街又有摊地凳槃卖香纸者，不以数计。显官与怯薛官人，行香甚众，车马填街，最为盛都。”[①] 元代刚建成不久的东岳庙道教文化，可堪比早建600多年的著名道观白云观。

入明后，明廷委任清微派道士为东岳庙住持，仍作为正一教在京师的代表宫观，得到朝廷的认可与支持，屡有增修装饰，并“设有国醮”。尤其是正统年间的大修，“益拓其宇。两庑设地狱七十二司，塑各种鬼物，须眉活现”[②]。东岳庙在北京民众中的影响也不断扩大，最终形成了以行业善会为主的“掸尘会”。《宛署杂记》记载：“民间每年各随其地预集近邻为香会，月敛钱若干，掌之会头。至是盛设鼓乐幡幢，头戴方寸纸，名甲马，群迎以往，妇人会亦如之。是日行者塞路，呼佛声振地，甚有一步一拜者，曰拜香庙。”[③] 由香会操办的东岳大帝“出巡”尤为热闹，所经之处，观者如堵。《帝京景物略》记东岳庙“三月廿八日帝诞辰，都人陈鼓乐旌帜、楼阁亭彩，导仁圣帝游。帝之游所经，妇女满楼，士商满坊肆，行者满路，骈观之。帝游聿归，导者取醉松林，晚乃归”。又称北京“倾城趋齐化门，鼓

---

① 熊梦祥著，北京图书馆善本细辑：《析津志辑佚》，北京古籍出版社1983年版，第54—55页。

② 汤用彬等编著：《旧都文物略》，坛庙略，东岳庙，北京古籍出版社2000年版，第54页。

③ 沈榜：《宛署杂记》卷十七，朝东岳，北京古籍出版社1980年版，第191页。

乐旗幢为祝，观者夹路”①。

清代以后，东岳庙“掸尘会”更达到鼎盛时期。清初每逢东岳大帝诞辰，朝廷由太常寺派员致祭，乾隆年间又重修被焚的正殿，“益加壮丽”。民间结会也更为发达，“除朔、望外，每至三月，自十五日起，开庙半月。士女云集，至二十八日为尤胜，俗谓之掸尘会。其实乃东岳大帝诞辰也”②。民国前期，仍大体维持了清中后期以来的鼎盛，文献记称东岳庙“至今每月朔望，例有庙会。旧历三月十五日至二十八日，有白纸献花放生掸尘各会，游人拥挤，香火甚盛”③。1939 年，梨园界名流陈德霖、王瑶卿等人又在东岳庙内建造喜神殿，为东岳庙增添了新的文化景观，有诗为证：“庙侧梨园祀喜神，琵琶弦索日翻新。莫教演到东窗事，长跪祠门尚有人。”④

第五节　镌刻近代历史文化的图卷

在近代中国百年历程中，北京的政治与社会无不发生着急剧而深刻的变化。而近代中国的每一次转型与蜕变，都在朝阜这条古老的历史文化带上留下了印记。时代的因素使其进入近代，而其自身所固有的气息在时代的催生中，又化为新时代的一部分。朝阜大街上的建筑，自然而然地生成了带有近代意味的文化血脉。

例如，位于景山东街的京师大学堂与早期国立北京大学。光绪二十四年四月二十三日（1898 年 6 月 11 日），光绪帝下《明定国是诏》，其中强调：“京师大学堂为各行省之倡，尤应首先举办。着军机大臣、总理各国事务衙门王大臣，会同妥速议奏。所有翰林编检、各部院司员、大门侍卫候补候选道、府州县以下官、大员子弟、八旗世职、各省武职后裔，其愿入学堂者，均准入学肄习，以期人才辈

① 刘侗、于奕正：《帝京景物略》卷二，北京古籍出版社 1982 年版，第 64、67—68 页。

② 富察敦崇：《燕京岁时记》，东岳庙，第 55 页。

③ 马芷庠编，张恨水审定：《北平旅行指南》，经济新闻社 1935 年版，第 271 页。

④ 黄钊：《帝京杂咏》，见孙殿起辑、雷梦水编《北京风俗杂咏续篇》，北京古籍出版社 1982 年版，第 21 页。

出，共济时艰。”① 7月4日，京师大学堂在孙家鼐的主持下正式成立。校址设在景山东街马神庙和嘉公主旧第（今沙滩后街59号），计有原房340多间，新建房130多间。同时在北河沿购置房舍一所，开办译学馆。戊戌变法失败后，京师大学堂陷入停顿状态。光绪二十六年（1900），八国联军打入北京，京师大学堂遭受破坏。光绪二十八年（1902）底，京师大学堂恢复。吏部尚书张百熙任管学大臣，聘吴汝纶和辜鸿铭任正副总教习，严复和林纾分任大学堂译书局总办和副总办。创办于洋务运动期间的京师同文馆也并入大学堂。光绪三十年（1904），选派首批47名大学堂学生出国留学。进入民国以后，京师大学堂改为国立北京大学。直到1918年红楼落成之前，景山一带的建筑是北京大学的主体。如今，在景山东门对面公主府的正殿，就是京师大学堂——国立北京大学的大讲堂（如今是一家餐厅）。东侧为数学系楼，建于民国时期，是仅存的保留老北大原有教学楼风貌的建筑。在周围建筑不断拆建的情况下，保护形势不容乐观。最早的学生宿舍西斋，其平房建筑保存基本完整，目前是某单位宿舍，并未得到有效保护。

循历史足迹可知，有关北京大学早期的著名事件，不少都发生在这里。诸多大型讲座和课程也是在这里举行的。当时国内外知名学者蔡元培、李大钊、胡适、鲁迅、钱玄同、刘半农、梁漱溟等，均曾在此讲演和上课。西侧耳房是名人和教授讲课间隙休息的地方。人们所熟知的1915年兴起的新文化运动初期的活动，也主要是在这里进行的。后期的部分活动，则是在沙滩红楼进行。

沙滩红楼始建于1916年，1918年落成，因该楼墙体的主要部分均用红砖砌成，故俗称“红楼”。楼呈工字形，包括地下室共5层。东西面宽100米，主楼进深14米，总面积1万平方米。当时红楼的布局是：地下室为印刷厂；一层为图书馆；二层是教室、行政办公室和大教室；三、四层均为教室，设有教授休息室和学生饮水室。1919

① 舒新城编：《中国近代教育史资料》（上册），人民教育出版社1962年版，第43页。

年五四运动爆发，北大师生勇为先锋，集合后前往天安门游行示威。从此，北京大学播下了革命的种子。李大钊、邓中夏等于五四运动后在这里建立了中国第一个共产主义小组。中共北方局和中国社会主义青年团的领导机关曾设立在此。1937 年北京沦陷之后，日本宪兵进入北大，维持会宣布“保管”北大，从此北大落入日伪之手达 8 年之久。红楼成为日本宪兵队队部，地下室被用作囚禁迫害爱国志士的监狱。1945 年日本投降后，红楼重新成了北大教舍。1952 年院校调整后，北大由城区迁至海淀原燕京大学旧址并与之合并为北京大学，红楼改由国家文物局使用。1961 年，北大红楼被确定为全国第一批重点文物保护单位，开辟为新文化运动纪念馆，供来自全世界的人们参观瞻仰。

王府井大街北段与近代历史的关系，以东厂胡同为中心。明永乐十八年（1420），在此处设东厂署，简称东厂，与锦衣卫相表里，成为一个特设的特务机构。结果在太监的把持下，东厂成为残害忠良、制造冤案的罪恶之地。入清以后，东厂被废除，但东厂胡同的名称几经变更，最后还是沿袭了下来。

顺治二年（1645），开明史馆，其地址就设在东厂胡同。道光、咸丰年间，大学士瑞麟在东厂胡同大兴土木，把胡同的西部改建成富丽堂皇的宅邸，又在东部的空地上广植松柏和花草，并用几块造型各异的太湖石点缀其间，成为一座竹木苍翠、苔藓夹径的精巧园林。如此，东厂胡同就成了瑞麟的私人宅院，并名之曰“漪园”。至此，东厂胡同从一个阴森恐怖的特设监狱，一变为史馆衙署，终至成为“丘壑无多，然甚闳敞，河流甚长，树土尤佳”的馨香家园。

庚子大乱时，八国联军侵入北京，“漪园”先后被俄、德侵略军占据。一年后，八国联军退出北京，“漪园”重新回到瑞麟后人之手，主人因其劫后余生，将“漪园”更名“余园”。但不久，“余园”转入直隶总督荣禄之手，成其私人府邸。荣禄就在此处度过了人生的最后岁月。居住在此处时，荣禄特意装上电灯，使之成为京城极少数有电灯的私人宅院。

民国肇建后，东厂胡同的这座宅院为荣禄后人所有，但不久落入黎元洪之手，成为其私人府邸。

1925 年 10 月，日本人利用庚子赔款在北京成立“东方文化事业总委员会”，下设东方文化图书馆和北京（平）人文科学研究所，隶属于外务省“对支文化事业部”。1926 年，日人从黎元洪后人手里购下这座宅院，开始进行整理和研究中国文化的工作。1937 年，日本全面占领北平后，东厂胡同改名为东昌胡同，“东方文化事业总委员会”则继续其续修《四库全书》的工作，并着手收集书籍，组织撰写了提要，形成了《续修四库全书总目提要》的稿子，今已出版。如今，在中国社科院近代史所院内东北有一座三层土黄色的书库楼，即为日人“东方文化事业总委员会”的见证。对于这段历史，人们知之不多，理应得到发掘和研究。

1945 年，抗战取得胜利，东昌胡同又恢复了原来的旧名。日本撤出中国后，“东方文化事业总委员会”也随之离开东厂胡同。8 月，国民党政府委派沈兼士接收北平市各文化部门，其中包括“东方文化事业总委员会”。东厂胡同分为一号院和二号院，一号院交予中央研究院历史语言研究所。所长傅斯年又把一号院的东院作为历史语言研究所的北平分所，自己住在院子里“兴安门”内四合院的北房，而把西院借给北大，作为校长胡适的寓所。从传承的角度来讲，胡适所居住的这处四合院，就是原来黎元洪的故宅。

自胡适入住东厂胡同后，直到 1948 年 12 月乘飞机逃离北京，在两年多的时间里，他撰写了多篇关于《水经注》的考证文章，主要内容是为戴震辩诬，论证戴对于《水经注》的校订工作并非剽窃。他还经常给北大等学校的历史系学生讲有关《水经注》考证的问题，对此倾注了大量心血。

胡适居住时，前面一进作为客厅等。后面两进院房除他和结发夫人江女士的卧室外，其余全做藏书用。后来，随着北平的形势严峻，胡适决定飞赴南京。走之前，曾托陶希圣将其父亲的遗稿和《水经注》的考证文稿交傅斯年保管。[①] 但他依然在离去前将大量著作和书

① 耿云志：《胡适年谱》，四川人民出版社 1989 年版，第 374 页。

信全部留在了东厂胡同一号。后来有学者将其汇编为《胡适遗稿及秘藏书信》42巨册，有功于学术界。新中国成立后，这里还曾居住过汤用彤、邓广铭等人，更增加了其浓厚的文化氛围。

与东厂胡同紧邻的翠花胡同，民国时作为北大文科研究所的研究生宿舍，居住着当时全国为数不多的北大文科研究生，但同时也是共产党的一个地下支部。青年学生理想远大，不满于现实，共产主义思想成为当时一些青年学子的选择之一。如今，翠花胡同是民盟中央总部所在地，也正合历史的过去。

东厂胡同的西边有报房胡同，是印制《京报》的地点。早在清初，正阳门外就出现了一家名叫荣禄堂的民间报房。“清初有南纸铺名荣禄堂者，因与内府有关系，得印《京报》发售。时有山东登属之人……在正阳门外设立报房，发行《京报》。”[①] 当时有山东人携带报纸辗转西北各省，销路相当不错。乾隆中叶，政府放宽了私人办报的权限，民间报房出现了兴盛的迹象，有人私设报房，专门以编发报纸为生。清末，正阳门外大街西侧的一些小胡同，尤其是铁鸟胡同一带，是民间报房的集中地，也是新闻的集散地。

如今的报房胡同，很有可能即是因为清代初年在这里印制《京报》而得名的。如今在北京，这样的胡同已不多见，将其保留，并做出历史的解释，无疑有助于我们知晓近代北京城新闻事业的发展历程。

可以说，地处王府井大街北段的东厂胡同一带的历史，与近代中国的政治、文化关系极为密切。长期以来，我们更多地把目光汇焦在包括王府井大街步行街的前段，这说明人们的着眼点仍在经济发展这个主题上。实际上，如果把王府井大街后段的文化主题摆在更为突出的位置，则不但能够形成新的经济增长点，同时还可以提升整个社会的文化品位。显然，这是一件亟待着手的新事业。

又如位于阜成门内西三条21号的鲁迅故居。1923年8月2日，因为兄弟失和，鲁迅带妻子朱安离开八道湾居所，在朋友的帮助下，

---

① 戈公振：《中国报学史》，生活·读书·新知三联书店1955年版，第13页。

租住在砖塔胡同。1923年秋到次年春天，鲁迅为了安慰母亲，四处奔走，向朋友借贷资金，在当时的宫门口西三条胡同购买了一个平民小院，经他亲自进行设计，组织改造，建成了一个带有“老虎尾巴”和后院的小四合院。1924年5月25日，经过装修之后，鲁迅移居到此处，两天后又把母亲从八道湾接来居住。[①] 自此到1926年8月29日离开北京南下，鲁迅一直居住在这里。1929年5月和1932年11月，鲁迅两次从上海回北京来这里看望母亲。

故居占地二三百平方米，有十几间平房，从建筑到室内陈设都比较简朴，基本保持当年原状。鲁迅买房花800元，相当于八道湾房价的四分之一。院内，鲁迅先生亲手栽种的三棵丁香树枝叶繁茂，给人以清凉幽静的感觉。故居的三间南房，是藏书兼会客室，室内放有书柜桌椅，书柜内鲁迅先生亲手编写的书籍号码，仍依稀可辨。东西厢房为储藏室和佣人居室。院子北面的三间正房，正中一间为起居兼餐室，东屋、西屋分别为母亲鲁瑞和夫人朱安的卧室。1956年，鲁迅故居东边兴建了鲁迅博物馆，再次确立了此处作为鲁迅故居的地位。

探索革命道路的毛泽东同样在这里留下了足迹。毛泽东1918年从杨昌济家搬出后，租住在景山东街吉安所左巷8号（原三眼井吉安所左巷7号），同住的还有蔡和森、萧子升、陈绍林、陈昆甫、罗子钻、罗章龙、欧阳玉山等。据毛泽东回忆，其住在一个叫作三眼井的地方，和另外7个人合住一个小房间，生活十分困苦。这所小宅院，院门坐东向西，院内北房3间，东西耳房各1间，东厢房2间。房屋虽小，却有重要意义。正是在此期间，毛泽东经杨昌济介绍，认识了时任北京大学图书馆馆长的李大钊，并经李的推荐，成为北京大学图书馆的一名图书管理员。1919年3月12日，毛泽东离京去上海，同年4月回到湖南长沙。不久即开始筹备建立共产主义组织。可以说，在京居住的这段经历对于毛泽东接受新的思想，特别是马克思主义，无疑具有重要意义。

---

① 鲁迅于1924年5月日记云：“二十五日星期日。晴。晨移居西三条胡同新屋。”见《鲁迅日记》（上卷），人民文学出版社1976年版，第428页。

中国革命道路是曲折的，赵登禹路则告诉后人不能遗忘抗战历史。赵登禹路，北起西直门大街，南至阜成门内大街，元代为金水河故道，明代称河漕，清代称大明濠、西沟沿或北沟沿，1932 年辟成马路。1946 年为纪念抗日将领赵登禹将军，命名为赵登禹路。1971 年夏更名为白塔寺东街，1984 年复今名。目前，北京市以近代人物命名的街道只有三条，除赵登禹路外，还有佟麟阁路和张自忠路。赵登禹，字舜臣，山东菏泽人，1898 年出身农家，自幼拜名师习武，善于徒手夺刀，赤手夺枪。1914 年入伍，加入冯玉祥陆军第 16 混成旅。历任旅长、师长等职。1933 年率部在长城喜峰口攀登绝壁，奇袭敌营战功卓著。七七事变时任一三二师师长，在南苑驻地与日军展开激烈战斗。当他率部经过大红门时，遭日军袭击，身中五弹，壮烈殉国。为表彰赵登禹为国捐躯的功勋，1937 年 7 月 31 日，南京国民政府发布褒扬令，追授赵登禹为陆军上将。1946 年，北平各界举行公祭仪式。同年 11 月 25 日，北平市长何思源签发《府秘字第 729 号训令》，将市区三条道路命名为赵登禹路、佟麟阁路、张自忠路，以纪念抗日英烈。新中国成立后，中央人民政府确认赵登禹将军为抗日烈士，1952 年 6 月，毛泽东签署烈士证书。虽然“文革”期间赵登禹路一度改名，但红卫兵到赵登禹遗孀倪玉书家抄家时，见到烈士证书，以为是“最高指示”，没有对其造成伤害。[①] “文革”结束以后，赵登禹路恢复名称。了解赵登禹路的历史，不仅有助于了解赵氏本人，更有助于去深入了解抗战中默默无闻的英雄如何为国捐躯，使相对寂静的历史重新鲜活起来。同时，赵登禹路的纪念可以和丰台区其墓地呼应起来。

总之，朝阜大街在近代文化史上的意义是显而易见的。

第一，建筑所包含的政治及其象征性。朝阜大街曾是北京内城重要的一条横贯东西的交通脉络。尽管在 1931 年以前并未完全贯通，需绕行才能连通，但用今天的眼光来看，其重要的建筑物无不与政治事件息息相关。本书所选取的只是其中的一些代表，且是与近代社会

① 王增勤：《国共两党共同尊崇的抗日名将赵登禹》，《党史纵横》2008 年第 9 期。

关系密切者。但即便只是这些少数的选择，依然让我们看到了这条街道上诸多建筑究竟能诉说多少权威的没落、政权的因革。基于此，其象征意味也就再明显不过了。

第二，精英人物的思想形成。人的思想总与外在环境不可分割。无论是鲁迅、毛泽东还是程砚秋，在其居住于北京各自寓所的时候，其所见所闻所想，或者经由其文字流传下来，使我们能探知其思想的动态；或者由他人转述，使其当时思想的状况得以留存。总之，这些日后对中国历史产生重大影响的精英人物，均在这段时期开始或已经形成了其思想的主脉。

第三，新旧文化的分水岭。中国文化有多个“天崩地裂”的时期，而自戊戌维新至五四前后这个时段，无疑是近代中国最具有典型意义的新旧文化的分水岭。虽然两个时期形成的原因有所不同，表现形式、实现方式也都不尽相同，但内在的缘由，其实都是对新思想、新社会的追寻。承载这个追寻的，就是京师大学堂——国立北京大学。也正因为此，如今对于相关建筑遗存，完全应该站在新文化的整体观念上进行实施，而不是分裂地留下“京师大学堂建筑遗存”和“新文化运动纪念馆”，使其失去内在紧密的历史与文化的联络。

第四，民众生活与思想诉求的反映。历史中最常沉默和被代言的就是民众，因为他们没有发号施令的工具，也没有声教讫海的权威，连基本的留声媒介通常也并不具备，但我们依然可以从静静矗立的建筑和黑白相间的文献中寻找到踪迹。像京师图书馆、隆福寺，甚至包括西什库教堂，其曾经的一幕幕，实际上已经为这些失语者们做着陈诉，我们也更应该仔细倾听，以免轻易失去找到“民众”的机会。其实，大慈延福宫、广济寺同样反映着普通民众的思想与生活的诉求。也就是说，在这些建筑、寺院中，往往看到的不仅仅是高高在上的宗教的权威，更应看到、听到的是芸芸大众曾经的身影和声音。

近代文化发展的趋向，无疑是民众化、底层化、去魅化的，草根力量必将日益强盛，这深切地反映在朝阜大街在近代文化变迁的进程中。所以，新中国成立后中国美术馆等建筑在五四大街的落成、恢复，及其不断满足民众社会需求的现状，正是回应了历史的呼声，顺应了历史的潮流，表征着历史的必然。

第六节　记录文脉变迁的名人足迹

在朝阜文脉上，留下了诸多著名政治家、军事家、思想家、科学家、文学家和艺术家的足迹。抚今追昔，这些蕴含着深厚文化底蕴的名人足迹，也是北京丰厚历史文化资源的重要组成部分。

辽金时期，阜成门以西的钓鱼台一带是一片水乡，成为封建帝王游兴之地。金章宗喜欢春月来这里钓鱼，开启了帝王将相、文人雅士到此游览的传统。金代以布衣少年名动京师的王郁，自小居住在阜成门外的钓鱼台一带。王郁，字飞伯，大兴人。仪状魁奇，目光如鹘。少居钓台，闭门读书，潜心治学。为文闳肆奇古，动辄数千言，法柳宗元。歌诗俊逸，效李白。初为御史程震所知，继为翰林李钦叔等嘉赏。在诗歌造诣上，与雷琯、侯册、王元粹同名。①

至元代，北京汇聚全国名士的传统一直绵延不断。蒙古大军攻占临安后，押送南宋君臣北上的同时，将随朝文士和太学诸生也一并带往大都。至元二十四年（1287），集贤直学士程钜夫把江南一大批著名文士推荐到大都，任台宪及文学之职。其中，著名书画家赵孟頫便将家安在什刹海附近。什刹海具有悠久的历史，但直到元代，水利专家郭守敬引白浮水入海后，才真正繁华起来。自此，这里形成了一个具有宽阔水面的风景区，吸引着达官显贵、文人士大夫在此赏玩。

元代北京地区出现了一些私家园林，位于齐化门外的董宇定杏园就是其中较为著名的一个。杏园中并无水石花竹之胜，唯有杏树成林，多达千株，故称为杏园。每逢杏花盛开之际，璨然如锦，都人观赏无虚日，遂成为都城别具特色的一大名胜景观。元代的文人学士，经常赏游聚会于此。元文宗至顺二年（1331）三月，虞集与华阴杨庭镇、高安张质夫、莆田陈众仲观赏杏花。陈众仲曾赋诗："飞来燕子绣檐侧，蹴落杏花金瑗中。"至顺四年（1333）五月，董宇定送杏

① 脱脱等：《金史》卷126。

实一盘，虞集援笔答谢："前年赏花今食实，杏自成林头自白。却藏杏核向江南，手种千株看春色。"可见，元代朝阜一带已经出现了比较著名的私家园林。

到了明代，在朝阜一带生活的名人越来越多。他们主要是那些深受皇帝信任、得到赐第殊遇的人。明代开国大将徐达因战功卓著，被赐在什刹海畔建太师圃，称定国公府，其府第旧址即今定阜街。正统年间，内阁首辅陈循曾被赐第玉河桥。陈循，字德遵，江西泰和人，永乐十三年（1415）进士第一，授翰林修撰。因熟悉朝廷典故，被留侍皇帝，为秘阁书行在。宣德初，受命直南宫，赐第玉河桥西。正统元年（1436）进翰林院学士，九年（1444）入文渊阁。[①] 再如，胡濙，字源洁，武进人。建文二年（1400）举进士，宣宗即位，迁礼部左侍郎，因平叛汉王有功，赐第长安右门外，并在生日时赐宴其第。[②] 李东阳，天顺进士，成化、正德朝大学士，赐第在灰厂小巷李阁老胡同，清代时被析为民居。[③] 张居正，隆庆朝大学士，万历头十年首辅，赐第在五显庙街，今缸瓦市一带。

天顺时期忠国公石亨曾在东城黄华坊一带建宅，因此该地也被称为"石大人胡同"，即今外交部街一带。石亨因为帮助英宗复辟，获得巨大的权力与荣誉，命所司为其营第。亨宅，营建完毕后，壮丽逾制。一次，皇帝登临翔凤楼见到此宅，便问左右大臣是谁所居。恭顺侯吴瑾谬对曰："此必王府。"帝曰："非也。"瑾曰："非王府谁敢僭越若此？"以上对话表明了当时石亨宅第的奢华。石亨事败之后，皇帝将此宅转赐仇鸾，仇鸾事败，改为宝源局。石亨宅第旁的一大宅，即偏旁亭室，亦宏敞过他第数倍，为宁远伯李成梁赐第。李成梁居京时期，父子六人俱为大帅，贵震天下。成梁病死后，长子如松战殁，胄子世忠袭爵，而顽嚣无赖，资产荡尽，除正寝亭外，他屋悉质于人。万历时期，该园归驸马冉兴让，称宜园。堂三楹，阶墀朗朗，老

---

① 张廷玉等：《明史》卷186。

② 张廷玉等：《明史》卷169。

③ 朱一新：《京师坊巷志稿》卷上。

树森立。堂后有台，台前有池，乃数百万碎石结成。[①]

还有些官员可以选中地段自建宅第。如张辅曾在银锭桥附近建宅。张辅，字文弼，谥忠烈，河南祥符人。曾随父张玉参加靖难之役，多次平定叛乱，死于土木之役，追封定兴王。崇祯六年（1633）深冬，他乘冰床渡北湖，经过银锭桥附近观音庵时，被景色吸引，便购买了一半庵地建园，构筑一亭、一轩、一台。该园构造简单，但地理位置很好，周围二面是海子，一面是湖，一面是古木古寺。园亭对面是一座桥，桥上来玩行人穿梭，尽入眼底。南海子外，云气五色："左之而绿云者，园林也。东过而春夏烟绿，秋冬云黄者，稻田也。北过烟树，亿万家甍，烟缕上而白云横。西接西山，层层弯弯，晓青暮紫，近如可攀。"[②]

阜成门附近惠安伯张善的宅园因院内广植牡丹、芍药而闻名。《帝京景物略》记载："都城牡丹时，无不往观惠安伯园者。园在嘉兴观西二里，真堂堂一大宅，其后牡丹，数百亩一圃也。"又明代袁宏道《张园看牡丹记》曰："四月初四日，李长卿邀余及顾升伯等出平则门看牡丹。主人为惠安伯张公元善，皓发赤颜，伺客甚谨。时牡丹繁盛约开五千余，平头紫大如盘者甚多。西瓜瓤、舞青猊之类遍畦有之。一种为芙蓉三变尤佳。晓起白如河雪，巳后作嫩黄色，午间红晕一点如腮霞，花之极妖异者。主人自言经营四十余年，精神筋力强半疲于此花。每见人间花实，即采而归种之。二年，芽始出；五年，始花。久则变而为异种。有单瓣而楼子者，有始常而终冶丽者。"清初孙承泽《天府广记·名迹》记载："张惠安牡丹园在嘉兴观西。其堂堂一大宅，其后植牡丹数百亩，每当开日，主人坐小竹与行花中，竟日乃遍。"

清代，朝阜大街一带，取而代之的是诸多王府，如亲王府、郡王府、贝勒府和公主府等。当然，在此居住的也包括一些朝廷倚重的政治巨擘。灯草胡同位于东四南大街东侧，明朝属黄华坊，清朝属镶白

① 朱一新：《京师坊巷志稿》卷上。

② 刘侗等：《帝京景物略》卷1。

旗。据《天咫偶闻》载，文成公阿桂祠，在灯草胡同，其后由子孙居住。忠勇公傅恒的宅第，在东四二条胡同。当时园亭落成，高宗曾临幸，赐名春和园。傅恒初建此园，其正亭计划用楠木，高大逾制。当闻将临幸，亟易以他材，其原材遂别制一寺。满洲佟佳氏，赐第在灯市口附近，即佟府夹道。顺治时孝康章皇后之兄、安北将军佟国纲，康熙时孝懿仁皇后之父、内大臣佟国维，皆封一等承恩公。其赐第在此，故名。据说这里是明嘉靖时期权相严嵩之子严世蕃的故宅。[①] 北洋政府时期，外交总长曹汝霖曾居住在这里。今为同福夹道。

近现代北京政治风云激荡，各派人物纷纷登场。民初另一重要人物黎元洪，曾经住在东厂胡同。东厂胡同因明代特务机构东厂而闻名，清代为镶白旗驻地，文渊阁大学士、两广总督瑞霖曾在此居住，继他之后，荣禄曾寓居于此，并对宅园进行改造，还装上了电灯。黎元洪 1912 年来此居住，时任民国副总统。1916 年袁世凯死后，黎元洪继任总统。但是，皖系军阀段祺瑞掌握着北京政府的实际权力，10 月 30 日，直系军阀冯国璋出任副总统。1917 年，黎元洪在是否对德宣战的问题上与段祺瑞出现分歧，即所谓的“府院之争”。张勋借机复辟，黎元洪被逼出走。1922 年，他再度出任总统，仍在此居住。其间，他还对自己的宅园进行了修葺，营造了西式围墙。不久，1923 年，黎元洪又被直系军阀赶下台，逃往天津。

徐世昌在京期间，曾先后居住在八角琉璃井、松筠庵、兵部洼中街、北池子张之洞旧居，1909 年定居在东四五条铁营胡同唐绍仪所赠宅院。1909 年徐世昌被调为邮传部尚书，不久再升协办大学士、军机大臣。1911 年，清廷实行责任内阁，被授为内阁协理大臣。1914 年出任民国国务卿，后因袁世凯称帝，1915 年辞职隐退。1918 年 10 月至 1922 年 6 月，任民国第五任大总统。此后离开北京迁居天津，以著书立说、作诗、写字为乐。徐世昌颇有争议的一生差不多就是在这里度过的。徐世昌将所居宅院命名为弢园。该院有三进院落，

① 朱一新：《京师坊巷志稿》卷上。

大门内分东、西两院。院内有“虚明阁”、“退耕堂”、“弢斋”等建筑。院内的“书髓楼”，上下各五间，藏有古今中外各类书籍。

朝阜一带也是新文化运动的主要阵地。1917 年，新文化运动的倡导者之一陈独秀来到北京。1915 年他在上海创办了《青年杂志》，一年后改名为《新青年》。1917 年，他被聘为北京大学文科学长，1 月到京赴任，新青年杂志社也由上海迁至北京东城北池子大街箭杆胡同 9 号，编辑室即陈独秀在京住所。这时期，《新青年》的编辑队伍逐渐壮大，鲁迅、钱玄同、刘半农、胡适等人都曾参加编辑工作。2 月 1 日，陈独秀发表《文学革命论》，呼吁建设平易的国民文学、新鲜的写实文学、通俗的社会文学，成为中国近代文学史上首举革命大旗的第一人。[①] 其中，胡适住在离箭杆胡同不远的南池子大街缎库胡同里。他后来还迁居钟鼓胡同、陟山门街、米粮库胡同和东厂胡同等处。据著名史学家黎东方称，胡适住在米粮库期间，每个星期天，他一定等候在家中，对任何人都热情接待，但在其他时间，门禁很严，除非是至亲好友，否则休想入门。他关起门来搞学问，心不二用。[②] 东城区王府大街东厂胡同一号，是胡适在京最后的寓所，他时任北京大学校长，众多名人出入。

这里还是五四运动的重要策源地。革命民主主义者、近代著名教育家蔡元培的故居位于东城区东堂子胡同 75 号。蔡元培（1868—1940），字鹤卿，号孑民，浙江绍兴人。蔡元培故居坐北朝南，原为东、西各三进的院落，其中第一进院倒座房五间为蔡元培寓居时的客厅。二进院北房三间，前有走廊，左右各带一间耳房，东西厢房各三间，南房四间。第三进院北房五间，带走廊。在此，蔡元培与北大部分学生代表，讨论商定举行震惊中外的五四运动。

位于东城区沙滩北街的北京大学红楼，是众多名人出入的地方。1917 年蔡元培就任北京大学校长，对学校进行了重大改革，提出以思想自由、兼容并包为原则。无论任何学派，只要言之成理、持之有

① 唐宝林等：《陈独秀年谱》，上海人民出版社 1988 年版，第 79 页。

② 欧阳哲生选编：《追忆胡适》，社会科学文献出版社 2000 年版，第 391 页。

故，尚不达自然淘汰之命运，即使彼此相反，也任其自由发展。因此，提倡新文化运动的李大钊、陈独秀、鲁迅、胡适、钱玄同、刘半农等人，与政治上落后保守、学术上很有造诣的辜鸿铭、刘师培、陈汉章等，新旧共处，形成百家争鸣的形势。毛泽东首次来京时，曾在这里担任图书馆助理员。

近现代的北京地区也是中国革命先驱探索中国道路的重要阵地。马克思列宁主义者，无产阶级革命家、政治家、军事家，中国共产党、中国人民解放军和中华人民共和国的主要缔造者和领袖——毛泽东第一次来京时，居住在东城区景山地区三眼井胡同路北胡同内一家小院里。这里原名吉安所东夹道，后改为吉安所左巷。院内有北房三间，东西耳房各一间。1918 年毛泽东到达北京后，先在湘乡会馆落脚，又与蔡和森在豆腐池胡同杨昌济先生家暂住，后再迁吉安所左巷 8 号。在此，毛泽东与新民学会会员蔡和森等 7 人居住在北房，“隆然大炕，大被同眠”，为探索改造中国的革命道路而奋斗。斯诺曾提到，毛泽东回忆说，“我自己在北京的生活条件很可怜……住在一个叫三眼井的地方，同另外 7 个人住在一间小屋子里，大家都睡到炕上的时候，挤得几乎都透不过气来，每逢我要翻身都得同两边的人打招呼”。其间，毛泽东还曾去长辛店铁路工厂宣传革命道理，了解工人疾苦，是他革命生涯的重要一段。[①]

被毛泽东主席称为中国文化革命的主将，伟大的文学家、思想家和革命家的鲁迅先生，曾居住在朝阜一带。1912 年 5 月，鲁迅从绍兴来京，担任临时政府教育部社会教育司第一科科长。最初住在宣武门外半截胡同绍兴会馆，1919 年 11 月迁居八道湾，1923 年 8 月 2 日下午，携妻子迁居砖塔胡同 61 号，即今天的 84 号。在这里，鲁迅居住了近 10 个月，创作了著名的短篇小说《祝福》《幸福的家庭》等，改编了《中国小说史略》。当时鲁迅居室很简陋，甚至没有独立的书房，劈柴就堆放在床下。不久，1924 年 5 月，迁入阜成门内宫门口西三条胡同新屋，现在已经被建成了鲁迅博物馆。这是一个四合院，

① 贺家宝：《北大红楼忆旧》，大众文艺出版社 2007 年版，第 27—28 页。

院内有正房三间，倒座房和东西厢房各三间。正房后接出的房间是当时先生写作的地方，《野草》《华盖集》《彷徨》《朝花夕拾》等许多作品都是在这里完成的。在北房通往后院的小路上，生长着两棵古枣树，鲁迅曾在《秋夜》中进行描述，他说，在他家的后园，可以看到墙外有两株树，一株是枣树，还有一株也是枣树。他知道小粉红花的梦，秋后要有春。他也知道落叶的梦，春后面还是秋。他简直落尽叶子，单剩干子。但是，有几枝还低压着，而最直最长的几枝，却已默默地铁似的直刺着奇怪而高的天空。在这里，鲁迅借景抒情，以物言志，勾勒出一个誓与黑暗势力作斗争的顽强形象。

中国现代著名小说家、文学家、戏剧家老舍，曾居住在灯市口西街丰富胡同 19 号。老舍，原名舒庆春，字舍予，满族正红旗人。老舍出生于小羊圈胡同 5 号，先后迁居育幼胡同、方家胡同、西山卧佛寺、烟筒胡同 6 号等地，丰富胡同 19 号是住的时间最长、人生成就最辉煌的地方，话剧《龙须沟》《茶馆》《神拳》等许多作品都是在这里完成的。1953 年，老舍在院中亲自种植了两棵柿子树，每逢深秋时节，树身缀满红柿，别有一番诗情画意，因此该院又被称为“丹柿小院”。

著名的书画大师、篆刻家齐白石，1926 年至 1957 年寓居在辟才胡同内的跨车胡同 13 号。齐白石，湖南湘潭人，原名纯芝，字渭清，后改名为璜，字濒生，号白石。1988 年走上专业绘画道路。他擅作花鸟虫鱼，兼以人物山水。齐白石 1903 年第一次来京，曾先后寓居宣武门外北半截胡同、前门外西河沿排子胡同、延寿寺街、炭儿胡同、法源寺、城南龙泉寺等地方，1926 年定居在西城区辟才胡同内的跨车胡同，直至逝世。

钱粮胡同，昔有宝泉局，后为北平市政府卫生局，画家金绍城居于胡同之西。[①] 金绍城，字巩伯，号北楼，浙江吴兴人。曾留学英国，获法学博士。他笃嗜绘画，兼工篆隶镌刻。曾在北京创立中国画学研究会，入会者达 200 余人。

---

① 陈宗蕃：《燕都丛考》，北京古籍出版社 1991 年版，第 288 页。

李宣倜居住在南长街西北的黄羊胡同附近。李宣倜，字释戡，福建福州人，善书法、绘画，与京沪一带名人，如齐白石、梅兰芳、郑孝胥、林长民等人交往都十分密切。宅内有海棠二株，十分茂盛，他自称“双棠馆主”即与此有关。①

著名京剧表演艺术家、四大名旦之一、程派艺术的创始人程砚秋曾居住在朝阜一带。程砚秋，原名承麟，满族，1932 年起更名为砚秋。程砚秋在北京时期，曾先后迁居珠市口、前门外等地。1935 年，全家迁至东四北大街什锦花园胡同 15 号。这座花园叠石为山，四周林木葱郁，间立各色石笋，园中建亭。1938 年再迁至报子胡同，即今西四北三条 39 号，此后大部分时间都居住在这里。

我国著名戏剧家、革命戏剧运动奠基人和戏曲改革运动先驱田汉在新中国成立后居住在东城区细管胡同 9 号。1949 年，田汉来到北京。9 月 27 日，第一届中国人民政治协商会议通过决议，在中华人民共和国国歌正式制定前，以田汉作词、聂耳作曲的《义勇军进行曲》为代国歌。田汉与家人住在这里，他改编了京剧《谢瑶环》，创作了话剧《关汉卿》。他还和家人一起耕种院内小菜地，种上茄子、黄瓜、扁豆等，一家老小其乐融融。② 1986 年，被定为东城区文物保护单位。

朱启钤曾居住在朝阳门南小街路东从南往北数的第五条胡同，即赵堂子胡同 3 号。朱启钤，曾担任京师巡警厅厅丞、京师大学堂译学馆监督、北洋政府交通总长和内务总长等职。在任内务总长期间，对北京城市进行了大规模的改造。1919 年退出政坛，从事社会公益活动及对古建筑、古文物进行研究。这座宅院是朱启钤自己重新设计并督造的，院内的彩画及建筑山的做法，完全依照《营造法式》进行，所用木工、彩画工都是为故宫施工的老工匠。该院坐北朝南，是一座占地近 3000 平方米的四进四合院，有八个院落，分东西两部分，院内回廊环绕。在此，朱启钤创立了第一个研究中国古代建筑的学术机

① 陈宗蕃：《燕都丛考》，北京古籍出版社 1991 年版，第 424 页。
② 田申：《我的父亲田汉》，辽宁人民出版社 2011 年版，第 15 页。

构。他认为研求营造学，非通全部文化史不可，而欲通文化史非研求实质之营造不可。他于1930年创办了中国营造学社。中国营造学社成立后，东北大学建筑系主任梁思成、中央大学建筑系教授刘敦桢、著名建筑师杨廷宝、史学家陈垣、地质学家李四光等学术泰斗受邀参加，经常出入这座宅院研讨问题。

清末营造家马辉堂，设计并营造的一组带花园的私人宅第，位于东城区魏家胡同18号，又称“马辉堂花园”。马氏为明清两代著名的营造世家，世代从事皇家建筑工程的营建工作，曾承建了包括颐和园在内的大量皇家建筑和王公府邸，主持维修了多座坛庙、寺观和陵寝。该园建于1919年，坐南朝北，进门为花园，中间为住宅，东为戏楼。住宅部分是两个并列的四合院。军阀吴佩孚、军统特务戴笠曾在此居住过。

中国资产阶级启蒙思想家、学者梁启超，曾居住在东城区北沟沿胡同23号。梁启超曾与康有为一起发动公车上书，参与和领导了戊戌维新运动。创办《清议报》《新民丛报》，宣传西方资产阶级的政治思想和社会学说。他一生的业绩，包括政治和学术两个方面。梁启超淡出政坛后，出任清华学院导师，专心学术研究，所著《中国近三百年学术史》《中国历史研究法》，对中国近代政治史和文化史研究具有重要影响。1917年，孙中山护法运动后，退出政坛。这是一个坐西朝东的三进四合院，院内有影壁、垂花门及正房、花厅等建筑。进入宅门，迎面是一座一字影壁，往北经过垂花门进入东院的第一进院，有南房、北房各五间；二进院有正房三间、耳房两间，东、西厢房各三间；三进院有七间后罩房。西院为休闲区，一进院为假山叠石与三间敞轩，二进院有三间敞轩和三间正房，三进院有东、西厢房两间。1986年6月，梁启超故居被列为北京市东城区文物保护单位。

中国著名建筑学家梁思成及其夫人林徽因于1931年至1937年曾居住在北总布胡同。据梁思成的女儿梁再冰回忆，这是一个租来的两进小四合院，两个院子之间有廊子，正中有一个垂花门，院中有高大的马樱花和散发着幽香的丁香树。据著名作家萧乾回忆，女主人林徽因是位学识渊博、思维敏捷，并且语言犀利的评论家。他与林徽因第一次见面时，林徽因的肺病已经相当严重了，但却完全没有一点生病的样子。她比一个健康人还精力旺盛、还健谈。“话讲得又多又快又兴奋。不但沈（从文）先生和我不大插嘴，就连在座的梁思成和金岳霖两位也只是坐在沙发上边吧嗒着烟斗，边点头赞赏”。他说林徽因的健谈绝不是结了婚的妇女的那种闲言碎语，而是有学识、有见地、犀利敏捷的批评。她从不拐弯抹角、模棱两可。[①] 梁、林的亲密朋友，如著名的哲学家、逻辑学家金岳霖，政治学家张奚若、钱端升，经济学家陈岱孙，物理学家周培源，文学家沈从文，诗人徐志摩，汉学家、历史学家费正清和夫人费慰梅也常来造访。他们交谈的内容天南海北，既有学术问题，也涉及政治和绘画。

以上对历史上朝阜一带名人活动进行了简要的介绍。当然，真正罗列全在这里工作和生活过的名人是不可能的，只能挂一漏万地做些叙述。其中，有些区域名人活动较为频繁，如东堂子胡同，在几百年的历史中，不同时代的名人留下了不同的足迹。清朝的权臣鳌拜、大学士赛尚阿，中国现代医学先驱伍连德，文学家沈从文，妇科专家林巧稚，都曾在这里生活过。可见，生活在朝阜一带的历史文化名人是一个十分复杂的群体，他们在政治、经济、社会、文化、科技等各领域独领风骚，对北京城市发展产生了深远的影响。

① 刘小沁选编：《窗子内外忆徽因》，人民文学出版社 2001 年版，第 2—3 页。

第三章　文脉视野中的北京园林

历史文脉是一个城市文化传统持续相沿的精神内核。学者认为，文字、（金属）工具与城市建筑的出现，是人类进入文明时代的三大标志。而在历史演化过程中被确定为国都的城市，更成为全国范围内优秀文化的代表，荟萃了该时代建筑工艺、科学技术、思想文化的精华，因而逐渐形成其独有的城市特色与历史文脉。其中，园林文化在城市的历史文脉传承中，占据着重要的文化地位。北宋文学家、著名女词人李清照之父李格非在其所著的《洛阳名园记》中曾提到，“天下之治乱，候于洛阳之盛衰而知；洛阳之盛衰，候于园圃之废兴而得”。园林的废兴被提至都城盛衰进而昭示国家治乱的高度。一个城市的园林，其实是荟萃一个时代建筑特色、审判观念，甚至政治秩序、经济发展、文化繁荣的综合体现，在城市的文脉传承之中具有不可忽视的重要意义。作为五朝古都，北京出现过众多优美隽秀的公私园林，但北京园林文化中最具特色，并进而成为北京历史文脉组成部分的，当属规格最高、传承1000多年而持续形成的皇家园林。

北京皇家园林的萌芽，最早或可上溯到武王灭商后，封“帝尧之后于蓟”，此后战国时期的燕国又成为北方重要的诸侯国，故先秦以来北京周边就很可能逐渐出现仅次于国都规格的方国园林。东晋时，鲜卑族的前燕曾以蓟为都，前后8年。唐代“安史之乱”时，安禄山自称“大燕”皇帝，“以范阳（今北京一带）为大都”，随后史思明亦“号范阳为燕京”。唐末五代刘守光，即皇帝位，“国号大燕”，以幽州（即今北京）为都城。这些区域割据性的“都城”，当时也先后营建过不同规模的“皇家园林”，但由于战乱以及城址的废兴变迁，这些僭越性质的"皇家园林"已遗迹无存。真正一脉相承，并成为北京具有文脉意义的皇家园林，则从北方少数民族政权真正入主中原幽燕地区的辽金时期开始。辽代统一北方后，形成"五京"制度，北京于938年上升为"南京"，成为辽代陪都之一。1153年，金代海陵王正式迁都燕京，北京确立为金中都，成为北方统一政权的首都。1272年，元世祖定都大都，北京进一步成为中国南北统一政权的中心，并经此后明、清两代持续相继。经过1000多年的发展与完善，北京的皇家园林逐渐成为城市发展过程中不可分割的历史文化脉络。

第一节　西苑三海

西苑三海指北海、中海、南海（后两者又合称为"中南海"），其中以琼华岛为中心的北海，历史最为悠久，也是北京城市发展过程中具有地理坐标意义的文化名园。北海始建皇家园林，相传自辽南京时期即已初步发轫。辽会同元年（938），契丹升幽州为陪都（时称"南京"），开始于城内建置行宫殿宇，相关皇家园林的营建亦随之展开。《辽史·地理志》记载，辽南京"中有瑶屿"，后人又称为"瑶岛"，认为其地即位于今北海。不过由于时事变迁，相关史料已湮灭于历史的尘烟之中，后人仅留下口耳相授的民间传说，称"其颠古殿，相传本（辽代）萧太后梳妆台"云云。

北海皇家园林的历史，确凿可据者可以上溯到金中都时期。金贞元元年（1153），海陵王迁都燕京，改名"中都"，北京历史由此迈入一国之都的新时代，皇家园林建设亦随之翻开了新的一页。在金末蒙古铁蹄的践踏下，金中都城内绝大多数精美的皇家园林随之化为历史灰烬。但由于偶然的历史机缘，作为城北离宫的金代琼华岛，得以在后来的元、明、清数世持续相承，从而演化成为北京历史文脉的重要组成部分。

金代琼华岛的营建，始于有"小尧舜"之称的世宗皇帝（1161—1189年在位）。大定六年（1166），世宗命少府监张仅言等在中都东北低洼地带“开挑海子，栽植花木，营构宫殿，以为游幸之所”，至大定十九年（1179）竣工，《金史·地理志》称：“京城北离宫有太宁宫，大定十九年建，后更为寿宁，又更为寿安，明昌二年更为万宁宫。”① 建成之后的太宁宫周边景色壮丽，时人又称“北宫”，或称“北苑”。其基本格局与主体建筑，包括久负盛名的太液池、琼华岛、广寒殿等，已初具规模。金代琼华岛所采用的“一池三山”园林模式，源于中国古代关于东海中有“蓬莱、瀛洲、方丈”三仙山的神话传说。自秦代“始皇都长安，引渭水为池，筑为蓬、瀛”营造人间仙境开始，到汉代上林苑，“其北治大池……名曰太液池，中有蓬莱、方丈、瀛洲”。此后历代相沿，这种“一池三山”的模式，也就成为中国皇家园林营建中最具文脉意义的历史传统。

金代琼华岛奇石相传多来自宋都汴梁艮岳，其布局亦多受中原皇家园林文化的影响。琼华岛建成以后，金世宗、章宗曾多次临幸，该地因而成为金代中后期重要的皇家园林。是故金亡之后，遗民登临故都，多有怀咏琼华岛之作。曹之谦的《北宫》诗称“光泰门边避暑宫，翠华南去几年中”。王恽所作《游琼华岛》组诗，亦谓“蓬莱云气海中央，薰彻琼华露影香”、“五云仙岛戴灵鳌，老尽琼华到野蒿”、“光泰门东日月躔，五云仙仗记当年”云云。尤其是元好问，在《出都二首》中渲染“历历兴亡败局棋，登临疑梦复疑非。断霞落日天无尽，老树遗台秋更悲。沧海忽惊龙穴露，广寒犹想凤笙归。从教尽划琼华了，留在西山尽泪垂”，以败棋、疑梦、断霞、落日、老树、遗台等深秋日暮之景，衬托龙穴、广寒、凤笙、琼华、西山等故国胜迹之思，情景交融，被后人誉为“追昔抚今，最为沉痛”之作。郝经也在《琼华岛赋》序文中，说到他元初由万宁故宫登琼华岛时，“徜徉延伫，临风肆瞩，想见大定之治，与有金百年之盛，慨然有怀”，感叹“华阳九州岛之尘，辽海百年之蕴。烽涌烟填，庆云佳气，郁郁芊芊，时属清平，天下晏然”。琼华岛皇家园林成为金代故都胜迹的代表。

---

① 《金史》卷24《志第五·地理上》。

据《长春真人西游记》记载，元太祖二十年（1225），丘处机登临琼华岛，“虽多坏宫阙，尚有好园林。绿树攒攒密，清风阵阵深”①。《南村辍耕录》记载：“万寿山在大内西北太液池之阳，金人名琼花岛。中统三年修缮之。至元八年赐今名。其山皆叠玲珑石为之，峰峦隐映，松桧隆郁，秀若天成。……山之东有石桥，长七十六尺，阔四十一尺半，为石渠以载金水，而流于山后以汲于山顶也。又东为灵圃，奇兽珍禽在焉。广寒殿在山顶。”②

同样，在《马可·波罗行纪》中亦载：皇城之内“有一极美草原，中植种种美丽果树。不少兽类，若鹿、獐、山羊、松鼠，繁殖其中。带麝之兽为数不少，其形甚美而种类甚多，所以除往来行人所经之道外，别无余地。……北方距皇宫一箭之地，有一山丘，人力所筑，高百步，周围约一哩。山顶平，满植树木，树叶不落，四季常青。汗闻某地有美树，则遣人取之，连根带土拔起，植此山中，不论树之大小。树大则命象负而来，由是世界最美之树皆聚于此。君主并命人琉璃矿石满盖此山，其色甚碧，由是不特树绿，其山亦绿，竟成一色。故人称此山曰绿山，此名诚不虚也”③。

元初忽必烈主持汉地军政事务期间，曾以琼华岛为“山南避暑宫”。又于至元四年（1267）开始在金中都的东北营建新的大都城，琼华岛由此成为皇城的中心区域。忽必烈命人在山顶复建广寒殿等殿宇，并赐名万寿山（又称万岁山）。此后又续有添建，见于史籍如金露亭、方壶亭、瀛洲亭、玉虹亭、仁智殿、延和殿、介福殿等，同时以珍禽瑞兽、奇花异草遍布其中。元代宫廷以皇帝所居“大内”，与太后和太子分别居住的隆福宫、兴圣宫“鼎足而三”。这三座最重要的元廷宫殿，分置于太液池的东西两侧。以琼华岛、太液池为中心的皇家园林，于是成为整个元代皇城的核心区域。这是北海地理位置发生根本性转变的关键，即由金代的离宫转而成为元代皇宫的核心，一

① 李志常：《长春真人西游记》卷下，丛书集成初编本。

② 陶宗仪：《南村辍耕录》卷21，中华书局1959年版，第255—256页。

③ ［意］马可·波罗：《马可·波罗行纪》，冯承钧译，上海书店出版社2001年版，第121页。

举奠定了元、明、清三代最重要皇家园林的基础。

明朝建立后，北海一度降格为燕王花园。但不久，明成祖朱棣即将京城从南京迁至北京，北海亦再次恢复为皇家园林，并不断得到修缮与扩建。因北海位于紫禁城的西侧，又称“西苑”。明初西苑大体上保持了元代太液池的规模和格局，天顺（1457—1464）以后又进行了较大规模的扩建，主要包括三部分：一是填平圆坻与东岸之间的水面，圆坻因此而由水中岛屿一变而成凸出于东岸的半岛，原来的土筑高台改为砖砌的“团城”，团城与西岸间的木吊桥改为石拱“玉河桥”。玉河桥西有牌坊名“金鳌”，东有牌坊称“玉蝀”，因此也称“金鳌玉蝀桥”。二是往南开凿南海，进一步扩大了太液池的水面，占到园林总面积的二分之一以上，从而扩大了园林的空间感，奠定了北、中、南的三海总体布局。三是在琼华岛和北岸，增建若干建筑物，对这一带的景观有较大改变。到嘉靖（1522—1566）、万历（1573—1620）两朝，又陆续在中海、南海一带增建新的景点。经过历朝营建，明代西苑遂成规模，总体上建筑疏朗、树木蓊郁，既有仙山琼阁之境界，又富水乡田园之野趣，犹如在砖墙层层包围的城市中，辟出了一大片鲜活的自然环境。

关于明代西苑的景色，在天顺三年（1459）李贤所撰的《赐游西苑记》中有非常详细的描述：“初入苑，即临太液池。蒲苇盈水际，如剑戟丛立。芰荷翠洁，清目可爱。循池东岸北行，榆柳杏桃，草色铺岸如茵，花香袭人。行百步许。至椒园，松桧苍翠，果树纷罗。中有圆殿，金碧掩映，四面豁敞，曰崇智。南有小池，金鱼作阵，游戏其中。”以上应为南海区域。再由此向北，到达瀛洲，“前有花树数品，香气极清。中有圆殿，巍然高耸，曰承光。北望山峰，嶙峋崒嵂。俯瞰池波，荡漾澄澈。而山川之间千姿万态，莫不呈奇献秀于几窗之前”。再向北过石桥登上琼华岛万岁山，在怪石参差、佳木异草的映衬下，“山畔并列三殿，中曰仁智，左曰介福，右曰延和。至其顶，有殿当中，楼宇宏伟，檐楹翚飞，高插于层霄之上。殿内清虚，寒气逼人，虽盛夏亭午，暑气不到，殊觉旷荡潇爽，与人境隔异，曰广寒。左右四亭，在各峰之顶，曰方壶、瀛洲、玉虹、金露”。

转到太液池西岸南行，有大光明殿和兔儿山，李贤描述：“又西南有小山子，远望郁然，日光横照，紫翠重叠。至则有殿倚山，山下有洞，洞上石岩横列，密孔泉出，迸流而下，曰水帘。……至其顶，一室正中，四面帘栊，栏槛之外，奇峰回互，茂树环拥，异花瑶草，莫可名状。下转山前，一殿深静高爽，殿前石桥隐若虹起，极其精巧。左右有沼，沼中有台，台外古木丛高，百鸟翔集，鸣声上下，至于南台，林木隐森。过桥而南，有殿面水，曰昭和。门外有亭临岸，沙鸥水禽，如在镜中。”①

清代在北海进行总体规划，将园林景观推向高峰。清代定都北京后，仍以西苑为皇家御园，其名称一律依旧，但已有了西苑三海的说法，“禁中人呼瀛台南为‘南海’，蕉园为‘中海’，五龙亭为‘北海’”。清代对北海的宫苑建设主要有两大活动：佛寺建筑的建立，以白塔的修建为代表；江南式建筑群的建造，即以漪澜堂为中心的六十四间房屋建筑。经乾隆时期对北海所进行的大规模改建，最终奠定了此后北海地区的规模及格局。

清代出于政治掌控的需要崇信喇嘛教（藏传佛教），对喇嘛教推崇有加，顺治八年（1651）顺治皇帝应喇嘛恼木汗之请，在明代广寒殿的遗址上修建藏式喇嘛佛塔，佛塔因其外色俗称白塔。其后因地震毁坏之故，清廷屡次进行修葺，乾隆六年（1741）“白塔寺更名为永宁寺，其匾额以满、汉、蒙三种文字书写”，并大造佛像，使之成为皇家举行佛事活动的重要场所。白塔寺前后三进院落，依次是法轮殿、正觉殿、普安殿。据建塔石碑记载，当时“有西域喇嘛者，欲以佛教阴赞皇猷，请立塔寺，寿国佑民”，因得以建。塔高 35.9 米，上圆下方，为须弥山座式结构。塔顶设有宝盖、宝顶，并装饰有日、月及火焰花纹。

此外，在北海北岸主要的景观还有静心斋、九龙壁、五龙亭、极乐世界等。在东岸修建了濠濮涧、画舫斋等多处建筑。在中海东部凸出的半岛上，明代建有崇智殿，清代又增建了千圣殿等佛殿建筑。在

① 李贤：《赐游西苑记》。

这个半岛上有乾隆皇帝亲笔题写的“太液秋风”石碣，燕京八景之一“太液秋风”原景便在此处。乾隆三年（1738），修“瀛台三海龙舟五只”，其所需木料为“径一尺五寸，长六丈五尺至七丈杉木一百六十八根；径一尺六寸，长一丈四尺至三丈二尺柏木九十二根”[①]。

同治二年（1863）三月，对西苑的瀛台三海等处进行修缮。史料载，“瀛台三海等处原以备皇上临幸办事之地，理宜装修整齐以昭敬慎。今年因库款短绌，一切工程概行停止”。但瀛台三海等地所有“拈香处所殿宇以及经由桥梁游廊门等项，因年久失修，若不酌量补葺，诚恐情形日益加重，如遇皇上临幸办事及筵宴外藩，一时猝为预备恐不足以昭慎重”，因此请“逐加履勘，择其紧要应修处所，分别缓急开单”[②]。

江南式建筑群是在乾隆三十六年（1771）皇帝南巡江南之后而建的。乾隆皇帝命令仿照镇江金山寺“江天一览”在琼华岛后山建造了以漪澜堂为中心的庞大建筑群，将江南胜景搬到了北海。除以上两项工程以外，清政府还对“三海”进行了总体规划，借用杭州西湖风景区景点之间相互对景、借景、配景的衬托手法，并借鉴江南园林群落之间错落搭配、起转承接的特点，创造出北海皇家园林的独特风范。明代后期在西苑的兴造相对较少，因而保持了建筑疏朗的整体格局，尤其是南海一带，为明帝“阅稼”之所，树木蓊郁，具有较为浓郁的田园野趣。明人有诗为证：

> 青林迤逦转回塘，南去高台对苑墙。暖日旌旗春欲动，薰风殿阁昼生凉。别开水榭亲鱼鸟，下见平田熟稻粱。圣主一游还一豫，居然清禁有江乡。[③]

---

① 中国第一历史档案馆藏朱批奏折：乾隆三年九月十九日，“奏为遵旨采买估修瀛台三海龙舟所需大木请准动用淮关本年首二两季盈余银两事”。

② 中国第一历史档案馆藏录附奏折：同治二年四月初三日署理奉宸苑事务奕譞等奏折。

③ 文徵明：《甫田集》卷10。

康乾时期是营建西苑三海的一个重要时期。丰泽园即于此时期建成。丰泽园建筑的外观较为独特，为青砖灰瓦，卷棚无脊，在布局上，开辟十多亩稻田，园后种植桑树，构建小屋数间，作为养蚕所。乾隆帝多次来园，感触颇深，亲作《御制丰泽园记》对丰泽园的历史沿革、位置、规制及功能等进行详细介绍。文中乾隆帝提到的亲耕礼一直延续至清末。园内主体建筑为惇叙殿。惇叙殿原名崇雅殿，因乾隆皇帝在此宴请王公宗室联句赋诗而得名。殿内有乾隆帝御书"彝训念贻谋，本支百世；仙源长笃庆，华萼一堂"。惇叙殿东为菊香书屋，殿后为澄怀堂。澄怀堂额为康熙皇帝御书。

乾隆时期对西苑三海多所营建，宝月楼一带为这一时期所增。宝月楼处于瀛台之南，建于乾隆二十三年（1758）春季，同年秋季落成。因乾隆"每临台南望，嫌其直长，鲜屏蔽，则命奉宸既景既相，约之椓之"，故建此城楼。其规制为二层明楼，面阔七间，重檐琉璃瓦卷的棚歇山顶，楼上前檐悬有乾隆帝御书"仰视俯察"四字，共计用银达六万六千多两。[①] 宝月楼位置适中，高度相宜，为三海整体建筑的点睛之笔。它的修建使得中南海池不觉其窄，岸不觉其长，拾级而上，云阁琼台，诡峰古槐，峭茜巉岩，耸翠流丹，仿若仙境。

此外，乾隆时期对苑囿中已有景致用心经营。紫光阁是清代皇城一处重要景致，在明代始建时期仅仅是一个四方平台，后来废掉平台，改建紫光阁，清代因之。康熙帝常于仲秋来此校射，阅试武进士。乾隆时期平定伊犁之后，为大学士忠勇公傅恒等功臣画像，以示褒奖，平定金川后，也照例为功臣画像存阁。为此，乾隆帝决定对紫光阁进行重新修葺。工程自乾隆二十五年（1760）开工，第二年正月落成。修缮后的紫光阁体量宏伟高大，阁面阔七间，前抱厦面阔五间，是两层重檐楼阁。阁前有宽敞的平台 400 多平方米，白石栏子，雕龙望柱，更衬托着楼阁的雄伟。阁的后面建有武成殿，并以抄手廊与紫光阁相连接，形成了一个典雅、肃穆的封闭院落。此后，清廷还

---

① 刘桂林主编，中国第一历史档案馆编：《清代中南海档案》第 27 册，西苑出版社 2004 年版，第 15—19 页。

于紫光阁宴请朝鲜、琉球等外国使臣和蒙古等少数民族首领。此外，皇帝还经常召集大学士及内廷翰林等茶宴，冬季与大臣们观赏冰嬉等。

自乾隆朝经过大规模扩建兴建北海后，嘉庆、道光、咸丰、同治各朝均没有较大的修建工程。在清代，修葺一新的北海成为帝王赐饮宴游之所。康熙二十年（1681）七月，因平定三藩之乱，康熙帝于瀛台设宴庆功。乾隆九年（1744）正月，于西苑瀛台赐宴准噶尔特使。乾隆四十一年（1776）四月，于瀛台亲审大小金川战俘，并于紫光阁设宴欢迎凯旋将士。清末戊戌变法失败后，光绪皇帝被慈禧太后囚禁在瀛台的涵元殿内。庚子年间，英法军队进驻北海，总司令瓦德西就居住在中南海仪鸾殿，苑内建筑与陈设分别遭到联军的破坏和掠夺。

光绪十一年至十四年（1885—1888），慈禧太后重修“三海”建筑，在西岸和北岸沿湖铺设了中国第一条铁路，在静心斋前修建小火车站，供慈禧乘小火车来园游宴。据档案史料记载，光绪二十一年（1895）慈禧太后与光绪皇帝“驻跸西苑”，“所有是日进内奏事、当差执事之王公、文武大小官员均穿补褂”[①]。清光绪二十六年（1900），八国联军入侵北京，北海损毁严重，联军在北岸的澄观堂设立了联军司令部，并将万佛楼的10000多个金佛及园内其他宝物洗劫一空。

民国成立后，清帝退位。根据协议，1913年1月29日，清皇室将三海房舍移交给北洋政府。3月，袁世凯将总统府由铁狮子胡同陆军部大楼（今北京东城区张自忠路3号院）迁入中南海，把中南海改为新华宫，海晏堂改成了居仁堂，宝月楼改成了新华门。自此，它相继成为黎元洪、曹锟的总统府和张作霖的大元帅府。以金鳌玉蝀桥为界，西苑三海被分为北海和中南海两个部分。因为袁世凯嫌北海地段偏远，派总统府护卫部队进驻。自此，北海房舍归军队所有。1913

① 中国第一历史档案馆藏录副奏折：光绪二十一年“呈本月初八日皇太后皇上驻跸西苑所有是日进内奏事者均穿补褂礼仪单”。

年 12 月，袁世凯将“政治会议”设于团城，嗣后，团城长期被财政整理委员会、古物保管委员会、中国地理学会等单位占用。此后几年，北海曾临时开放过几次，但主要用于举办游园会、游艺会、水灾赈济会等活动。

1916 年 6 月 27 日，国务院召开会议，讨论内务部总长许世英提出的“开放北海为国有公园”案，获得顺利通过，由内务部通知京都市政公所，划拨经费两万元，并派司长祝书元任董事，与北海驻军交涉接收事宜，但时局动荡，这一计划并未付诸实行。1917 年，京都市政公所督办张志潭、浦殿俊又先后奔走于内务部，督促开放北海公园，但仍未成功。1919 年春，北海北岸阐福寺内佛殿被驻军烧毁，古迹的命运再次引发关注。市政公所吴承湜处长请示督办钱能训，提出开放北海为公园，以此保护北海。钱能训委派吴承湜等几人与总统府庶务司协商，但开园一事仍无结果。1922 年 6 月，大总统黎元洪重来京师，内务总长张国淦呈请总统下令开放北海。黎元洪批准其请，命内务部成员二十多人组成开放三海委员会，拟开放北海。但后因曹锟逼宫，黎元洪离京，北海再次进驻军队，开放之事未能实施。

1925 年 5 月，内务总长龚心湛仿中央公园先例，制定《北海公园开放章程》，批准后，交京都市政公所办理。市政督办朱深主持成立“北海公园筹办处”，制定《招商营业章程》，“招商贩认租领地。凡文品商摊、照相馆、大茶楼、球房、饭店，均在招募之列”①。6 月 13 日“北海公园筹备处”接收北海，经过一个多月的筹备，8 月 1 日，北海公园正式开放，据报章记载：“是日虽然微雨，而各界游人，尚称踊跃。”②

在北海被开放为公园的过程中，当局对园内许多基础设施进行了改造，使之适应要求，如将静心斋整修一新，成为“北海之冠”；将承光左门至五孔桥之土路改修为石路，由五孔桥以北往东直达蚕桑门之大桥，改成马路；将白塔南面永安寺内佛像移出，对殿房重新修整

① 《北海公园筹备之情形》，《益世报》1925 年 7 月 21 日。

② 《北海开幕后之第一日》，《益世报》1925 年 8 月 3 日。

后改为西餐饭店；将水面四周的小马路加宽，供汽车、马车通行；对白塔后的远帆阁戏楼重新装修，聘请梨园界男女名角演唱戏剧；在白塔前之漪澜堂内设祥记饭店，设置多个茶楼、茶座，既可饮茶，又可观景。此外，添设电影场、照相馆、球房，购买新式望远镜数架，置于静心斋及小白塔前之铜亭，供游人远眺，设置游船备人乘坐等。同时，北海公园通过实行一些管理制度，对游人的行为进行规范，如禁止游人捶拓琼岛春阴状元府的名人墨迹，在水面四周装设木栏，禁止垂钓等，实际上也是对现代文明方式的一种普及。

1928 年北伐军进入北京之后，北洋政府使命正式终结，作为总统府所在地的中南海一度闲置。1928 年 8 月 6 日，北平市政府工务局长华南圭就中南海的保护和管辖事宜曾给市长致函，国民政府回函应由北平市政府管理，但如何开放保管，由公用局、工务局、公安局三局会同办理。1928 年 12 月，中南海董事会向北平市工务局呈递了关于召开成立大会的函件，建议将中南海归于市民直接管理，筹备真正代表民意、直接管理中南海的董事会，“以绝罪恶之根株，以供游人之玩赏”。在清点物品并进行修缮的基础上，1929 年 4 月中南海公园董事会成立，熊希龄被推举为主席委员，不久，北平市政府也成立了“中南海公园临时委员会”，负责管理中南海。至此，中南海正式向全体公民开放。

中南海总面积约为 1500 亩，其中水面面积约为 700 亩，远远超过了北海。作为当时北京内城最大的一片水域，除了观赏皇家园林，中南海公园的特色还是水上项目。如垂钓、游船，其游泳池的经营也颇为现代，设立了团体票，70 人以上可以得到五折优惠，学生还可以享受练习月票。游泳池还特聘了游泳导师，帮助提高游泳技巧。中南海的市民滑冰场也名声在外，还曾举办过化装溜冰比赛运动会。开放的中南海人车俱杂，不仅有脚踏车，还有人力车、汽车，不过要购买脚踏车证、人力车券和汽车券。中南海内还开设了中学。

为了增加收入，中南海公园将园内一些房屋盘活经营，除各机关借用一部分外，其余的大多租给了老百姓居住。而诸如怀仁堂等场地，时常有公务用途，则对外零散出租，用于宴请宾客、祝寿、结婚等。对于这些新的事物与仪式，当时即有人评论说："北平的四处公园，在她们的品格上分类：先农是下流人物传舍，中山装满了中流人物，北海略近于绅士的花园，那么，南海！让我赠你以艺术之都的嘉名吧！"[①]

北平沦陷之后，以王克敏为首，建立起华北地区伪政权"中华民国临时政府"，地点设在中南海。1941年，中南海公园登记在册的进驻机构还包括满洲帝国通商代表部、最高法院华北分院、最高法院检察署、华北救灾委员会等。当时的怀仁堂成了所谓中日亲善的表演地，中小学生日语会、中日儿童亲善会等，皆在怀仁堂举行，中南海再度成为权力中枢。

抗日战争结束后，李宗仁的"北平行辕"设在中南海。新中国成立前夕，华北"剿匪"总司令傅作义将指挥部搬进了中南海，将司令部设在居仁堂。1949年1月解放军接管北平后，立即对中南海进行紧急疏浚。中华人民共和国成立后，中南海成为中共中央和国务院的办公所在地。

第二节　三山五园

近年，文化学界对于"三山五园"这个称谓或概念的界定仍是共识与争议并存。学界普遍认同"三山"代指香山、玉泉山、万寿山，而对于"五园"所指却存在相异的看法和观点。学界比较普遍的看法是，"五园"指畅春园、圆明园、静宜园、静明园、清漪园，对此，学者张恩荫先生则认为，"三山"除了万寿山、玉泉山、香山外还应包括清漪园、静明园、静宜园，而"五园"只是涵括"圆明五园"——圆明园、长春园、绮春园、熙春园、春熙院，后来演变成对西郊皇家园林的泛称。[②]"三山五园"概念内涵丰富，外延拓展，相互之间具有共通的文化属性和不可割裂性，使这个皇家园林体系更

① 高长虹：《南海的艺术化》，见姜德明编《梦回北京：现代作家笔下的北京(1919—1949)》，生活·读书·新知三联书店2009年版，第90页。

② 张恩荫：《三山五园史略》，同心出版社2003年版，第235页。

趋壮大和完整。

顺治时期，顺治帝经常在紫禁城以西的西苑三海居住，有时也到北京城南面的南苑留居。康熙年以后，康熙帝开始把自己的落脚点向西郊迁移。在京西玉泉山，金代时在这里修建了玉泉行宫，金、元两代燕京八景之一的“玉泉垂虹”就在这里。康熙十九年（1680），在对“三藩之乱”取得决定性胜利的前夕，康熙帝首先将被瓦剌军烧毁的前朝玉泉山故园改建成行宫，赐名“澄心园”，三十一年（1692）又改名为“静明园”。乾隆朝对静明园大兴土木，筑成静明园十六景，并命名玉泉山的泉眼为“天下第一泉”。

康熙二十三年（1684）和二十八年（1689），康熙帝两度南巡后，在明代国戚武清侯李伟的清华园旧址上建造了畅春园，作为“避喧听政”之所，从而掀起了京西园林兴建的高潮。康熙朝很多朝政、国事都是在这里商议处置的，逐渐地形成了北京城之外的一个新的政治统治机构中心区。由于康熙皇帝把畅春园作为其长期居住和处理国家政务的政治中枢，清朝的王公贝勒、满汉大臣也纷纷迁移，在附近置别业落脚。康熙还将畅春园周边赏赐给诸皇子、王公大臣建园。其中，最为著名的就是赏赐给四子胤禛的圆明园。

康熙四十八年（1709），康熙帝将前明的一片私家故园赐给了皇四子胤禛，胤禛遂依其“林皋清淑，波淀渟泓”[①]的自然条件，因山形水势布置成一座取法自然的园林，康熙帝亲题园额为“圆明园”。胤禛即位后，将此赐园加以扩建，其扩建工程主要分为三个部分：首先，将原来圆明园的中轴线继续向南延伸，在原来苑囿南侧扩建包括大宫门、正大光明殿、勤政殿、左右朝房和军机处、六部各衙门储值房等宫廷区，使之成为清王朝统治政权中枢办公区。这部分扩建的具有紫禁城外朝宫殿职能的建筑群落，严格按照中国传统宫廷建筑要求，围绕着中轴线兴建左右对称的建筑。其次，雍正将其原有的赐园分别向东西和北面扩展，构建曲水岛渚，增设亭榭楼阁。最后，开始安排拓展福海，加大其水域面积，并在周边增修新的建筑群落。雍正

① 于敏中等编纂：《日下旧闻考》卷80《国朝宫苑·圆明园》。

不仅在其即位后不久就开始着手扩建圆明园，雍正三年（1725）又诏令将圆明园升为帝王离宫。雍正年扩建圆明园以后，圆明园从以往西郊诸园林只是皇帝、王公大臣的休闲娱乐场所，向北京皇城之外形成另一个政治控制中心转换。这意味着北京的城市功能结构出现了新的格局。乾隆十六年（1751），高宗又在圆明园东增建了长春园，二十四年（1759）在长春园内添建了俗称西洋楼的仿欧洲式样的宫廷建筑；后又在圆明园的东南建造了绮春园（同治朝改称万春园）。

乾隆年间，京西皇家园林建设达到了顶峰，“三山五园”全面完成。乾隆七年至九年（1742—1744），建成了圆明园四十景，后又有廓然大公、文源书阁等多项续建；十年至十二年（1745—1747）建成长春园，后又有西洋楼、狮子林等多项续建；三十四年（1769）修建并命名绮春园（此园在嘉庆年间建成）；后又将熙春园划归圆明园，号称“圆明五园”。乾隆十年至十一年，在香山行宫的基础上建成二十八景，赐名静宜园。十四年冬，曾对西北郊的水系进行了一次大规模的调整治理。次年三月，将“瓮山奉命改名万寿山”[①]，金海改称昆明湖。同年，在圆静寺废址兴建大报恩延寿寺，为其母孝圣皇太后翌年六十万寿祝釐，同时在万寿山南麓相继建造多处厅堂亭榭廊桥等。乾隆十六年奉旨，以万寿山行宫为清漪园。十五年至十八年，在玉泉山静明园基础上扩建成十六景，后又有妙高寺、圣缘寺、涵漪斋等续建工程。十四年至十九年，基本建成万寿山清漪园，后又有须弥灵境、苏州街、耕织图等续建工程，到二十九年（1764）全部建成。

清漪园由昆明湖、万寿山两部分构成。昆明湖水面面积为二百二十公顷，占清漪园的三分之二。万寿山部分主要以佛香阁建筑群落为主体，在不足六十米高的万寿山南坡，采用因山构室的建构手法，从昆明湖畔的建筑山门、天王殿、大雄宝殿、多宝殿等依山而建，用一层一叠的挺拔建筑，从视觉上将山的高度提高，而山顶的佛香阁与山势浑然一体，既有临山而建的高耸气势，又与万寿山山体相呼应，无

① 于敏中等编纂：《日下旧闻考》卷110《郊垧西十一》。

形中将万寿山山势也烘托起来。这种建筑设计手法，显示出清代北京皇家园林规划、设计所具有的高超的能力和水平，也体现出明代皇家园林艺术发展的巅峰状态。

除此之外，还在乾隆十六年前重修和新建了长河沿岸的乐善园、倚虹堂行宫、紫竹院行宫以及万寿寺和五塔寺的行宫院。三十一年至三十二年在万泉庄建成了泉宗庙行宫。三十九年至四十一年，在玉渊潭畔建成钓鱼台行宫，等等。完成这些规模宏大的皇家园林，需要倾全国物力，集无数精工巧匠，填湖堆山，种植奇花异木，集国内外名胜，还有难以计数的艺术珍品和图书文物。康、雍、乾三朝正值清代全盛时期，社会稳定，国力鼎盛，这是京西皇家园林得以兴建的根本基础。

关于清代西郊皇家园林形成的原因：第一，皇帝避暑与环境的需要，正如雍正帝所言："宁神受福，少屏繁喧。"来自东北的满洲统治者入关后，对北京盛夏干燥炎热的气候很不适应。紫禁城虽金碧辉煌、宏伟壮丽，但那里的环境并不宜人，春季风沙大，夏季酷热，冬季寒冷。特别是在康熙初年，紫禁城发生火灾后，为了防火和宫内安全，加高了宫墙，砍去了高大的树木，使得宫廷居住毫无山水之乐。

第二，康乾时期的经济实力为大规模修建皇家园林奠定了基础。西郊园林大都营建于康、雍、乾时期，而这时正值盛清国力最为强盛的时期。

第三，京西有山水之胜，水源充足，林木茂盛，有连绵不断的西山秀峰：玉泉山、万寿山、万泉庄、北海淀等多种地形，植被及自然环境都颇为突出。正是因为拥有这样山水俱佳的优美自然环境，早在辽代时，封建帝王就选中这里建造了玉泉山行宫。到了明代，这里的自然景色吸引了更多的游人，于是一些达官贵人就占据田园营建别墅，大片土地被一块块占去。到了明万历年间，明皇亲武清侯李伟在这里大兴土木，首先建造了规模宏伟，号称"京国第一名园"的清华园。嗣后米万钟又在清华园东墙外导引湖水，辟治了幽雅秀丽的"勺园"，取"海淀一勺"的意思。明清易代之时，清华园和勺园逐渐废弃，但遗址尚存。于是，清在其基础上重建园林，开凿新的水道，将造园面积不断扩展，最终形成了“三山五园”的格局。

“三山五园”的建设是与清代一个著名建筑世家的心血和智慧分不开的，这个家族就是样式雷。第一代样式雷是雷发达，祖籍江西永修。雷发达曾祖在明末迁居江苏金陵，清康熙二十二年（1683）雷发达和堂弟雷发宣应募来到北京，参加皇宫的修建工程。雷发达以其精湛的卓越的技术才能，得到康熙帝的赏赐，并获得了官职。70岁退休，死后葬于江宁。奠定样式雷家族地位的是第二代雷金玉，以监生考授州同，继父在工部营造所任长班之职，投充内务府包衣旗。康熙年时逢营造畅春园，雷金玉供役圆明园楠木做样式房掌案，即皇家建筑总设计师。

样式雷为世人留下的最宝贵的财产不仅有他们的建筑，还有稀世珍宝——图样。仅在国家图书馆，就珍藏着样式雷的两万多张建筑图样。这些图样对研究清朝历史、建筑文化发展脉络有巨大的作用，同时也代表了中国古代建筑设计的巨大成就。样式雷画出的图纸什么类型的都有，如投影图、正立面、侧立面、旋转图等，最难得的是陵墓的宝顶，它呈不规则的空间形体，样式雷画出等高线图，这在当时是非常高水平的。在修建惠陵的过程中，因为工程反复比较多，样式雷也留下了最为详尽的图纸，工程的每一个细节、每一个木结构的尺寸，在牌楼、碑亭下面打多少桩，全记载了下来。为了及时向朝廷反映工程进度，样式雷还画了“现场活计图”，即施工现场的进展图。从这批图样中，可以清楚地看到陵寝从选地到基础开挖，再到基础施工，然后修地宫、修地面、安柱子直到最后做瓦的过程，体现了样式雷在建筑程序技术上的独到性。在样式雷留下的图样中，有一部分是烫样。它是用纸张、秫秸和木头加工制作成的模型图。因为最后用特制的小型烙铁将模型熨烫而成，因此被称为烫样。烫样给后人了解当时的科学技术、工艺制作和文化艺术都提供了重要帮助。

清代三山五园的兴建，特别是雍正、乾隆两朝圆明园的增扩建和皇家苑囿中以清朝皇帝为中心的统治政权机构迁移，在清代北京城市大格局上产生了重大的变化。从明代北京城内，皇城、紫禁城中央政权集中区域所形成的北京城市空间格局，在清代北京西郊三山五园皇家园林发展的过程中被完全打破。作为都城的北京，不再是明永乐年营建时划分清晰的皇城、紫禁城为北京城政权统治区域一个政治中心的状态，而变成北京内城的紫禁城与西郊的圆明园新的政权机构“双中心”的城市政治格局。这种变化，无形中扩大了北京城市功能的外延，从城市物理空间上，形成了清代北京城市发展的新特征。

纵观清代北京皇家园林的发展，能够明显地看到清代北京宫廷文化在北京园林艺术中帝王文化的烙印。首先，北京皇家园林的发展，无论在其规模、形制还是建造工艺上，都显示出清王朝至高无上的帝王权威气势。其次，清代北京皇家园林的艺术风格，显示了清代宫廷文化集天下之大成的文化融合性，不论是清漪园中谐趣园的江南园林风格、昆明湖迁移杭州西湖的景观，还是圆明园汇集全国各地的园林特点，都鲜明地体现出清代北京宫廷文化集天下之大成的文化集成特点。最后，以圆明园长春园西洋楼景区为代表，显示出清代北京宫廷文化与西方建筑艺术相融合的文化包容特征。而清代北京皇家园林的上述特征，从园林、建筑等形式上，将清代北京宫廷文化以物化的形式展示在人们面前，使得清代北京宫廷文化的威严性、奢华表现和中国传统文化的深邃本质，逐一地展示在世人面前，它折射出清代北京宫廷文化的两面性发展实质。

作为一种历史文化存在，“三山五园”在数百年的风雨历程中，经历了兴起、发展、破坏及衰败的变迁，与现存的地理空间格局存在很大不同。2002 年 9 月，《北京历史文化名城保护规划》中明确指出：“西郊清代皇家园林历史文化保护区位于海淀区，包括颐和园、圆明园、香山静宜园、玉泉山静明园等，即清代的‘三山五园’地区，是我国现存皇家园林的精华。”确定保护范围涉及颐和园、圆明园、静明园、静宜园、卧佛寺、碧云寺、达园、团城演武园、燕园等。[①] 在北京市海淀区关于“三山五园”的最新规划中，对其空间范围有着明确、清晰的划定：东起京密引水渠地铁 13 号线，南到北四

① 刘剑、胡立辉、李树华：《北京西郊清代皇家园林历史文化保护区保护和控制范围界定探析》，《中国园林》2009 年第 9 期；刘剑、胡立辉、李树华：《北京“三山五园”地区景观历史性变迁分析》，《中国园林》2011 年第 2 期。

环闵庄路，西北到海淀区区界和西山山脊线，景区范围约68.5平方公里。包括香山、玉泉山、万寿山，静宜园（现香山公园内）、静明园（现玉泉山内）、颐和园、圆明园、畅春园（现北京大学和海淀公园），以及熙春园、自得园、青龙桥古镇、香山健锐营、清华大学、北京大学、中央党校、国防大学等重要的历史文化资源和极具代表性的现代先进文化资源。[①] 总之，随着历史的演进及北京城市发展，“三山五园”的概念内涵及其空间范围也在发生变化。目前，这个概念已经突破了原有的代指皇家园林及文化的狭义范畴，而是被注入了崭新的时代内涵和文化因素，使其成为一个兼具历史性、文化性和现代性、科技性的广义概念以及更加广阔的文化空间。

第三节　什刹海

什刹海位于今北京西城区内，由彼此脉络相连的前海、后海和西海组成，总面积146公顷（约3450亩），是北京城内除西苑三海之外的一片重要水面。什刹海一带在金代被称为白莲潭。元代，这片水域发生变化，白莲潭的整体水域被一分为二，南部水域（今北海、中海）即太宁宫区域，被圈入皇城内，称为太液池，成为皇家御苑的一部分，禁止百姓进入；隔在皇城外的白莲潭北部区域被单独区隔开来，称为“海子”，逐渐成为漕运码头和集市所在地。明清时期统称“什刹海”，又统称“后三海”。其中西海临近德胜门水关，又名积水潭或净业湖。数百年来，这里分布着古庙、王府、桥梁、名人故居等，由于曾经寺观林立，素有“九庵一庙”之说，故得“什刹海”之名，是北京寺观园林的典范。明代沈德符《万历野获编》称：“惟城西净业寺侧有前后两湖，最宜于开径。”[②] 因此这里常被视为内城修筑园林的首选佳地，元、明、清三代以来湖畔府宅园林和寺庙园林均曾盛极一时，同时又是一处重要的公共园林区。

---

① 张越、贺艳：《“三山五园”规划图景》，《中关村》2012年第11期。

② 沈德符：《万历野获编》，中华书局1959年版，第609页。

元灭金后，忽必烈命刘秉忠修建元大都。刘秉忠决定在中都城的北边另建一座新城。他依据什刹海这一片积水的宽度和位置，确定了新建都城的中心和半径，修建了元大都城。为解决南粮北运，在郭守敬的指导下，又修建了通惠河，引西山白浮泉等泉水汇集什刹海，使什刹海的水面大大扩大，成为大运河北端终点站。由南方北上的漕船，沿大运河北上到通州（今北京通州区）后，顺着通惠河可直驶到积水潭。什刹海由此成为元大都的交通枢纽，而积水潭面积要比今日什刹海大。《元史·地理志》云："海子在皇城之北、万寿山（即琼华岛）之阴，旧名积水潭，聚西北诸泉之水，流入都城而汇于此，汪洋如海，都人因名焉。恣民渔采无禁，拟周之灵沼云。"①

明洪武元年（1368），明将徐达、华云龙领兵攻陷元大都，元朝灭亡。就在明军占领大都城后不久，朱元璋命令华云龙将大都城改为北平府。为了缩小北平府的规模，华云龙采取了将北城墙南移的措施，于是就把原属积水潭的一大片水面一分为二，一面隔在城外，这一片水面后来人们称为太平湖；另一面仍留在城内，人们仍然称其为积水潭。其后，由于北京一度失去国都的地位，南方的漕船不用北上，什刹海失去了漕运码头的功能，加之上游引水渠道的失修和北京城的改建，水面大大缩小。

朱棣称帝后，把国都由南京又迁到北京，并对皇城进行扩建。皇城的北墙向外扩展，将积水潭南部的一部分水面圈入皇城。皇城的东墙也向外移，将原来的一段通惠河圈入皇城。德胜门城门建成后，修了一条南北向的大街，从积水潭中间拦腰穿过，将一片水面分成两大部分。德胜桥西部的水面仍叫积水潭；德胜桥东部的水面叫什刹海。后来，什刹海又分为两部分，中间由银锭桥隔开，桥东南叫前海，桥西部叫后海。积水潭、后海、前海由水道相连。元时积水潭与北海（当时称太液池）之水互不相通，明时废除了原来位于积水潭和元皇城之间的金水河，将前海和北海之水沟通，西山的泉水进入北护城河后，先注入积水潭，再由积水潭流入后海、前海，由前海南部流入

① 《元史·地理志》卷58。

北海。

由于明代的什刹海不再进行漕运，加之风景十分幽丽，被不少达官显贵看中，在湖边修造了许多名园。明朝时，什刹海地区还是皇帝洗御马的地方。每到洗马时，积水潭畔高搭彩棚，御马身上披着鲜艳的彩缎，在仪仗队的引导下来到岸边。一时间，水中人呼马嘶，岸边人群熙攘，热闹非凡，成为夏季京城一景。此时的什刹海以清雅、秀美的景色受到众多文人雅士的赞美，刘侗、于奕正所著的《帝京景物略》收集了不少咏什刹海的诗，可证其“西湖春，秦淮夏，洞庭秋”之美。

明崇祯十七年（1644），清军攻进北京城，明朝灭亡。为了加强对皇家苑园的管理，清廷设立了奉宸苑。康熙年间，把什刹海提高到和西苑、畅春园、圆明园一样的御苑地位，在积水潭设立苑副、委署苑副，正式归属奉宸苑管理，并在积水潭内安放了专门供御用的牛舌头采莲船。从此，积水潭便成了没有宫墙的禁苑。奉宸苑还颁发条令，明确规定，非皇帝亲赐，任何人不准引用什刹海水。禁令一下，湖四周的园亭、寺庙、府邸纷纷填平池沼，堵塞进水沟。由于无水，临水的园亭、寺庙逐渐荒废，只剩下一片野水。只有什刹海北岸的醇亲王府、德内蒋养房土默特贝子府有皇帝御赐的、引什刹海水的活水溪池。

此时，什刹海一带水域名称发生一些变化，曾有过风潭、鸡头池、莲花泡子等名称。《日下旧闻考》云：“元时以积水潭为西海子，明季相沿亦名海子，亦名积水潭，亦名净业湖。……其近十刹海者即称十刹海，近净业寺者即称净业湖，迤西与李广桥诸处相近者则称积水潭。”①《天咫偶闻》云：“东南为十刹海，又西为后海，过德胜门而西为积水潭，实一水也。”②《大清一统志》云：“故今指德胜桥者为积水潭，稍东南者为什刹海，以东南者为莲花泡子。”这种地名记载不统一的情况，其实反映了当时社会变化发展的速度是比较快的。

① 于敏中等编纂：《日下旧闻考》卷54《城市·内城·北城》。

② 震钧：《天咫偶闻》，北京古籍出版社1982年版，第85页。

同治十三年（1874），穆宗病死，奉宸苑以“国殇”为由禁止人们在什刹海沿岸搭棚售茶，荷花市场也被取缔，什刹海开始呈现衰败景象。加之其后什刹海一带逐渐成为土匪、地痞、流氓活动的场所，曾经的文人墨客聚集之地变得乌烟瘴气。

整个明清时期，什刹海的王公府邸、亭园不断兴替，随着数百年的演变、生灭、盛衰、变幻，形成一幅幅府宅园林的美丽画卷。这些府宅园林可分为王公府园和私家宅园两类。前者有明代的定国公园、英国公新园及清代的庆王府园、恭王府园、醇王府园、阿拉善王府园、涛贝勒府园等。后者有明代的漫园、镜园、刘茂才园、湜园、杨园，清代的诗龛、蒋溥宅园、张之洞宅园、麟魁宅园，民国时期的婺园、泊园等，鳞次栉比，各有佳妙。

此外，什刹海地区密布各种寺观，有人称“京师梵宇，莫什刹海若者。其供佛，不以金像广博，丹碧宇嶒嶒也；以课诵礼拜号称，以钟磬无远声，香灯无远烟光，必肃必忱”[①]。自隋朝以至清代，什刹海地区共约有寺、庙、观、宫、庵、塔、禅林、堂、祠等建筑165处，其中基本保持原建格局的有29处，部分建筑尚存的有43处，今已无存的有93处。民国以后，除了1941年建的余氏祠堂和民国初年建的李纯家祠外，什刹海地区基本没有新建寺观。[②]

在什刹海诸多寺庙中，火神庙是比较著名的一处。火神，即“火德真君”，全称“南方火德荧惑执法星君”，是道教崇奉的古老神祇。什刹海火神庙始建于唐贞观六年（632），距今已有1300余年的历史。初建时规模较小，元顺帝至正六年（1346）重修。明万历年间扩建，并“改增碧瓦重楼”。清乾隆二十四年（1759）再次修缮。

明朝，历代皇帝均笃信道教，火神庙香火鼎盛。万历年间，宫廷、皇城内多处建筑连年发生火灾。为解此不祥之灾，万历帝下旨重修火神庙，新建后阁，并钦赐琉璃瓦用以压火，还在庙内前殿和阁楼分别亲题匾额“隆恩”、“万岁景灵阁”。明天启元年（1621），熹宗

① 刘侗、于奕正：《帝京景物略》，北京古籍出版社1982年版，第39页。

② 郭倩、陈连波、李雄：《北京寺观园林之什刹海的历史变迁》，《现代园林》2008年第6期。

皇帝命太常寺官于六月二十二日在火神庙举行祭祀火德真君诞辰的活动，以后则为常例。

清朝初期，把祭火神正式列入了国家祀典。作为群祀之礼，应遣太常卿往祭，但清代皇帝也常亲自到火神庙内进行祭祀。乾隆皇帝曾连续两年到火神庙亲自拈香。光绪十四年（1888），慈禧太后也曾亲赴什刹海火神庙敬香，祈祷平安。

民国初年，火神庙日渐败落，其后几经沧桑兴废。直至2002年，为迎接北京奥运会，火神庙腾退修缮工作正式启动，并被列入“人文奥运文物保护计划”。2008年北京奥运会前，火神庙修缮工程整体竣工。作为历史上皇家唯一御用火神庙，修缮之后的庙宇建筑保留了“明骨清衣”的建筑风格，同时使和玺彩画重焕光彩，成为什刹海一处重要的道教人文景观。

什刹海一带由元至明清，人物虽变，建筑虽异，但其颇似江南的秀丽风景始终引人入胜。元人有诗吟道：“燕山三月风和柔，海子酒船如画楼。”[①] 明清两代，文人游客初春时节多喜欢来什刹海一带的寺庙踏青访古，看柳青花红，张弼有诗云：“花朝寻花不见花，行行直至梵王家。周遭金海波光合，远近翠楼烟景赊。”[②] 清人潘荣陛、富察敦崇所著的《燕京岁时记》谈到此地时说：“什刹海在地安门迤西，荷花最盛，六月间仕女云集……凡花开时……绿柳丝垂，红衣腻粉，花光人面，掩映迷离。真不知人之为人，花之为花矣。”[③]

民国时期，虽然什刹海有所衰败，但其秀美景色仍不断吸引人们驻足流连。邓之诚的《骨董琐记全编》即称赞积水潭一带“湖水澄净，夏无蚊蚋，荷盖偃仰，槐柳纷披，实尘氛中一清凉胜地”[④]。不禁引人心驰神往，生出无限遐思。

① 于敏中等编纂：《日下旧闻考》卷53，北京古籍出版社1983年版，第851页。

② 于敏中等编纂：《日下旧闻考》卷54，北京古籍出版社1983年版，第875页。

③ 潘荣陛、富察敦崇：《帝京岁时纪胜·燕京岁时记》，北京古籍出版社1981年版，第73页。

④ 邓之诚：《都中三湖》，《骨董琐记全编》，北京出版社1996年版，第79页。

第四节　南苑

明代南苑隶属于上林苑，又称南海子，在永定门以南二十里。《明一统志》称："南海子在京城南二十里，旧为下马飞放泊，内有按鹰台。永乐十二年增广其地，周围凡一万八千六百六十丈，乃域养禽兽、种植蔬果之所。中有海子，大小凡三，其水四时不竭，汪洋若海。以禁城北有海子，故别名曰南海子。"[①] 其历史，可以上溯到辽代的"延芳淀"。金代迁都燕京后，海陵王常率近侍"猎于南郊"，至金章宗又在城南兴建一座名为建春宫的行宫，以供帝王巡观渔猎。元代在此地大规模营建苑囿，时称"下马飞放泊"，又名南海子，"在大兴县正南，广四十顷"。其内堆筑晾鹰台，建有幄殿，为元大都城南著名的皇家苑囿。

明初成祖朱棣决定迁都北京后，即着手整理修缮京南上林苑。永乐五年（1407）三月，朱棣下诏"改上林署为上林苑监，以中官相兼任用"，设置监正、监副、监丞、典簿等员，又"设良牧、蕃育、林衡、嘉蔬、川衡、冰鉴及典察左、右、前、后十署"，各置典署、署丞，共同管理。[②] 五月，命户部给予口粮路费，迁徙山西平阳驲潞、山东登莱府等府州民五千户，"隶上林苑监牧养载种"，以为南苑的恢复和维护提供人力保障。[③]

永乐十二年（1414），又下令对南苑进行扩充，四周筑起土墙，开辟北大红门、南大红门、东红门、西红门等。此后明廷设置衙署，持续经营。宣德三年（1428），"命太师英国公张辅等拨军修治南海子周垣桥道"。宣德七年（1432），"修通州通流闸及南海子红桥等闸"，整治南苑水道。[④] 正统八年（1443），因南苑受到耕占威胁，英宗在奉天门宣谕都察院诸臣，称"南海子先朝所治，以时游观，以

① 李贤：《明一统志》卷7。

② 《明太宗实录》卷65，永乐五年三月辛巳。

③ 《明太宗实录》卷67，永乐五年五月乙卯。

④ 《明宣宗实录》卷48（宣德三年十一月己巳）、卷94（宣德七年八月壬寅）。

节劳佚。中有树艺，国用资焉，往时禁例严甚。比来守者多擅耕种其中，且私鬻所有，复纵人刍牧，尔其即榜谕之，戒以毋故常是，蹈违者重罪无赦”。令下，拆毁靠近墙垣的民居与占据园内的坟墓，拔掉了大量的农作物，在一定程度上恢复了皇家苑囿的自然状态。① 在此前后，又陆续修理南苑内外各处桥梁。尤其是天顺二年（1458）“修南海子行殿，及大桥一、小桥七十五”，南苑得到更系统的整修。②

此时的南苑，“方百六十里，辟四门，缭以崇墉。中有水泉三处，獐鹿雉兔蕃育其中，籍海户千余家守视”③。苑内围造二十四园，设有庑殿行宫、提督官署，以及关帝庙、灵通庙、镇国观音寺等建筑，由海户蕃育獐、鹿、雉、兔，同时种植菜蔬瓜果以供内廷，成为京南一座著名的皇家禁苑。明代中后期，据史料所载，设“总督太监一员，关防一颗，提督太监四员，管理、佥书、掌司、监工数十员。分东、西、南、北四围，每面方四十里，总二十四铺，各有看守墙铺牌子、净军若干人。东安门外有菜厂一处，是其在京之外署也，职掌寿鹿、獐、兔，菜蔬、西瓜、果子。凡收选，内官于礼部大堂同钦差司礼监监官选中时，由部之后门到厂，过一宿次晨点入东安门赴内官监，又细选无违碍者，方给乌木牌。候收毕，请万寿山前拨散”④。

南苑面积广大，泉沼密布，草木丰茂，自然条件优越。在园内维护苑墙、饲养兽禽、种地种菜的值差人员，统称“海户”。清初吴伟业有《海户曲》追述南苑风景及海户生活：

大红门前逢海户，衣食年年守环堵。收藁腰镰拜啬夫，筑场贳酒从樵父。不知占籍始何年，家近龙池海眼穿。七十二泉长不竭，御沟春暖自涓涓。平畴如掌催东作，水田漠漠江南乐。驾鹅

① 《明英宗实录》卷190，正统八年十月壬午。

② 《明英宗实录》卷88（正统七年正月丁亥）、卷105（正统八年六月壬寅）、卷287（天顺二年二月丁未）。

③ 廖道南：《殿阁词林记》卷12。

④ 吕毖：《明宫史》。

鹔鹴满烟汀，不枉人呼飞放泊。后湖相望筑三山，两地神州咫尺间。遂使相如夸陆海，肯教王母笑桑田？

明成祖在京南设置上林苑，一方面是效仿历代王朝，将麋鹿圈养于皇家园林中，作为无上皇权的象征。同时也有寓武备于游猎之意，所谓“每猎，海户合围，纵骑士于中，亦所以训武也”[①]。明代帝王时率群臣游猎其中，尤其是面临外敌威胁之时，驾幸更为频繁。明初成祖常以北征为念，定都北京后，“岁猎以时，讲武也”，几乎每年都在南海子合围校猎、训练兵马。[②] “土木之变”后的英宗、武宗、穆宗，也常率文武百官出猎城南。其中仅英宗“驾幸南海子”，见于《明英宗实录》记载者前后即有十余次。[③] 尤其是天顺三年（1459），内阁学士李贤、彭时、吕原等人扈驾校猎，还获赐獐、鹿、雉、兔，以示激励。武宗亦好出猎，正德二年（1507）初，特命工部左侍郎吴洪等“提督修理上林苑海子行殿屋宇等处”[④]。陈沂的《幸南海子》称：

春旗出太液，夜骑入长杨。赤羽惊风落，雕弓抱月张。横驱视沙塞，纵发拟河湟。未寝征胡议，谁为谏猎章。

“长杨”为秦汉时期的行宫代称，“本秦旧宫，至汉修饰，以备行幸。宫中有垂杨数亩，因为宫名。门口射熊馆，秦汉游猎之所”。明代诗人遂以“长杨”为典，来拟兴同为帝王游猎之所的南苑。除此之外，明廷还设有御马苑，“在京城外郑村坝等处牧养御马，大小二十所，相距各三四里，皆缭以周垣。垣中有厩，垣外地甚平旷，自春至秋，百草繁茂。群马畜牧其间，生育蕃息，国家富强，实有赖

① 廖道南：《殿阁词林记》卷12。

② 刘侗、于奕正：《帝京景物略》卷3，北京古籍出版社1982年版，第134页。

③ 《明英宗实录》，正统十年十月丙午；天顺二年十月甲子、戊寅；天顺三年十月己未；天顺四年三月己卯、十月戊辰、闰十一月庚戌；天顺五年十一月壬戌、十二月乙亥。

④ 《明武宗实录》卷23，正德二年二月壬午。

焉”[1]。但隆庆二年（1568）春穆宗巡幸南苑时，却异常失望。史料载称：“先是，左右盛称海子，大学士徐阶等奏止，不听。驾至，榛莽沮洳，宫幄不治，上悔之，遽命还跸矣。”[2] 可见，此时的南苑已经开始衰败，这或也可视为明代后期武备不振的预兆。

尽管如此，南苑自然景观仍存，尤其是其今昔的对比，犹能激起后人的感慨与谈兴。其中“南苑秋风”（又称南囿秋风）为明代“燕京十景”之一。每至八月西风徐来，南苑秋水长天，万里晴云之下树碧果红，鹿走雉鸣，鸢飞鱼跃，别有一番野趣。大学士李东阳有《南苑秋风》一诗颂称：

> 别苑临城辇路开，天风昨夜起宫槐。秋随万马嘶空至，晓送千旌拂地来。落雁远惊云外浦，飞鹰欲下水边台。宸游睿藻年年事，况有长杨侍从才。

但张居正的《游南海子》，则忧患之情溢于言表：

> 芳郊秘苑五云中，犹识先皇御宿宫。碧树依微含雨露，朱甍窈窕郁烟虹。空山想见朱旗绕，阙道虚疑玉辇通。此日从臣俱寂寞，上林谁复叹才雄。

至明末清初的吴伟业，转眼间物是人非，更在《海户曲》中感慨：“一朝翦伐生荆杞，五柞长杨怅已矣。野火风吹蚂蚁坟，枯杨月落蛤蟆水。”诗中提及的“蚂蚁坟”，位于园内西北隅，为南苑一大异景，“岁清明日，蚁亿万集，叠而成丘。中一丘，高丈，旁三四丘，高各数尺，竟日而散去。今土人每清明节往群观之，曰蚂蚁坟。传是辽将伐金，全军没此，骨不归矣。魂无主者，故化为虫沙，感于节序，其有焉”。南苑西墙，又有“沙岗委蛇”之景，“岁岁增长，

---

① 李贤：《明一统志》卷7。

② 刘侗、于奕正：《帝京景物略》卷3，北京古籍出版社1982年版，第134—135页。

今高三四丈，长十数里矣。远色如银，近纹若波，土人曰沙龙"[①]。究其实，应是在南苑苑墙及浓密树木的阻挡之下，日积月累而形成的沙丘景观。这或也说明正是由于南苑自然条件较为优越，树木繁多，从而能较好地阻隔冬春之际西北风裹挟而来的沙尘。但到清末尤其是民国年间，南海子逐渐被侵占耕种，昔日的皇家园林迅速衰败。如今，南海子湿地公园、麋鹿苑、团河行宫三者构成京南的皇家园林文脉。

① 刘侗、于奕正：《帝京景物略》卷3，北京古籍出版社1982年版，第135页。

第四章　北京工业遗产与城市文脉传承

工业遗产是文化遗产的重要组成部分。一般而言，工业遗产是指具有历史、技术、社会、建筑、科学价值的工业文化遗存。包括工厂、车间、磨房、仓库等建筑物，矿山，相关加工冶炼场地，能源生产和传输及使用场所、交通设施，工业生产相关的社会活动场所，以及工艺流程、数据记录、企业档案等物质和非物质文化遗产。北京的工业遗产，如首都钢铁厂、北京焦化厂、798 工厂、京西煤矿、青龙桥火车站是物质工业遗产，琉璃烧制技艺、盛锡福皮帽制作技艺、内联升千层底布鞋制作技艺则属于非物质工业遗产。

工业遗产是一个城市的记忆，也是一种复杂的构成。如今，城市文脉延续已经成为城市复兴中不可或缺的重要部分。北京工业遗产保护与文化创意产业的结合会对城市形态产生深刻的影响。保护北京工业遗产的目的，就是留存北京城市的鲜活记忆，从而保护城市文脉。

第一节　北京工业遗产的历史发展

一　从工业考古到工业遗产

英国是世界上最早开始工业革命的国家，早期工业化遗址分布最广、最集中，因此工业考古学首先在英国得以兴起。1955 年，英国学者迈克尔·里克斯（Michael Rix）第一个提出“工业考古”一词。1959 年，英国考古理事会（Council for British Archaeology）设立了工业考古委员会。1963 年，开始了由英国考古理事会和英国公共建筑厂房部（Ministry of Public Buildings and Works）联合进行的工业遗址调查计划，并开始编目，即“国家工业遗址名录”（National Record of Industrial Monuments）。1964 年，《工业考古》杂志在英国诞生。

1973 年，在英国什罗普郡的铁桥峡谷，组织召开了第一届国际工业遗产专业论坛，工业遗产保护的对象从此开始由产业“纪念物”转向产业“遗产”。根据本次论坛的提议，国际工业遗产保护委员会（TICCIH）于 1978 年在瑞典成立，成为世界上第一个致力于促进工业遗产保护的国际性组织，同时也是国际古迹遗址理事会（ICOMOS）工业遗产问题的专门咨询机构。1986 年，英国铁桥峡谷被联合国教科文组织正式列入《世界文化遗产名录》，成为世界上第一个因工业而闻名的世界文化遗产，标志着国际社会对工业遗产的保护达成共识，工业遗产保护迅速波及所有经历过工业化的国家。

国际社会对工业遗产保护形成广泛共识则是在世纪之交。从 2001 年开始，国际古迹遗址理事会与联合国教科文组织合作举办了一系列以工业遗产保护为主题的科学研讨会，促使工业遗产能够在世界遗产名录中占有一席之地。

2003 年 7 月，在俄罗斯下塔吉尔（Nizhny Tagil）召开的国际工业遗产保护委员会第 12 届大会上，通过了国际工业遗产保护的纲领性文件——《关于工业遗产的下塔吉尔宪章》（The Nizhny Tagil Chapter for the Industrial Heritage）。宪章主要内容包括工业遗产的定义（Definition of Industrial Heritage），工业遗产的价值（Values of Industrial Heritage），工业遗产认定、记录和研究的重要性（The Importance of Identification，Recording and Research），立法保护（Legal Protection），维修与保护（Maintenance and Conservation），教育与培训（Education and Training），介绍与说明（Presentation and Interpretation）七项内容。宪章的发布标志着国际社会对工业遗产保护达成了普遍共识。

《关于工业遗产的下塔吉尔宪章》明确提出了“工业遗产”的概念。该宪章指出，工业遗产具有重大的文脉内涵，因为那些为工业活动而建造的建筑物和构筑物，其生产的过程与使用的生产工具，以及所在的城镇和景观，连同其他有形的或无形的现象，都具有基本的重大价值。宪章第一次肯定了工业遗产在文脉保护及传承中的重要作用，明确了工业遗产的重大人文历史价值。

国际古迹遗址理事会也于2005年10月在中国西安举行的第15届大会上做出决定，将2006年4月18日国际古迹遗址日的主题定为“保护工业遗产”。

二　北京工业遗产的发展

（一）北京工业发展与工业遗存

北京的工业发展，大致经历了两个大的历史时期：一是清末民国时期，为民族工业发展的初期阶段；二是新中国成立后到现在，为北京工业由大发展到逐步转型的历史时期。

1872年，在京西门头沟创立了以蒸汽动力为提升设备的通兴煤矿，这标志着北京近代工业的开始。1883年，清政府在京西三家店创办了神机营北京机器局，制造洋炮，投资白银百余万两，机器设备和原料均购于西欧。1901年，法国资本家在长辛店设立铁路工厂，修理机车车辆。1905年开设长辛店电器修缮工厂，修理铁路调度电话。1906年清政府在詹天佑的主持下修建京绥铁路，设立了南口铁路工厂。1907年清政府官僚在其开办的贻来牟机器面粉厂里附设了一个贻来牟铁工厂，修理面粉机、印刷机。

民国初期，北京的工业只有一些小型的玻璃厂、火柴厂，大工业、重工业基本无从谈起。1948年，北京市百人以上的工厂只有石景山钢铁厂、北平发电所、门头沟煤矿、长辛店铁路工厂及琉璃河水泥厂、面粉厂、火柴厂等几家。[①]

新中国成立初期，大工厂成为衡量现代化的一大标准。当时，在“要把首都建设成具有一定规模的现代化工业城市”的目标下，北京新建了大批工厂，如东郊棉纺织区，东北郊电子工业区，东南郊机械、化工区，西郊冶金、机械重工业区等。到1979年，北京重工业总产值的比例高达63.7%，居全国第二位，成为重工业占主导地位

---

①　首都博物馆文物资源调查征集部：《北京工业遗址掠影》，《前线》2008年第4期。

的城市。[①]

自20世纪70年代开始，北京工业进入了改革调整、结构转型的时期。改变以冶金化工等传统工业为主的局面，大力发展高新技术产业，积极发展环保、服装、食品、饮料等都市型产业。尤其是从20世纪90年代至今，北京逐步进行战略性的产业结构调整和城市功能的重新定位。工业不再作为城市扩张的动力，曾经支撑城市经济的几大工业基地正逐步衰落，并从城市中心区域向外围区域转移。从1979年到1988年，北京完成了5400个项目，260个工厂、车间、工序的关停。从1985年到1994年，搬迁了156个企业。“九五”期间，又搬出74家。[②]

随着北京焦化厂、首钢公司等一批老工厂的逐步搬迁，老北京的工业符号逐渐淡出了人们的视野。而这些工厂的历史遗迹，理应成为这座城市永远的记忆。

北京火柴厂，其前身是创建于清末的丹凤火柴公司。1905年，京师丹凤火柴有限公司获准设立，机器、原料从日本进口，技师也从日本聘请，产品试销后，于1906年正式开办。厂址选在崇文门外后池地段，占地30亩。1918年与天津华昌火柴公司合并，改名为丹华火柴股份有限公司，原丹凤、华昌两厂分别称为“京厂”、“津厂”。1928年后，北京改称北平，“京厂”也改称“平厂”。新中国成立后，丹华无力维持，先参与公股合营，后改为地方国营北京火柴厂。1951年，丹华火柴厂迁建至永定门外安乐林南里11号（现沙子口路76号）。1953年改称“北京火柴厂”。1956年，私营厚生火柴厂并入，北京火柴厂成为全市唯一生产火柴的厂家，是华北地区最大的一家火柴厂。1993年，北京火柴厂转产以后迁到通县次渠。到2002年，火柴厂的民用火柴已基本停产，每年只给一些宾馆饭店制作宣传性的广告火柴。如今，已经基本转产、停产。

北京二七机车厂，是生产铁路牵引动力内燃机车的专业生产厂，

① 张京成、王国华主编：《创意城市蓝皮书北京文化创意产业发展报告（2011）》，社会科学文献出版社2012年版，第230页。

② 首都博物馆文物资源调查征集部：《北京工业遗址掠影》，《前线》2008年第4期。

始建于1897年，坐落在西郊卢沟桥畔，也是举世闻名的京汉铁路工人“二七”大罢工的策源地之一。1896年，清政府任命盛宣怀督办筹建卢沟桥至湖北汉口的“卢汉铁路”。全路分几段修筑，其中卢沟桥至直隶保定为“卢保铁路”。翌年正式动工，同时在卢沟桥西侧建起一座“卢保铁路卢沟桥机车厂”，以作为机车、客车的组装和其他机器维修之用。1901年，法国与比利时达成协议，由法、比两国共同修筑和经营京汉铁路。将原卢汉铁路卢沟桥机厂迁至长辛店，改名为“京汉铁路长辛店机车厂”，承担京汉全路的机车和客货车辆的维修任务。新中国成立后，为纪念1923年的“二七惨案”，故将该厂命名为“北京二七机车厂”。1958年，生产出我国第一台蒸汽机车，不久，又生产出第一台内燃机车，从此，结束了该厂只能修车不能造车的历史。20世纪70年代初，开始制造北京型系列液力机车。80年代初，改厂分成二七机车工厂和二七车辆工厂两个工厂。

北京焦化厂，坐落在北京东郊垡头，始建于1958年，1959年投入生产，主要生产焦炭（主要供给钢）、煤气和化工副产品。在近50年的发展历程中，北京焦化厂使用我国自主研制的第一台炼焦炉推出了第一炉焦炭，并第一次将人工煤气通过管道输送到市区，“三大一海”（大会堂、大使馆、大饭店、中南海）等重要单位成为了第一批煤气用户，开创了北京燃气化建设的历史。进入21世纪，伴随着北京申奥成功，天然气进京以及城市建设的快速发展，焦化厂所处的地理位置和生产状况已不符合首都城市建设尤其是环境保护的要求。根据《北京城市总体规划》，在限制、转移及限期淘汰符合首都经济发展要求的12个行业中，焦化厂从事的炼焦业、煤气生产业、化学原料及化学制品制造业就占了其中3个。2006年北京市政府批准了《北京炼焦化学厂停产搬迁转型工作总体方案》，焦化厂于2006年7月16日全面停产，并在河北唐山另行选址建设新厂。其厂址已作为工业遗址的开发项目予以改造利用。

首都钢铁厂，始建于1919年，其前身为石景山炼铁厂。1937年被日军侵占，改名为石景山制铁所。1946年改名为石景山钢铁厂。新中国成立前30年累计产铁28.6万吨。1958年，改称石景山钢铁公司，当年建起了我国第一座侧吹转炉，结束了首钢“有铁无钢”的历史。1964 年，建成了我国第一座 30 吨氧气顶吹转炉，揭开了我国炼钢生产新的一页。1967 年石景山钢铁公司改称首都钢铁公司。1978 年钢产量达到 179 万吨，成为全国十大钢铁企业之一。1994 年，钢产量达到 824 万吨，位居当年全国第一。2004 年首钢集团实现利润 12.47 亿元，销售收入 619 亿元。根据北京市发展规划，2005 年 2 月 18 日，经国务院批准，首钢将搬迁到河北唐山曹妃甸。首钢于 2007 年底压产 400 万吨。2010 年在北京市区全部停产，完成搬迁。

具有百年历史的首钢拥有大量陈旧设备：民国段祺瑞时期的厂房、德国克虏伯制造的轧钢机、1958 年兴建的高炉以及引进的先进钢铁冶炼、加工设备等；首钢的西门下是金口河古河道流经之地；一号净水池边有山下村的老柳树；二号供水车间是民国北京政府时期修建的水池；石景山上建有清代碧霞元君庙、元君殿、古井、望京阁等，庙里立有明清修庙碑。在石景山的半山腰上，留下了两排 20 世纪 20 年代段祺瑞执政时期（1924—1926）的虎皮石宿舍及 1948 年修的碉堡，这些都是不可再生的文物。①

北京近百年来的工业化进程为古都城市发展留下了众多工业遗存，这些遗存的特点是建筑规模大、工程复杂、物质与非物质遗产的属性鲜明。作为人类工业活动的实物载体，作为北京地区特有的历史发展脉络，工业遗存在北京发展史上的价值已被人们逐渐认知。

（二）北京工业遗产保护的提出

进入 21 世纪，国家从文化遗产保护的角度重视工业遗产保护。为了落实《国务院关于加强文化遗产保护的通知》，2006 年 4 月 17 日，以“重视并保护工业遗产”为主题的中国工业遗产保护论坛在江苏无锡开幕。在这次由官方主办的论坛上，工业遗产保护概念被明确提出。4 月 18 日，会议通过了《无锡建议——注重经济高速发展时期的工业遗产保护》（以下简称“无锡建议”），“无锡建议”对工业

① 张燕：《北京工业遗址调查》，见北京联合大学编著《北京学研究文集 2006》，同心出版社 2007 年版，第 198 页。

遗产进行了定义，即“具有历史学、社会学、建筑学和科技、审美价值的工业文化遗存”。工业遗产具有历史价值、美学价值、精神价值、教育价值和经济价值。这一定义明确了工业遗产保护与经济、文化建设和可持续发展的密切关系。

2006 年 5 月，国家文物局下发了《关于加强工业遗产保护的通知》，指出“工业遗产保护是我国文化遗产保护事业中具有重要性和紧迫性的新课题”，要求各级文物保护部门推动工业遗产保护工作。

“无锡建议”推动了北京以本地区的特点为基础，进行工业遗产的保护与利用。

20 世纪 90 年代，北京已将财政部印刷厂旧址（现北京印钞厂，位于白纸坊）、平绥西直门车站旧址（位于北京北站）、京奉铁路正阳门东车站旧址（位于前门东）等部分工业遗迹列入文物保护单位给予保护，但这些保护仅限于遗址保护或内部改造成博物馆，还没有进入今天意义上的保护与利用。

北京从 2006 年开始，工业企业搬迁和工业用地更新进入高峰期，在专家学者和公众、社会媒体的共同呼吁下，开始对首钢、798、北京焦化厂等工业遗产进行调查和规划研究。结合工业促进局和规划委的研究课题，对北京重点工业遗产进行了普查，形成了一套调查和研究的方法。

2007 年，北京市文物局与有关委办局，结合第三次全国文物普查，对北京的工业遗产开展系统调研。调研涉及了京张铁路、首钢、北京焦化厂、京西门头沟煤矿、长辛店二七机车车辆厂、北京第二棉纺织厂、北京化工厂等，初步了解了上述遗产的保存现状、历史沿革、保护价值等基本信息，为今后的保护工作提供了基础数据。

文物局等主管部门对工业遗存开展系统调研，不仅摸清了北京工业遗产的家底，更为重要的是为制定保护利用方案提供了依据，为列入保护规划提供了法规保证。

在对工业遗存开展调研的同时，北京陆续出台工业遗产保护利用的相关政策。为贯彻落实建设部颁布的《关于加强对城市优秀近现代建筑规划保护的指导意见》（建规〔2004〕36 号），2007 年北京市规划委、北京市文物局联合公布《北京市优秀近现代建筑保护名录（第一批）》，其中，工业建筑遗产包括北京自来水公司近现代建筑群（原京师自来水股份有限公司）、北京铁路局基建工程队职工住宅（原平绥铁路清华园站）、双合盛五星啤酒联合公司设备塔、首钢厂史展览馆及碉堡、798 近现代建筑群（原 798 工厂）、北京焦化厂（1#、2#焦炉及 1#煤塔）共 6 项，23 栋，占全部 71 项的 8.45%，占总栋数 190 栋的 12.1%。[①]

2007 年，北京市工业促进局、北京市规划委、北京市文物局又联合发布了《北京市保护利用工业资源，发展文化创意产业指导意见》。2008 年发布了《北京市关于推进工业旅游发展的指导意见》，将工业遗产开发和工业旅游开展工作放在了突出位置。2009 年，为将《北京市保护利用工业资源，发展文化创意产业指导意见》落到实处，推进、实现工业遗产的保护与再利用工作的规范化，市工业促进局、市规划委、市文物局联合再次制定发布了《北京市工业遗产保护与再利用工作导则》。至此，北京的工业遗产保护在有序地进行中。

北京市较早进行了工业遗产的清查、摸底和保护性再利用工作，筛选出一批保护相对完好的厂房和能够进行改造、开发的工业遗产资源。这些遗产资源涉及工业分类包括纺织类、机械类、电子设备制造类、生物科学类、传统工艺类等。涉及厂区包括北京首钢工业区、京棉二厂、北京料器制造厂等工业遗产项目。遗留的厂房建筑风格独特、造型各异、工业气息浓郁，具有进行综合改造和优化利用的空间。

在北京工业遗产再利用的案例中，除了少部分完成了高新技术园区的变身外，大部分工业遗留资源选择联手文化创意产业，利用现有用地及厂房资源优势，建设文化创意产业园。这样一方面可以保护工业文化遗产，延续城市历史记忆；另一方面也能实现企业的产业升

---

① 金磊等：《中国建筑文化遗产年度报告（2002—2012）》，天津大学出版社 2013 年版，第 481 页。

级，发展文化创意产业，获得长期收益。

截至2010年底，经北京市认定的市级文化创意产业集聚区已达30个，其中由工业遗产厂房改造的集聚区就有5个，它们分别是北京798艺术区、北京时尚设计广场、中国动漫游戏城、惠通时代广场以及北京音乐创意产业园。覆盖了北京市创意产业八大重点行业。此外，尚8国际文化产业园、竞园、1919音乐文化产业基地、国棉文化创意产业园、天宁寺文化创意园区等也都是利用工业遗产发展文化创意产业的典型代表。①

第二节　北京工业遗产的开发利用

一　北京工业遗产开发利用的条件及现状

北京的工业遗产记录了工业时代北京的社会经济生活、工业技术发展水平和审美价值观。因此，随着首都城市建设的发展，工业的生产制造环节退出城区，现存的工业建筑、设施已经成为印证城市发展的历史文化符号，我们应当像对待传统文物那样对待工业遗产，认识到工业建筑和规划设计表现出来的时代特征及其蕴含的丰富价值。此外，在界定工业遗产的价值时，要注意从物质和人文两个维度出发，既要从建筑独特性上认定，也要注重其历史价值与文化内涵。

（一）北京工业遗产的多重价值

从工业遗产的物质角度来讲，北京工业厂房建筑各具特色。新中国成立前的欧式和日式工业建筑，20世纪50年代的苏式及东欧式厂房建筑，60年代的中国干打垒、火柴盒式建筑。如798工业区建筑采用了当时世界上最先进的建筑工艺和包豪斯风格，已成为不可多得的现代工业建筑珍品。还有各种不同生产工艺的工业装备，如首钢的高炉、燕山石化的炼塔等，都有独特的建筑价值，能带给人视觉上的震撼。

---

①　张京成、王国华主编：《创意城市蓝皮书北京文化创意产业发展报告（2011）》，社会科学文献出版社2012年版，第235—236页。

就人文和历史价值来说，北京工业在其发展过程中，积累了深厚的人文内涵，集中体现了中国工业发展的光辉历程。例如：北京长辛店铁路工厂曾是著名的“二七”大罢工的发源地之一，留下了毛泽东、刘少奇等革命领袖的足迹；东郊工业区铭刻着几代北京工人追赶世界工业先进水平的奋斗历程；首钢是记录中国经济体制改革的一个缩影；燕山石化是中国石化工业崛起的一个标志，留下了中国几代领导人和国外政坛要人的足迹。要充分认识这些人文资源的价值，有效地保护和利用遗留下来的工业资源，将有利于传承北京工业发展的历史，并丰富北京城市的历史文化积淀。

（二）北京工业遗产开发利用的特点

通过分析北京工业遗产不可替代的价值，可以得出北京市工业遗产具有以下特点：

其一，遗产资源地位重要。北京工业遗产在全国工业发展历程中占据一定地位，是北京城市文化品牌的重要组成部分。始建于1919年的首钢，拥有我国第一座侧吹转炉，第一座30吨氧气顶吹转炉，在我国最早采用高炉喷吹煤技术。20世纪70年代末，首钢二号高炉成为当时我国最先进的高炉，首钢产钢量多次位居全国第一。2010年，为了适应北京创新型城市发展的需要，拥有91年历史的首钢工业区全面停产，但是宽阔的厂区和标志性工业建筑为发展文化创意产业创造了得天独厚的优势。未来，首钢老厂区将成为现代金融、商务服务、文化创意产业的集合区。

其二，遗产资源可再利用程度高。北京工业遗产资源丰富，大部分保存完好，具有重新开发的价值，便于再利用。751北京时尚设计广场的前身是北京正东煤气厂，2003年煤气厂正式退出历史舞台。为了有效再利用闲置的工业资源，企业保留了工业设施和独有的工业环境，将其改造成现在的751广场。记载着焦炉时代和裂解时代煤气生产的煤气储罐、空中廊桥、老炉区等设施经改造后，开始肩负大量时尚创意、展演展示工作，成为开展大型文化创意活动的重要场所。

其三，遗产资源分布相对集中，便于产业集聚。北京大部分工业遗产分布相对集中，如首钢工业区、朝阳718大院、垡头老工业基地等，有利于产业集聚，是北京建设创新城市规划不可或缺的重要因素。

二 北京工业遗产开发利用的模式

工业遗产往往凝聚了一个城市的近代优秀文化历史资源，为发展文化创意产业提供了得天独厚的空间，北京作为我国工业遗产保护和开发利用成果较多的城市，其利用工业遗产发展文化创意产业的模式也不尽相同，如建立现代艺术或创意产业园区模式、主题博物馆与企业博物馆模式、工业遗址公园模式等。这些模式都在不同程度上借鉴了国际工业遗产保护与开发的经验，并且探索出了一些适合北京工业遗产保护与开发的独特做法。

（一）现代艺术或创意产业园区模式

这种模式是将大量空间高大且租金低廉的厂房，打造成吸引艺术家入驻或用来工作的场所。工业遗产地仍保留着工业区的风貌，最明显的工业符号如砖石墙体、钢铁、机械等，通过多样化的现代改建手法，使得改造后的空间流畅而丰富，使其充满历史感的工业风味与活跃的现代艺术氛围浑然一体。改造后的文化创业产业园迅速走入普通百姓的日常生活，为大众所推崇，成为时代精神的代表。代表性园区有北京 798 艺术区、751 广场、竞园、北京音乐创意产业园和中国动漫游戏城。

798 艺术区位于北京东北方向的大山子地区，其前身是新中国“一五”期间建设的“北京华北无线电联合器材厂”，即 718 联合厂。该联合厂由 798 等数个工厂组成，建于 1951 年，1957 年竣工投产。该联合厂是由苏联援建、民主德国负责设计施工的，总建筑面积 23 万平方米。厂区的大部分建筑是典型的德国包豪斯建筑风格，它采用现浇混凝土拱形结构，大部分厂房呈现倒“W”形，在厂房尖顶北面安装大玻璃窗，而当时一般建筑物的窗户都朝南，这种北面安装大玻璃窗的设计可以充分利用天光和反射光，这就保持了室内光线的均匀和稳定，从视觉感受来看，恒定的光线又可以产生一种不可言喻的美感。

1964年4月，撤销718联合厂建制，成立部直属的706厂、707厂、718厂、797厂、798厂及751厂。2001年，这6个厂与华融资产公司（控股）联合组成七星华电集团，统一管理这片区域。

由于受包豪斯建筑风格、幽静的厂区环境和便利的交通条件等因素吸引，从2001年开始，不同风格的艺术家和文化机构纷至沓来，目前入驻艺术区的文化机构已达400家左右，涉及绘画、雕塑、设计、摄影、时装、餐饮等多种行业，创作、展示、交易链条相对完整，今后艺术区将以文化艺术、传媒、设计与咨询、版权服务四大重点产业的发展，建设新北京当代艺术的文化地标。798艺术区作为北京市和朝阳区的首批文化创意产业集聚区，正日益成为新北京的文化地标，越来越具有更为广泛的国际影响力。[①]

2003年，北京798艺术区被美国《时代》周刊评为全球最有文化标志性的22个城市的艺术中心之一。同年，北京又入选《新闻周刊》年度十二大世界城市，公布的入选理由之一是：798艺术区把一个废旧厂区变成了时尚社区。

798艺术区的原751厂区，现已成为时尚创意广场。它的一条钢板搭建的空中走廊，至少有500米长，咖红色的走廊与“奥迪”、“大众”时尚设计馆浑然一体。走在廊上，往北可以一览798艺术区，往南可以近观751时尚创意广场各家机构。而空中走廊底下则是几条长长的输送管道，原来钢板搭建的空中走廊是为了遮盖露天的输送管道。

751老炉区内静静矗立着四根大烟囱，它们与背后的裂解炉、管道纠结成一体，构成一组雄浑有力的工业雕塑。老炉区建于20世纪70年代，这里记载着煤气生产的焦炉时代、裂解时代。751厂区的7000立方米煤气储气罐直径为24米，这是北京市煤气生产历史上第一座低压湿式螺旋式大型煤气储罐，始建于1979年。在北京，类似这样的大罐共有7座，现存的仅有北京751时尚设计广场的这两座。

---

① 姚林青主编：《文化创意产业集聚与发展北京地区研究报告》，中国传媒大学出版社2013年版，第281页。

大罐已被改造成巨大的圆形会场，其钢铁内壁经特殊处理后，依然保留着铁锈的颜色，工业的气息弥散于整个空间。如今，这里已经成为开展服装发布、汽车设计展示等多种时尚活动的场所。

将751闲置厂房、煤气大储罐等经过巧妙利用后，成为新的建筑艺术品。这就开拓了一条在保留历史文脉与创新发展之间、实用与审美之间进行完美融合的道路。

竞园紧邻中央商务区，位于广渠路3号，占地面积10万平方米，建筑面积6万平方米。原址为拥有50余年历史的棉麻仓库，改造中采用“天人合一”的中国传统理念设计，并融入多种现代元素，使饱含大工业时代历史人文气息的老库房，焕发出后工业时代的青春活力，形成京城稀缺的现代文化创意产业办公空间。

自2007年变身成为文化创意产业园区后，这里吸纳了摄影、传媒、广告、演艺等方面的多个知名机构入驻，集聚了大量国内外先锋摄影师及艺术家，建立了多个具有浓郁时尚气息且风格迥异的创意工作室。园区内有数十家专业影棚，来自传媒界与广告圈的众多创意人士，穿梭往来的摩登模特与时尚明星，使竞园逐渐成为北京新的时尚地标。独特的定位优势使竞园具有极强的核心竞争力。

北京音乐创意产业园位于朝阳区广渠路1号，是原北京一商储运中心，占地面积约40万平方米，规划建筑面积52万平方米。北京音乐创意产业园区，为北京市政府“十二五”时期重点发展和扶持的项目。园区规划建设音乐主题公园和音乐创作制作区、展示交易发行区、主题酒吧餐饮区、教育培训区、生活配套办公区五大功能区。全面建成运营后，预计年产值达100亿元以上，打造首都“十二五”时期音乐产业的核心区。按照规划，北京音乐创意产业园将成为一个集“文化性、民族性、创新性、实验性”于一体的国际音乐创意产业园。①

中国动漫游戏城，位于北京市石景山区首钢二通厂区内。规划建

① 姚林青主编：《文化创意产业集聚与发展北京地区研究报告》，中国传媒大学出版社2013年版，第239页。

筑面积为120万平方米。其中老厂的中部和北部，有约20公顷的面积作为工业特色建筑集中保留区域，老厂房、老机车等将作为工业遗产予以保留，以作为动漫产业核心功能区服务相关企业，保留、改造、加建后建设规模预计可达到35万平方米。园区于2009年10月14日正式启动，是由文化部和北京市共同建设和扶持的国家重大文化创意产业项目。园区内分主题公园、流通贸易区、产学研孵化区、公共商务服务区、数字化办公区和酒店、住宅及生活配套六大功能区。未来，这里将成为服务、引导、促进中国动漫游戏产业发展的核心产业园区。

（二）主题博物馆与企业博物馆模式

主题博物馆模式，是指博物馆的展示内容主题明确、专一，一般只是某一领域或某一专题性的内容。适宜进行主题博物馆改造的工业建筑遗产（主要是旧厂房）的条件主要有：保存完好，体量较大，适合做必要的改造；工厂历史悠久，可移动工业遗产和非物质工业遗产较为丰富；能够较好地反映某个地区、某个时期和某个行业的工业技术发展史，具有典型性和重要地位；工业生产线具有独特性和趣味性，展示的内容能够吸引参观者。代表性的主题博物馆是首钢工业区。

首钢工业区占地8.56平方公里，主要定位于北京西部的综合服务中心、中国钢铁工业改造转型的典范，未来将重点发展工业研发设计、文化传媒、工业教育培训、工业博览旅游、生产性服务、综合服务6个产业。工业区划分为工业主题公园区、文化创意产业区、行政中心区、综合服务中心区、滨河生态休闲区、总部经济区、综合配套区7个功能区。即将建设的首钢博物馆和中国冶铁历史博物馆则会部分保留老首钢的“原汁原味”，突出工业遗产的历史资料性及场景体验，赋予其展示、科教功能，见证北京近百年的冶金工业史。首钢博物馆将主要展示首钢的历史，并通过包括采矿、烧结、焦化、炼铁、炼钢、轧钢一整套炼钢流程的仿真模型，让人们清晰地领略到“钢铁是怎样炼成的”。而中国冶铁历史博物馆则会是我国冶金行业首家博物馆，其中最具看点的是昔日首钢的几座高炉也将成为博物馆的一部分。此外，一系列展览、演出等也会借助首钢的工业元素在这里展开。

首钢旧址保护与利用的规划借鉴了德国鲁尔钢铁城的改造经验。鲁尔钢铁城曾经是一个以经营煤炭和钢铁为基础的重工业区，是当时世界上规模最大的工业区之一。1968 年，德国开始对这里进行改造，调整产业结构，扶持高科技产业，并且对矿区生态环境进行恢复建设。改造后的鲁尔风景优美，拥有 5 座大型公园，旧工厂成了展览馆，被淘汰的设备变成了攀岩、潜水训练基地。鲁尔钢铁城改造成遗址公园，使得德国成功地开发了一条“工业遗产旅游之路”。“他山之石，可以攻玉”，借鉴国外成熟的理念、先进的经验，首钢的保护利用方案将比较完善。

企业博物馆是博物馆模式工业科普旅游产品中最常见、数量最多的一种类型，它以企业为主体，以企业自身的发展历史、生产技术、系列产品为主要内容，通过不同的形式和手段来进行科普旅游，并作为宣传企业和产品的窗口。代表性的企业博物馆有龙徽葡萄酒博物馆。

由北京百年葡萄酒老企业北京龙徽酿酒有限公司投资建设的北京首家葡萄酒博物馆——龙徽葡萄酒博物馆，坐落在龙徽公司拥有近百年历史的地下酒窖上，是北京市唯一一家讲述北京葡萄酒产业百年文化及历史发展的博物馆，已成为北京葡萄酒产业百年发展史的记录和见证。透过这座典型的轻工业博物馆，参观者可以了解到北京地区葡萄酒文化和葡萄酒产业的百年发展历程，甚至可以从中看到京城老百姓饮酒习惯的变化。它不仅是企业推广葡萄酒文化、传播葡萄酒知识的场所，也为北京市民增加了一个休闲旅游的文化场所。[①]

（三）工业遗址公园模式

工业遗产保护区可以作为以工业文明为主题的城市公园，将工业遗产转化为城市休憩开敞空间。还可以在其中加入适当的公共文化设

---

① 张京成、王国华主编：《创意城市蓝皮书北京文化创意产业发展报告（2011）》，社会科学文献出版社 2012 年版，第 237—238 页。

施，丰富其功能内涵。正在规划建设的北京焦化厂工业遗址公园为其代表。

位于朝阳区化工路、东南五环五方桥西北角的北京焦化厂，自1959年建成第一座焦炉并投入生产以来，一直是首都的能源产业基地。由于北京奥运会环境改善的需要，北京焦化厂从2002年开始进入了减产期。2006年7月15日，北京焦化厂在运行了47年后焦炉区熄火，精苯分厂、制气等主要生产区停产。150万平方米的厂区除了两座20世纪70年代的办公楼被爆破外，其余工业设施均保存完好，其中包括厂区周围的烟囱、传送带以及蒸馏塔、苯气罐等各类巨型化工设备等，极具老工业厂房特色。为了让更多的人了解北京的工业历史，停产后的焦化厂原址并没有被拆除，而是作为一处城市工业遗址得到保存。按照有关部门规划，北京焦化厂工业遗址保护区力求在完整保留原有工业风貌的前提下转化功能，成为为公众服务的城市休憩开敞空间。同时通过对公园内的特色鲜明的工业建筑物进行改造和再利用，植入新的功能和产业，使其成为都市文化创意生活的载体。遗址公园的设计强调保护优先，对于特色最鲜明的炼焦区、煤气精制区及二制气进行完整保护。保持原有建筑架空的形态，地面层向公众免费开放。突出工业风貌特征，同时充分挖掘工业建筑的价值，进行合理高效的再利用。根据各个建筑的特点植入新功能，如博览展示、文化艺术，创意空间等，形成公园的主体。对公园范围内的铁路、皮带运输通廊和架空管线进行保留，改造成一个完整的步行系统，将公园的各个部分连接起来，形成整体。结合主要生产工艺流程，形成煤之路、焦之路、气之路和化工之路四条特色游览线路，将公园内的各种建筑和游乐设施连接起来，并向城市建设区延伸，使公园融入城市。

除了上述三种利用工业遗产发展文化创意产业的模式之外，北京还在探索借鉴国际上的其他利用模式，如将工业遗产地区改造成旅游度假地、主题公园等。总体来说，北京保护和利用工业遗产发展文化创意产业的成果比较显著，既盘活了遗留工业资源，又为发展文化创意产业提供了空间和载体。但照目前的情况看，仍旧存在一些问题。

主要是规划周期长，改造项目迟迟不能落地。如首钢二通厂中国动漫游戏城的厂区建设改造工作长期滞后，直到2011年6月才开始全面动工。

总之，开发利用工业遗产延续了工业遗产地遗存的生命，促其枯木逢春。无论是哪一种开发模式，绝不是要单纯地保护或复制、再现工业遗产地，而是要赋予那些工业气息笼罩下的旧机体以新意与活力，这样才能既取得意想中的经济收益，又取得潜在的社会收益。在创新城市的过程中创造城市，把发展文化创意产业与推进产业结构和消费结构转型升级结合起来，把发展文化创意产业与旧城改造和保护历史工业遗产结合起来，让每一栋建筑、每一条街道乃至整个城市都能成为一件艺术品、一件文化产品。[①]

第三节　北京非物质工业遗产的保护与利用

除了上面探讨的物质工业遗产外，非物质工业遗产也是北京工业遗产的重要内容。目前，北京非物质工业遗产主要在非物质文化遗产领域得到保护。如果以《关于工业遗产的下塔吉尔宪章》对工业遗产的界定作为鉴定标准，凡是与传统手工技艺、工艺、技术相关的项目均可界定为工业遗产。北京非物质工业遗产主要分布在传统音乐、传统美术、传统技艺、传统医药四部分。其中，集中分布在传统技艺与传统美术两类。

一　北京非物质工业遗产的发展

传统工艺是北京的一个重要文化标记，自元代以降，北京以其特殊的政治、文化地位，会聚了来自全国的能工巧匠，逐渐成为近现代诸多工艺美术品类的汇集与繁盛之地。形成了百余个品类、上万个花色的规模，包括象牙雕刻、玉雕、花丝镶嵌、雕漆、金漆镶嵌、景泰

① 张京成、王国华主编：《创意城市蓝皮书北京文化创意产业发展报告（2011）》，社会科学文献出版社2012年版，第233—240页。

蓝、木雕、刺绣、地毯、绢花、料器、陶瓷、铜器、绒鸟、宫灯等。在各种工艺品类中，又以“燕京八绝”（玉雕、景泰蓝、雕漆、象牙雕刻、金漆镶嵌、花丝镶嵌、宫毯、京绣）传统工艺著称，成为北京工艺美术的代表。

由于战乱纷扰，1937 年以后，从事北京传统工艺的人数大幅缩减，从 15 万人减少到不足千人。1949 年新中国成立后，北京市政府及社会各界对北京传统工艺的发展给予高度关注，采取多种措施进行保护和挽救，使北京传统工艺在很短的时间内便得以恢复，并获得了广阔的发展空间。

传统工艺之于北京有着特殊的意义。一方面，传统工艺是记录和保持北京文化和中国传统文化的一种重要手段，在文化的延续、保存与发展上占有特殊地位，发挥着极为重要的文化传承、文化表征的作用。北京传统工艺在对外文化交流、沟通国际友谊等方面发挥着特殊作用。另一方面，传统工艺形成规模化产业并以其产品带来巨大经济价值，通过出口创汇为北京市经济建设提供支持。①

20 世纪 60 年代，北京传统工艺美术产业快速发展，大量工艺美术产品出口创汇；80—90 年代，由于市场需求受到冲击，产业整体经历调整期，37 家工美集团下属企业下放到区县，100 多位大师转行或自谋生路。②

20 世纪中后期的北京，在农业手工业文明向现代化工业文明转型的潮流中，传统工艺产业面临严峻的挑战，呈现整体性的衰落趋势。与此同时，许多传统工艺发生了蜕变，在传承原生形态的某些风貌或品味的同时，顺应了现代化环境下的市场需求，20 世纪 90 年代末，北京传统工艺产业经历了 1949 年之后最为重大的一次转变，在经过拆分、调整、重组后，形成了新型产业格局。从 1999 年到 2008 年，经过充分市场化，逐步趋向稳定发展。

---

① 吴南：《北京传统工艺产业人力资源发展研究》，博士学位论文，中国艺术研究院，2010 年。

② 沈维娜：《北京传统工艺美术产业存在问题及对策研究》，《青年文学家》2013 年第 15 期。

21世纪初，非物质文化遗产保护涉及的范围扩展，北京传统工艺的代表性专业门类相继被纳入保护范畴。随着非物质文化遗产逐渐为中国人所熟悉，北京传统工艺作为物质文化与非物质文化再次进入社会大众的视野。从2006年到2014年，北京传统工艺中的象牙雕刻、景泰蓝、雕漆、料器、盛锡福皮帽、京绣、一得阁墨汁等30余项先后获准成为国家级非物质文化遗产代表性项目，见下表。

北京市国家级非物质文化遗产（传统美术与技艺）代表性项目名录

序号	项目名称	申报地区或单位
1	象牙雕刻	北京市崇文区
2	景泰蓝制作技艺	北京市崇文区
3	聚元号弓箭制作技艺	北京市朝阳区
4	雕漆技艺	北京市崇文区
5	木版水印技艺	北京市荣宝斋
6	北京面人郎	北京市海淀区
7	北京玉雕	北京市玉器厂
8	北京绢花	北京市崇文区
9	北京料器	北京京城百工坊艺术品有限公司
10	传统插花	北京林业大学
11	琉璃烧制技艺	北京市门头沟区
12	北京宫毯织造技艺	北京市
13	盛锡福皮帽制作技艺	北京市东城区
14	内联升千层底布鞋制作技艺	北京市
15	花丝镶嵌制作技艺	北京市通州区
16	金漆镶嵌髹饰技艺	北京市
17	装裱修复技艺	北京市荣宝斋
18	蒸馏酒传统酿造技艺 （北京二锅头酒传统酿造技艺）	北京红星股份有限公司 北京顺鑫农业股份有限公司
19	配制酒传统酿造技艺 （菊花白酒传统酿造技艺）	北京仁和酒业有限责任公司

续表

序号	项目名称	申报地区或单位
20	花茶制作技艺 （张一元茉莉花茶制作技艺）	北京张一元茶叶有限责任公司
21	腐乳酿造技艺 （王致和腐乳酿造技艺）	北京市海淀区
22	酱菜制作技艺 （六必居酱菜制作技艺）	北京六必居食品有限公司
23	烤鸭技艺（全聚德挂炉烤鸭技艺、便宜坊焖炉烤鸭技艺）	北京市全聚德（集团）股份有限公司、北京便宜坊烤鸭集团有限公司
24	牛羊肉烹制技艺（东来顺涮羊肉制作技艺、鸿宾楼全羊席制作技艺、月盛斋酱烧牛羊肉制作技艺、北京烤肉制作技艺）	北京市东来顺集团有限责任公司、北京市鸿宾楼餐饮有限责任公司、北京月盛斋清真食品有限公司、北京市聚德华天控股有限公司
25	天福号酱肘子制作技艺	北京天福号食品有限公司
26	都一处烧麦制作技艺	北京便宜坊烤鸭集团有限公司
27	官式古建筑营造技艺（北京故宫）	故宫博物院
28	青铜器修复及复制技艺	故宫博物院
29	仿膳（清廷御膳）制作技艺	北京市西城区
30	北京四合院传统营造技艺	中国艺术研究院
31	京绣	北京市房山区
32	古代钟表修复技艺	故宫博物院
33	传统香制作技艺（药香制作技艺）	北京市西城区
34	一得阁墨汁制作技艺	北京市西城区

说明：此表依据中华人民共和国国务院先后于2006年、2008年、2011年、2014年公布的四批国家级非物质文化遗产代表性项目名录编制。

从2006年到2014年，北京传统工艺中的象牙雕刻、景泰蓝、雕漆、料器、二锅头酒、内联升手工布鞋、金漆镶嵌、花丝镶嵌、戏装、宫毯、内画鼻烟壶、京绣、木雕等100多项先后获准成为北京市级非物质文化遗产代表性项目，见下表。

北京市级非物质文化遗产（传统美术与技艺）代表性项目名录

序号	项目名称	申报地区或单位
1	北京牙雕工艺	北京市崇文区文化委员会
2	曹氏风筝工艺	北京市海淀区文化委员会、北京市海淀区文化馆
3	北京玉器工艺	北京玉器厂、京城百工坊
4	景泰蓝制作技艺	北京市崇文区文化委员会
5	聚元号弓箭制作技艺	北京市朝阳区文化委员会、北京市朝阳区文化馆
6	荣宝斋木版水印技艺	北京市荣宝斋
7	北京雕漆工艺	北京市崇文区文化委员会、北京市怀柔区文化委员会
8	全聚德挂炉烤鸭技艺	北京市全聚德（集团）股份有限公司
9	北京便宜坊焖炉烤鸭技艺	北京便宜坊烤鸭集团有限公司
10	宝刀衡制作工艺	北京市东城区文化馆
11	绒布唐工艺	北京市东城区文化馆
12	京派内画鼻烟壶	北京市长城美术品厂
13	北京宫灯	北京市美术红灯厂有限责任公司
14	北京灯彩	北京鑫瑞祥通文化发展有限公司
15	北京“面人郎”面塑	北京市海淀区文化馆
16	北京“面人汤”面塑	北京市通州区档案馆、北京市通州区文化馆
17	北京传统插花艺术	北京插花艺术研究会、北京林业大学
18	北京料器	北京京城百工坊艺术品有限公司
19	“葡萄常”料器葡萄	北京市崇文区东花市街道文化服务中心
20	“泥人张”彩塑（北京市）	北京京城百工坊艺术品有限公司
21	北京绢花工艺	北京市崇文区东花市街道文化服务中心
22	东来顺饮食文化	北京东来顺集团有限责任公司
23	天福号酱肘子制作技艺	北京天福号食品有限公司
24	鸿宾楼全羊席制作技艺	北京鸿宾楼餐饮有限责任公司
25	北京烤肉制作技艺	聚德华天控股有限公司北京聚德华天烤肉宛饭庄
26	壹条龙清真涮羊肉技艺	北京便宜坊烤鸭集团有限公司

续表

序号	项目名称	申报地区或单位
27	“厨子舍”清真菜民间宴席制作技艺	北京市崇文区崇文门外街道办事处
28	月盛斋酱烧牛羊肉制作技艺	北京月盛斋清真食品有限公司
29	都一处烧麦制作技艺	北京便宜坊烤鸭集团有限公司
30	六必居酱菜制作技艺	北京六必居食品有限公司
31	王致和腐乳酿造技艺	北京王致和食品集团有限公司王致和食品厂
32	张一元茉莉花茶窨制工艺	北京市张一元茶叶有限责任公司
33	北京二锅头酒酿制技艺	北京红星股份有限公司
34	牛栏山二锅头传统酿制技艺	北京顺鑫农业股份有限公司牛栏山酒厂
35	“菊花白”酒酿制技艺	北京仁和酒业有限责任公司
36	长哨营满族食品	北京市怀柔区长哨营满族乡政府
37	板栗栽培技术	北京市怀柔区九渡河镇政府北京市怀柔区渤海镇政府
38	红都中山装制作技艺	北京红都集团公司
39	瑞蚨祥中式服装手工制作技艺	北京瑞蚨祥绸布店有限责任公司
40	京式旗袍传统制作技艺	北京红都集团公司、北京市石景山区文化委员会
41	盛锡福皮帽制作技艺	北京盛锡福帽业有限责任公司
42	马聚源手工制帽技艺	北京步瀛斋鞋帽有限责任公司
43	内联升手工布鞋制作技艺	北京内联升鞋业有限公司
44	北京金漆镶嵌制作技艺	北京金漆镶嵌有限责任公司
45	北京花丝镶嵌制作技艺	北京市通州区工艺美术协会、北京市通州区文化馆
46	花丝镶嵌制作技艺	北京京城百工坊艺术品有限公司
47	北京戏装制作技艺	北京剧装厂
48	京剧盔头制作技艺	北京市海淀区花园路街道办事处、北京市玉海腾空文化艺术有限责任公司
49	北京补花技艺	北京京城百工坊艺术品有限公司
50	北京宫廷补绣	北京工美集团有限责任公司工艺品厂
51	“京作”硬木家具制作技艺	北京龙顺成中式家具厂

续表

序号	项目名称	申报地区或单位
52	北京宫毯织造技艺	北京市地毯五厂
53	戴月轩湖笔制作技艺	北京市戴月轩湖笔徽墨有限责任公司
54	王麻子剪刀锻制工艺	北京市昌平区文化委员会、北京栎昌王麻子工贸有限公司
55	荣宝斋装裱修复技艺	北京市荣宝斋
56	一得阁墨汁制作技艺	北京一得阁墨业有限责任公司
57	肄雅堂古籍修复技艺	中国书店
58	潭柘紫石砚雕刻技艺	北京市门头沟区潭柘紫石砚厂
59	琉璃渠琉璃制作技艺	北京西山琉璃瓦厂、北京明珠琉璃制品有限公司
60	孙氏祖传糕点模具制作技艺	北京市顺义区高丽营镇人民政府文化体育活动中心
61	“瞎掰”（鲁班枕）制作技艺	北京市密云县文化馆、北京市密云县古北口镇文化服务中心、北京市密云县十里堡镇文化服务中心
62	北京哈氏风筝制作技艺	北京汉风文化发展公司
63	费氏风筝制作技艺	北京市崇文区体育馆路街道办事处
64	绣花鞋工艺（王冠琴）	北京现代力量文化发展有限公司
65	内画鼻烟壶	北京市宣武区陶然亭街道办事处、中国鼻烟壶协会、东城区和平里街道办事处
66	北京灯彩	北京明亮灯笼制作中心
67	京绣	北京云龙京绣艺术中心
68	北京刻瓷	北京玉器二厂有限责任公司、宣武区非物质文化遗产保护中心
69	北京扎彩子	北京市崇文区东花市街道文化服务中心
70	北京砖雕	北京市宣武区非物质文化遗产保护中心
71	北京仿古瓷	北京盛翔得雅工艺品有限公司
72	通州骨雕	北京市通州区梨园镇政府
73	彩塑京剧脸谱	北京市玉海腾龙文化艺术有限责任公司
74	毛猴制作技艺	北京市东城区和平里街道办事处

续表

序号	项目名称	申报地区或单位
75	北京绒鸟（绒花）	北京市崇文区东花市街道文化活动中心
76	北京绢人	北京京城百工坊艺术品有限公司
77	彩塑“兔儿爷”	北京双彦泥彩塑工作室
78	京作硬木家具制作技艺	北京杜顺堂古典家具厂
79	北京木雕小器作	北京市工艺木刻厂有限责任公司
80	王殿俊家族装裱技艺	北京市东城区交道口街道办事处
81	吴裕泰茉莉花茶窨制工艺	北京吴裕泰茶业股份有限公司
82	正兴德清真茉莉花茶制作工艺	北京市正兴德茶叶有限公司
83	宏音斋笙管制作技艺	北京宏音斋吴氏管乐社
84	传统药香制作技艺	北京羽亮手工制香研究工作室
85	北京蒙镶	北京市东城区朝阳门街道办事处
86	四合院营造技艺	中国艺术研究院建筑艺术研究所
87	护国寺清真小吃制作技艺	北京华天饮食集团公司
88	砂锅居全猪席制作技艺	北京华天饮食集团公司
89	柳泉居京菜制作技艺	北京华天饮食集团公司
90	仿膳（清廷御膳）制作技艺	北京市仿膳饭庄有责任限公司
91	颐和园听鹂馆寿膳制作技艺	北京市颐和园管理处、北京市颐和园听鹂馆饭庄
92	通州大顺斋糖火烧	北京市通州区中仓街道办事处
93	古琴制作技艺	北京钧天坊古琴文化艺术传播有限公司
94	古建油漆彩绘	北京市西城区
95	北京点翠	北京市朝阳区
96	山石韩叠山技艺	北京市海淀区
97	葫芦范制技艺	北京市石景山区
98	北刘动物标本制作技艺	北京市朝阳区
99	戏曲盔头制作技艺	北京市西城区
100	京胡制作技艺	北京市西城区
101	北京鸽哨制作技艺	北京市东城区、西城区
102	北京果脯传统制作技艺	北京市怀柔区
103	北京风味小吃制作技艺	北京市西城区

续表

序号	项目名称	申报地区或单位
104	小肠陈卤煮火烧制作技艺	北京市西城区
105	爆肚冯爆肚制作技艺	北京市西城区
106	宫廷奶品制作技艺	北京市西城区
107	谭家菜制作技艺	北京市东城区

说明：此表依据北京市人民政府于2006年至2014年先后公布的四批市级非物质文化遗产代表性项目名录编制。

此外，北京市各区县也都有各自的非物质文化遗产代表性项目名录，其中的传统美术与技艺，既有国家级及市级非物质文化遗产代表性项目，也有各区县级非物质文化遗产代表性项目，在此不赘列。

非物质文化遗产保护与北京传统工艺之间的关联突出了北京传统工艺的文化属性，进一步强调其文化功能。作为非物质文化遗产保护项目，北京传统工艺的发展方向随之发生改变，由主要追求经济获利转变为文化保护与文化传承。而文化创意产业与北京传统工艺之间的关联则表明北京传统工艺生产方式的转变，从物质产品生产转向文化创意生产和创意设计生产。非物质文化遗产保护和文化创意产业的共同作用为北京传统工艺产业的发展指明了必然选择的方向——以文化为核心的产业转型和升级。

二　北京非物质工业遗产的保护与利用

非物质工业遗产作为非物质文化遗产的重要内容，应当遵循非物质文化遗产保护的基本原则和要求。非物质工业遗产也应该以“保护为主、抢救第一、合理利用、传承发展”为工作方针，坚持科学保护理念，制订规划，扎实做好非物质工业遗产代表性项目的保护、管理、传承和合理利用工作。

1. 通过政策扶持和资金支持，为非物质工业遗产的保护与传承创造宽松的生存环境。

政策扶持方面，2002年北京市政府颁布了《北京市传统工艺美术保护办法》，北京市工业促进局于2004年制定了《北京工艺美术发展规划纲要》，设立了北京传统工艺美术保护基金。

在广泛深入调研的基础上，北京市经济信息化委又相继出台了《加强北京传统工艺美术高级人才队伍建设的实施意见》《北京市传统工艺美术品种技艺珍品及工艺美术大师和民间工艺大师认定办法》《北京传统工艺美术保护发展资金管理办法》《北京传统工艺美术证标使用管理办法》等。其中，保护发展资金支持政策、大师带徒津贴激励措施、大师评审认定制度等一系列行之有效的措施，被外省市广泛借鉴、采用，并得到了国家工业信息化部和业内的一致认可。

从2002年到2012年，北京市政府共安排资金7500万元，直接用于扶持工艺美术产业项目229个，拉动社会投资超过5亿元。借助资金扶持项目，北京工艺美术产业实现了高速增长，截至2011年，北京市工艺美术行业规模以上企业产值达到125亿元，是10年前产值的三十多倍，年平均增速接近40%。10年来，工艺美术产品不断出新，涵盖高端礼品、旅游纪念品、动漫衍生品等多个细分市场，据统计，每年投放的新产品平均达340多种，共评出市级珍品22件。极大地激发了大师的创作热情，创精品、出新作的创新风气逐渐形成。[①]

此外，2003年建立的北京百工坊博物馆为传统手工美术技艺和大师创建了一个平台和基地，承载料器、漆器、宫绣等濒临灭绝的传统工艺美术技艺，使中国的传统文化有了传承和生存的根基。

2. 加强非物质工业遗产传承人的培养和保护。

目前，非物质工业遗产保护与传承的核心是传承人的问题。培养传承人，是整个非物质工业遗产保护与传承的关键。

一是加强传承人培养。研究传承人需要具备的基本素质，帮助广泛挖掘继承的后备人选；支持传承人通过授课、带徒等方式培养接班人，使其技艺得到完好的传承。

---

① 北京市经济和信息化委员会网站，2012年12月11日。

老字号的传统文化和技艺是活态文化，以人为载体才能使其得以传承发展。如牛栏山酒厂为了保护传统技艺，使企业发扬光大，在开拓新品种的同时，不忘老技艺的传承，创造性地提出了“传承链”的概念。传承人之间以口传心授的方式将传统文化和技艺不失真地延续下去，而这一延续的谱系被称为“传承链”。牛栏山二锅头的传承链由四个关键环节组成：一是“传承人”，即师傅；二是传承方式，讲究言传身教、心口合一；三是“承传人”，即弟子；四是法律保证。

从2000年开始，牛栏山酒厂就组织专人寻访酿酒老工人、老技师，对他们谈话的文字资料和影像资料进行整理、建档收藏，进行牛栏山二锅头历史文化研究。同时，在民间收集有关牛栏山二锅头的老物件、老照片、传说故事、书画作品等。[①] 另外，还设立了牛栏山文化遗产保护基金，以提高技艺代表性继承人的待遇；还成立了以老烧锅技师为主体的牛栏山二锅头传统酿造技艺顾问小组，发挥他们“传帮带”的作用；组织拜师会，新入厂的青年员工要拜经验丰富的酿酒老技师为师，学习烧酒技艺，采用师带徒的方法，通过老技师的口传心授确保传统技艺能够代代传承。

二是对传承人的认定标准、权利和义务作出明确规定，对已经认定的非物质工业遗产代表性传承人，应加大扶持力度，给传承人提供一个非常有利于其生存和传承的环境。

虽然现在国家、政府加强了对传承人的保护，出台了一系列措施，并给予一定金额的补助津贴，但是一个企业真正能被认定为国家级、市级、区级传承人的毕竟是占所从事此项工作员工的少数部分，绝大多数从事此项技艺的员工没有被政府有关部门认定为传承人，他们的保护和发展就要依赖于企业。但是企业也不能够不加选择地、一视同仁地给予所有从事此项技艺的员工特殊政策，否则在此岗位的员工会在一定程度上产生懈怠情绪，同时也会引起其他岗位员工的不满。

---

① 路璐等：《二锅头酒久醇香润京城》，《北京纪事》2010年第6期。

牛栏山酒厂在探索中寻求更好的解决方法，在所从事此项技艺的员工中选拔优秀者，企业给予认定，成为企业所承认的传承人或者承传人，享受津贴补助。同时规定其义务和职责，定期进行考核，考核成绩不合格则取消其资格，这样，既可以对优秀的传承人进行保护，也可以激发青年员工学习北京牛栏山二锅头酒传统酿造技艺的积极性，培养更多的、更优秀的传承人。

第五章　地名：北京历史文脉的隐形线索

地名是各类地域的指称，举凡地片、街巷、胡同、城门、河流、湖泊、山岭等类地物的名称，都可纳入地名之列。某些具有显著标志意义的建筑或建筑之内的机构名称，也发挥着与地名类似的指示特定地理位置的作用。这些地名的产生与演变过程，大多以民众生活中的约定俗成为主，以官方有意为之的命名居于少数。一个地方的命名，总是要从所指地域的民族语言、地理环境、社会生活、历史文化等方面选取某种依据。这些自然或人文的特征一旦进入地名语词，就成了关于所指地域、所处时代的记录，并且相对稳定地保存在地名这个文化载体之中。从地名的功能着眼，我们可以将其视为语言发展的产物、地理环境的标志、社会生活的写照、历史变迁的记录。语音、字形（写法）、含义（语词意义和指地意义）是地名的三要素，但它们本质上毕竟还是专有名词中的一部分，而不是像山岭、街巷、建筑一样触手可及的地理实体。这样，借助于地名这个隐形的线索，可以展现北京恢弘磅礴的国都气派，透视千姿百态的风土人情，领会广博深邃的城市文化。明代以后被内外城墙包围起来的老城区，即东城区、西城区以及合并前的崇文区与宣武区的绝大部分，是集中体现城市历史文化传统的主要区域。本章即以上述老城区为研究范围，通过梳理自明代以来以街巷胡同为主的地名变迁，认识北京都市空间的历史文脉传承过程与一般规律。

第一节　北京内城的地名语源及其变迁过程

传统的北京内城是指前三门以北的老城区，即 2010 年 7 月 1 日并入崇文区与宣武区之前的东城区与西城区。这里以街巷胡同为主的地名，突出地体现了北京的首都特色与文化特征。系统记载北京内外城街巷胡同的文献，当推明朝嘉靖年间张爵《京师五城坊巷衚衕集》。首都北京在政治、军事、文化等方面的重要地位，独有的经济活动、社会生活、城市风貌，是街巷等类地物最普遍的命名依据，由此影响了人们对地名用字的选择，进而使地名的语言色彩、语词意义带上了京城特色。今天的北京街巷名称，大多是明清时代直接或间接的继承者。

一　源于各类衙署的地名凸显北京的政治中心地位

国都之内林林总总的行政机构作为显著的地理标志，成为明清时期街巷命名的依据。这类地名语词保留着数百年来的历史信息，而某些字眼也只有在作为政治中心的京师地名中才可能出现。

在内城的原东城区范围内，今天的街巷名称有的延续了明代的旧称，有的更改了部分语词但仍能看出原来的痕迹。北城教忠坊“大兴县”，是明清时期大兴县衙所在地，当时以鼓楼为界，东部属大兴县、西部属宛平县的辖区，到清代变为“大兴县署胡同”，也就是现在的“大兴胡同”。明代“二十四衙门”里的钟鼓司、内织染局以及内官监之下的“火药作”所在地，到清代产生了“钟鼓司胡同”、“织染局胡同”、“火药局胡同”并流传至今，但前者已经简化为“钟鼓胡同”。明代管辖宫廷音乐戏曲活动的教坊司所在地，到清代变为“本司胡同”。教坊司南面的黄华坊“勾栏胡同”，是官妓和艺人聚集的地方，清朝宣统年间始称“民政部街”，民国北洋政府时期称“内务部街”，都是以当时的官署为名。教坊司北面的“演乐胡同”是教坊司所属乐队所在地，这个名称沿用至今。位于昭回坊的“北城兵马司”，到清代变为“北兵马司胡同”。灵春坊的“顺天府街”是顺天府署所在地，“分司厅”是中央官员在顺天府执行公务的地方，在清代分别成为“鼓楼东大街”的一部分与“分司厅胡同”。明时坊“总铺胡同”因总捕衙署在此而得名，到清代分解为“东总铺胡同”与“西总铺胡同”，又谐音变换为“西总部胡同”、“东总部胡同”。

澄清坊“校尉营”是京营驻防地之一，到1965年改为“校尉胡同”。保大坊“东厂”是明代特务机构“东厂”所在地，清代称“东厂胡同”。此外，明照坊“太医院胡同”、仁寿坊“卫胡同（金吾左卫）”、明时坊“神策卫胡同”等，也是以国家机构名称为专名。

国都北京在加强武备的同时，还有与古代科举制度相适应的文化管理机构。教忠坊“府学胡同”，因永乐元年（1403）把大兴县学改为顺天府学而得名。黄华坊“武学”，是明代京卫武学所在地，到清代变为“武学胡同”。北城崇教坊有“国子监”、“文庙”，是今天“国子监街”的来源。光绪三十一年（1905）设学部以后，国子监作为最高学府的使命完结，1957年至2001年曾长期作为首都图书馆的所在地。东西走向的“国子监街”，目前保存着四座精美的过街牌楼。东、西街口竖立的牌楼，额枋题“成贤街”，取“养成贤才为国所用”之意，这是它在1965年之前的名称。中段位于国子监两侧的牌楼，额枋题“国子监”；路北是清代竖立的下马碑，用满汉文镌刻着“文武官员到此下马”，以示国家最高学府的威严以及对孔圣人的尊仰。国子监又称“国学”，受其影响，国子监与孔庙东边的两条胡同，1947年被命名为“国学胡同”和“官书院胡同”。作为全国科举考试中心，北京有完备的科举考试场所——贡院，张爵著录的明时坊“举厂”即其俗称。清末民国时期陆续形成东西向的“贡院头条”、“贡院二条”，南北向的“贡院东街”、“贡院西街”，这四条街道所指示的范围，大致就是当年贡院的位置。当年的考试方式已随着科举制度的废除而消亡，与“贡院”相关的几个地名，指示着这一历史悠久的文化现象发生的地点。

在内城的原西城区范围内，明代宦官所掌握的二十四衙门，“御用监”旧址在今“玉钵胡同”附近；“内官监”在今“恭俭胡同”，清末讹为“内宫监胡同”，民国年间谐音为“恭俭胡同”；“惜薪司”所在地清代称“惜薪司胡同”，1965年定名“惜薪胡同”。大时雍坊“兵部洼”以位于兵部所在地附近且地势低洼得名，1965年改名“兵部洼胡同”。咸宜坊“太常寺街”，以礼部掌管祭祀礼乐的太常寺为名，清代分为南、北、中太常寺三段，1965年定名“南太常胡同”

与“北太常胡同”；朝天宫西坊“太仆寺胡同”，以掌管马政的太仆寺为名。今天的“太仆寺街”起源于明代小时雍坊的“太仆寺”，清代即有这个街名。与城内驻军相关的街巷名称有：小时雍坊“武功左卫胡同”，清代谐音称“吴公卫胡同”或“蜈蚣街”，民国时期称“武功卫”，1965 年改为“武功卫胡同”；此外，还有“龙骧卫胡同”。阜财坊有“卫胡同”。鸣玉坊“燕山卫胡同”，清代称“卫儿胡同”或“魏儿胡同”，民国时改“南魏儿胡同”或“南卫胡同”，1965 年定为“西四北六条”。金城坊“济州卫新房”，清代谐音改为“机织卫胡同”，沿用至今；此外，还有“龙骧卫街”。河漕西坊“永清左卫胡同”，清代称“北卫儿胡同”或“北魏儿胡同”，1965 年定为“北魏胡同”。

张爵记载的三十多个类似于“彭城卫”、“大兴左卫”的明代机构名称，有一部分后来成为街巷命名的史实依据和语词来源。大时雍坊“卫营老府军”，是明永乐年间府军卫的所在地，清代谐音为“纬缨胡同”或“未英胡同”，后者成为今天的标准名称；“旗手卫”在今“人民大会堂西路”一带。阜财坊“京畿道”，是京畿道御史衙署所在地，清代称“京畿道胡同”，民国年间称为“中京畿道”并派生了相邻的“新京畿道”、“后京畿道”，1965 年又由二龙路析出了“东京畿道”。咸宜坊“西城兵马司”，清代以来一直称“兵马司胡同”。日中坊“营房”是兵营所在地，清代分称“前营房”与“后营房”，民国时期定名“前英房胡同”与“后英房胡同”。阜成西直关外“南营房”，即今“阜外南营房”。安定德胜关外“大教场”与“五军神枢”，在今“旧鼓楼外大街”及“六铺炕”一带。

二　以仓场府库为名的街巷反映城市物资供应情形

北京的主要职能在于政治中心、文化中心与军事重镇，以粮食为主的经济保障通常要依靠陆运或水运解决。元大都与明清北京城聚集了大批不事生产的人口，宫廷、官署和军队更需依赖全国各地的供应，在城里建立储藏粮食、囤积物资的仓库并设置管理机构。这些机构和相应的建筑，既是满足物质消费的基础设施，又是附近出现街巷胡同之后的命名依据。

近代铁路兴起之前，北京的粮食供应一向仰仗漕运。漕粮从南方通过大运河运抵通州，或由海上运输抵达天津直沽再运到通州。元代的运粮船可以直接通达什刹海，明清时期从通州运粮进京时，成群结队的粮车则必须经过朝阳门。因此，朝阳门有“粮门”之称，从前的城门洞北侧墙上，镶嵌着一块刻有谷穗图案的石头作为象征。“京师百司庶府，卫士编氓，仰哺于漕粮。”[①] 漕运是古代北京城的生命线，每年二三百万石乃至更多的漕粮经过千辛万苦运到北京，建设储藏粮食的仓库就显得非常重要。粮仓亦称“仓场”，元代设京畿都漕运使司，管理仓场事宜。明朝正统三年（1438）在东裱褙胡同设置总督仓场公署，将漕粮分别储存在通州与京城，京城的旧太仓、百万仓、南新仓、北新仓、海运仓、禄米仓、新太仓、广备库仓，大多是在元代仓场的旧地修建的。今天的内城原东城区，是当年距离通州最近、运粮路途最短的区域，自然成为仓场以及据此为名的街巷的集中地。

明代黄华坊有“禄米仓”、“王府仓”。禄米仓是储存京官俸米的粮仓，嘉靖年间著名的清官海瑞，曾在此担任负责弹劾仓官违法行为的仓场监督。在禄米仓旧址四周，民国以来形成了“禄米仓东巷”、“禄米仓西巷”、“禄米仓南巷”、“禄米仓北巷”、“禄米仓后巷”、“禄米仓胡同”几条街巷。2004 年之后，前四条小巷已在城市建设中消失。清末有“王府仓胡同”，今已不见。在禄米仓以北，思诚（或讹作“城”）坊“百万仓”，南居贤坊“旧太仓西门”、“旧太仓北门”、“海运仓”、“新太仓南门”，北居贤坊“新太仓北门”、“北新仓”（赛百万），都是明代具有指示地理方位作用的粮仓。位于朝阳门与东直门之间、靠近北京东城墙的“百万仓”，在元代称“北太仓”。明永乐七年（1409）在这里增建了“南新仓”，但“旧太仓”一直是这片地域的统称，“旧太仓北门”与“旧太仓西门”就相当于今天的“北门仓胡同”与“朝阳门北小街”。宣德年间在百万仓以北

① 孙承泽：《天府广记》卷 14《仓场》，北京古籍出版社 1984 年版。

建立“海运仓”，是京师储存漕粮的十三仓之一。正统年间，在海运仓以西建立“新太仓”；海运仓以北建立“北新仓”，又称“赛百万”，含有赛过南面相邻的“百万仓”之意。清代仍然利用着明代的“旧太仓”和“南新仓”，又在今北门仓胡同南侧建设了“兴平仓”，在朝阳门北小街东侧建设了“富新仓”，从而形成了南为“旧太仓”、北为“兴平仓”、东为“南新仓”、西为“富新仓”的格局。今天位于仓场四周的街巷名称，是从清代宣统年间至1965年期间确立的，把“旧太仓北门”等地名中的“仓北门”、“仓南门”、“仓东门”翻转过来，变为“北门仓”、“南门仓”、“东门仓”，再加上通名“胡同”。它们命名的依据从原来以粮仓的“门”为主，转变为以四门所在的“仓”为主，同时也有民间俗称最终积非成是的意味。海运仓与北新仓相互毗连，形成了南门为海运仓、北门为北新仓的格局，清代将两仓合为一处。“新太仓北门”到清代已称“新太仓胡同”，而“新太仓南门”相当于今天的“东四十四条”。“海运仓胡同”、“北新仓胡同”及其派生的“北新仓一巷”至“北新仓五巷”，是1965年才定名的，但以粮仓之名作为相应的地片称谓却由来已久。北新仓在民国年间改为陆军被服厂，现存仓廒七座，1984年公布为北京市文物保护单位。海运仓在民国时期改为朝阳大学，至今已拆得无影无踪，只有旧址南侧的“海运仓胡同”，留下了六百年前北京漕运的痕迹。教忠坊的“济阳卫仓”，到清代形成了“白米仓胡同”并一直使用下来。

府库具有囤积物资与管理相关事务的职能，也是若干街巷命名的基础。明代金台坊“倒钞胡同”的命名渊源，要追溯到元代的宝钞总库之类的金融机构，到清代取谐音变为“宝钞胡同”。明代的“内府供用库”，在清代称“内府库”，民国年间取“内府”谐音改名“纳福胡同”；内府供用库的“蜡库”储藏御用的白蜡、黄蜡、沉香等，清乾隆时称“蜡库胡同”，后写作“腊库胡同”。保大坊“取灯胡同”，以此地有储存引火之物“取灯”的仓库而得名，清代分解为“大取灯胡同”与“小取灯胡同”。在明清宫廷的磁器库附近，民国以后形成了“磁器库胡同”。此外，清代的“帘子库胡同”，原是为皇宫储存帘子的仓库所在地。清代内务府的“灯笼库”、户部的“缎匹库”所在地，后来演变为“灯笼库胡同”与“缎库胡同”。

在内城原西城区范围内，《京师五城坊巷衚衕集》记载的厂、局、库、仓等与生产或储存物资相关的名称将近四十处。鸣玉坊“供用库胡同”是明代内府供用库的所在地，清代称为“前公用库”与“后公用库”，或谐音为“前宫衣库”与“后宫衣库”，1965 年定名为“前公用胡同”与“后公用胡同”。金城坊“王府仓胡同”以仓储得名，一直沿用至今。日忠坊“马厂胡同”以养马之所得名，清代称“前马家厂”与“后马家厂”，1965 年定名“前马厂胡同”与“后马厂胡同”。皇城之内的“承运库”、“脏罚库”等，是“二十四衙门”之外由太监掌管的机构。负责大内储藏物资的仓库，包括甲字、乙字、丙字、丁字、戊字、承运、广盈、广惠、广积、脏罚十库，清代有“西十库胡同”（或作“西什库胡同”），1965 年定名“西什库大街”。“脏罚库”在今“爱民一巷”、“爱民二巷”和“永祥里”一带。“果园厂”和“洗白厂”，在今“真如镜胡同”附近。

三　从各类厂局派生的地名反映建材生产储存状况

明清时期设置的各类“厂”或“局”，是供应京城建设和生活资料的管理机构与物资储存基地，有些还同时具备生产职能，还有些“厂”只是民间的生产场所或物资储存地。

在内城的原东城区部分，《大明会典》记载，为保障营建北京的巨大工程所需的木料、砖瓦等原材料，工部下设了“大五厂”：神木厂、大木厂，堆放木料、兼收苇席；黑窑厂、琉璃厂，烧造砖瓦及内府器用；台基厂，堆放柴薪及芦苇。此外，还有称为“小五厂”的管缮所、宝源局、文思院、王恭厂、皮作局，分别负责木工、金工、丝工、革工事宜。[①] 南薰坊有相邻的“台基厂南门”、“红厂胡同”、“台基厂西门”，澄清坊有相邻的“台基厂北门”、“柴炭厂”、“运薪厂”，这六条街道的名称，显示了“台基厂”的范围及其作为柴薪基

① 申时行、赵用贤等修：《大明会典》卷 190，国家图书馆藏明万历刻本。

地的性质，清代称这里为“台基厂”或“台吉厂”。1949年后定名“台基厂大街”，并派生了“台基厂头条”至“台基厂三条”。有些“厂”、“局”是铸造器物或制造武器的地方。明时坊“盔甲厂”，民国以后变为“盔甲厂胡同”。与“盔甲厂”相邻的“砲作河”，以明代制造火炮的作坊在此而得名，后又谐音为“泡子河”。仁寿坊“钱堂胡同”是明代钱局所在地，清代铸造铜钱的宝泉局南厂设在此处，改名“钱粮胡同”。现存的地名“炮局胡同”与“老钱局胡同”，分别是清代镶黄旗炮厂旧址与工部铸造钱币的地方。明代靖恭坊“方砖厂”，生产储存修建皇宫专用的大块方砖，到清代形成“方砖厂胡同”。南薰坊“菜厂”，是供应皇宫御膳房所需蔬菜的场所，清代变为“菜厂胡同”。今天的“亮果厂胡同”，在清乾隆年间称为“晾果厂”或“晾谷厂”，清末写作“亮果厂”或“亮国厂”，是秋收后为宫廷晾晒和储存干果的地方。与上述各厂不同的是，有些“厂”的功能在于文化事业方面，明代灵椿坊“医学外经厂”估计是印刷医学书籍的地方，清代称“大经厂”，1965年命名为“大经厂胡同”、“大经厂西巷”。东侧的“小经厂胡同”，传说是附近寺院晾晒佛经的地方。

在内城的原西城区部分，积庆坊“太平仓”是明正德五年（1510）修建的粮仓，1965年定名“太平仓胡同”。金城坊“武衣库”清代称“大乘寺胡同”或“大成寺胡同”，1965年定名“大乘胡同”。河漕西坊“西新仓”即“广平库”，清代析为“前广平库胡同”与“后广平库胡同”，1965年定名“后广平胡同”；“北新草场”清代称“大草厂胡同”或“大后仓”，1965年定名“大后仓胡同”。发祥坊“哱啰仓”是明代储存与螺号相似的“哱啰”的仓库所在地，清代称“叵罗仓胡同”，1949年后定名“簸箩仓胡同”。大时雍坊“细瓦厂南门”，以位于细瓦厂门前得名，清代称“前细瓦厂”，1965年定名“前细瓦厂胡同”。小时雍坊“灰厂”、“石厂”，地址在今府右街一带。积庆坊“红罗厂”是明代储藏宫廷取暖所用“红罗炭”的场所，清代析为“大红罗厂”与“小红罗厂”，民国时称“大红罗厂胡同”，1965年定名“大红罗厂街”。阜财坊“铸锅厂”（王恭厂）

在清代形成街巷，东段称“永宁胡同”，西段称“后王恭厂”，1965年合为“永宁胡同”，另有“棺材胡同”谐音为“光彩胡同”；“打磨厂”在清代称“打磨厂胡同”或“大木仓”，1965年定名“大木仓胡同”，在此前后还派生了“大木仓南巷”、“大木仓北一巷”和“大木仓北二巷”。日中坊“草场”清代称“北草厂”，1965年定名“北草厂胡同”。金城坊“惜薪司西厂”在清代形成街巷，以镶红旗和镶蓝旗炮厂得名“炮厂胡同”，民国时称“兴盛胡同”，1965年析为“东兴盛胡同”与“西兴盛胡同”。河漕西坊“回回厂”，以居民多属回族为名，清代形成街巷称“回子营”、“葡萄园”、“火神庙”，1949年后合并为“和平巷”，1965年更名为“安平巷”；“拣果厂”清代称“拣果厂胡同”，民国时期谐音改为“金果胡同”。日忠坊“铸钟厂”是铸造永乐大钟的地方，1965年定名“铸钟胡同”；“小石桥”，1965年定名“小石桥胡同”；“浆绛房”（浣衣局）是为宫廷洗衣服的地方，年老或获罪的宫人在此居住，清代有“浆家房”、“浆家房胡同”、“蒋养房”、“蒋家房胡同”之称，民国时期一般称“蒋养房”，1965年定名“新街口东街”。

四 派生于寺庙庵观的地名显示居民多元宗教信仰

比较突出的建筑物容易成为附近地域的命名依据，当某些建筑消失以后，地名仍然指示着它所据以命名的那个建筑的地理位置。寺、庙、庵、观等建筑代表着多样的宗教信仰，以它们为名的街巷胡同，显示着城市的宗教色彩。

在内城的东城部分，张爵《京师五城坊巷衚衕集》著录了明代澄清坊的天将庙、玄极观、成寿寺；明照坊法华寺、关王庙；保大坊迎禧观、天师庵；仁寿坊隆福寺街、红庙街、仰山寺前后街；明时坊灵官庙、延寿庵、红庙、元真观；黄华坊火神庙、关王庙、智化寺、二郎庙、三圣庙胡同；思诚坊老君堂、延祐观、三官庙（延福宫）、水月寺；南居贤坊永丰观、正觉寺胡同、福安寺、圣姑寺胡同、慧照寺、老君堂（洞阳观）、白庙；北居贤坊报恩寺、五岳观、元宁观、金太监寺、柏林寺；教忠坊关王庙；崇教坊净居寺胡同、极乐寺胡同、火烧寺胡同、崇兴庵；昭回坊圆恩寺胡同、福祥寺街、裟衣寺胡同、梓潼庙、文昌宫；灵春坊千佛寺胡同、净土寺胡同；金台坊万宁寺、法通寺、净土寺胡同、千佛寺胡同。它们中的多数在明代仍然只是宗教建筑的名称，尚未发展成普通意义上的地名，但为以后形成的街巷提供了命名基础，如清代在柏林寺南侧命名了“柏林寺胡同”，1965 年改为“柏林胡同”。另外 15 个以这类建筑名称为专名、以“街”或“胡同”为通名的街巷名称，大部分沿用到清代，在当代地名中也很容易看到它们的痕迹。“隆福寺街”一直未变；“圆恩寺胡同”在清代分为“前圆恩寺胡同”与“后圆恩寺胡同”；“福祥寺街”在清代称“福祥寺胡同”，1965 年改为“福祥胡同”；“裟衣寺胡同”在清代即称“蓑衣胡同”；“千佛寺胡同”到 1965 年谐音改为“千福巷”；“净土寺胡同”到 1965 年改为“净土胡同”。此外如今天的黄寺大街、雍和宫大街、琉璃寺胡同、辛寺胡同、嵩祝院、大佛寺东街、普渡寺东西前后巷、北极阁胡同等，它们据以命名的寺院一类建筑都出于清代，名称大多在随后的民国年间确定，少数产生于清代或 1949 年之后的某个时期。

在内城的西城部分，张爵记载的明代寺、庙、庵、观、宫、堂有七十余处。其中，“崇国寺街”、“真如寺胡同”等已是结构形式完整的地名，另有一部分建筑名称充当了区片的泛称或后来街巷命名的依据，二者合计有三十余处可以和当代的街巷名称直接对应起来。由此既可看出明代宗教信仰的多样性与普遍性，也表明那个时期的名称在历史上的影响是何等深远。咸宜坊内的“砖塔胡同”，是见于元代文献、迄今所知最早的胡同，也应是元大都最早的胡同之一，以胡同东端南侧的万松老人塔得名。万松老人是蒙古初期的名臣耶律楚材的师父。至元二十二年（1285），朝廷颁布了旧城居民迁居大都新城的规定。如果从这一年算起，“砖塔胡同”这个名称迄今已沿用了七百多年。此外，这个坊内的“红庙儿街”以关公庙（俗称“红庙”）得名，清代称“红庙”，民国年间改为“宏庙胡同”沿用至今。“大石佛寺”到清代称为“劈柴胡同”，因胡同南侧的大木厂堆积劈柴而得名。1905 年，从日本留学归来的臧守义在此开办“西城私立第一两等小学堂”，即包括初小与高小的新式学校，取谐音改为“辟才胡同”。校歌里写道“开辟人才，开辟人才，胡同著其名”，以此表现培育人才的办学宗旨。民国时期在附近派生命名了“辟才头条”至“辟才六条”以及“辟才小六条”等，这些街巷名称都沿用至今。“显灵宫”是建于永乐年间的道观，1965 年取近音改称“鲜明胡同”。“能仁寺”即始建于元延祐六年（1319）、扩建于明洪熙元年（1425）的“大能仁寺”，清代已有“能仁寺胡同”，1965 年定名“能仁胡同”。阜财坊“真如寺胡同”，以始建于辽代保宁年间的寺院为名，清代并入“头发胡同”。“承恩寺”在清代称“承恩寺街”，1965 年定名“承恩胡同”。“圆洪寺街”派生于同名寺院。元末《析津志》载：“延洪寺在崇智门内，有阁，起自中唐。”[1] 崇智门是金中都北门之一，其地在今东西太平街与闹市口南街交会处，延洪寺当在它的南面。明初《图经志书》称：“寺有唐故幽州延洪寺禅伯遵公遗行碑。”[2] 可见，“圆洪寺”是“延洪寺”的近音异写。1965 年取同音字定名为“园宏胡同”。“土地庙”清代称“都土地庙”和“二郎庙”，民国时期称“嘉祥里”，1965 年改为“西嘉祥里”，与相邻的“东嘉祥里”对称为名。“保安寺街”派生于同名寺院，1965 年定名“保安胡同”。“舍饭蜡烛寺”是明代收养贫民的地方，清代称“舍饭寺胡同”，1965 年改为“民丰胡同”。

在明代西城其他各坊中，鸣玉坊的“帝王庙”，即今“历代帝王庙”；“宝禅寺胡同”以明成化年间的“宝禅寺”为名，这座寺院的前身是建于元大德四年（1300）的大承华普庆寺。民国时期该胡同称“宝禅寺街”，1965 年谐音定名为“宝产胡同”。日中坊“永泰寺”建成于明朝天顺元年（1457），到 1965 年将附近街巷定名为“永泰胡同”。金城坊“都城隍庙”始建于元代，清代称“城隍庙街”，民国时期谐音为“成方街”。河漕西坊“白塔寺”，清代在附近形成了“小塔院”与“白塔寺夹道”等街巷名称，1965 年分别改为

---

① 于敏中等：《日下旧闻考》卷 155《存疑》引《析津志》。

② 于敏中等：《日下旧闻考》卷 155《存疑》引《图经志书》。

“白塔巷”与“白塔寺东夹道”；“翊教寺胡同”源于宋代修建的同名寺院，1965年谐音改为“育教胡同”；“观音寺胡同”在清代称“东观音寺胡同”，原来的“观音寺胡同”之名被用来指称其西南的另一条胡同，二者于1965年分别谐音改为“东冠英胡同”与“国英胡同”，而东观音寺、西观音寺两座建筑分别在1958年和1980年后拆除。朝天宫西坊“青塔寺”创建于元代延祐年间，清代称“青塔寺胡同”，民国时称“青塔寺”，今名“青塔胡同”；“朝天宫”是明代北京的著名建筑，“朝天宫西坊”即以此为名，天启年间毁于大火。清代开始在朝天宫地界形成“东岔”、“西岔”、“狮子府”、“玉皇阁”、“东廊下”、“中廊下”、“西廊下”等街巷，1965年依次定名为“宫门口东岔”、“宫门口西岔”、“狮子胡同”、“大玉胡同”、“东廊下胡同”、“中廊下胡同”、“西廊下胡同”。

在明代的中城，安富坊“灵济宫”建于永乐十五年（1417），清代改为“灵清宫”，民国时期谐音为“灵境胡同”。积庆坊“兴化寺”，清代称“兴化寺街”，1965年谐音改为“兴华胡同”；“崇国寺街”以元代始建的寺院为名，是积庆坊与北边的发祥坊之间的分界线。寺院处在发祥坊西南一隅，明成化、宣德年间先后改为“大隆善寺”、“大隆善护国寺”，清代因此把这条街道称为“护国寺街”。在明代的北城，日忠坊的“龙华寺”始建于明代，清代称“小龙华寺”，这一带俗称“后海北河沿”，1965年定名“后海北沿”；“清虚仙院”即“清虚观”，1965年谐音改称“清秀巷”；“广化寺街”以始建于元代的广化寺为名，寺院至今保存完好，清代改为“鸭儿胡同”或“鸦儿胡同”，后者成为当代的标准名称。发祥坊的“崇国寺”派生了“崇国寺街”；“正觉寺胡同”以明成化三年（1467）修建的正觉寺为名，1965年定名“正觉胡同”；“弘善寺”清代称“宏善寺街”，改“弘”为“宏”应是为避乾隆皇帝“弘历”之讳，1965年定名“弘善胡同”；“白米寺”在清代改为“松树街”并沿用至今。

在阜成西直关外，“白云观”经历了唐代天长观、金代太极宫、元代长春宫的演变过程，明洪武二十七年（1394）重建后改名“白云观”，是我国现存规模最大的道教建筑，1965年命名了观前的“白云街”，1981年更名“白云观街”；“夕月坛”今称“月坛”，是明清帝王祭祀月明神之所，始建于明嘉靖九年（1530），1965年命名了“月坛北街”、“月坛西街”。除了街巷之外，由宗教建筑派生命名的还有湖泊“什刹海”。元明时期，这片湖区有西海子、海子、积水潭、净业湖等名称。明代在德胜门内有寺称作“十刹海”，后起的“什刹海”之“什”与“十”通用。

五　多种人工地物成为街巷或区片的命名之源

除了大量的宗教建筑之外，具有标志意义的其他各类地物，也容易被人们用来作为地域命名的依据。这类地名或是从地物名称借用过来，或是对街巷等类地理实体的某种特征做出的文学性描述。

在内城的原东城区部分，张爵在澄清坊连续记载着“十王府”、“甜水井”、“诸王馆”，它们的所在地相当于今天的“王府井大街”。这一带在元朝叫作“丁字街”，明朝永乐年间营建北京城，在这条大街东侧修建了一座“十王邸”（又称“十王府”），作为分散在各地的藩王们进京朝见时的馆驿。“诸王馆”应是嘉靖之前与“十王府”功能类似的一座建筑。清雍正十二年（1734），十王府旧址改建为贤良寺，但乾隆年间这里仍称“王府大街”。直到宣统年间，才有了“王府井”或“王府井大街”之名，而原来的“王府大街”一名并未被废弃。在1915年的《北京四郊详图》上，今天的“王府井大街”被分为三段：北段从五四大街到灯市口西街，叫作“王府大街”；中段从灯市口西街到东安门大街，称为“八面槽”，以乾隆年间设置了供官员饮马的八个水槽而得名；由此向南的一段叫作“王府井大街”。1965年“八面槽”被并入北段的“王府大街”，1975年才把后者并入了“王府井大街”。东城有澄清坊“单牌楼西”、明照坊“四牌楼西南”、仁寿坊“四牌楼西北”等关于地片位置的描述，与西城大时雍坊“单牌楼东南”、小时雍坊“单牌楼东北”、安富坊“西四牌楼东南”、积庆坊“四牌楼东北”等对称。牌楼也叫“牌坊”，是古代比较常见的装饰性小品建筑，有的安置在一组建筑的前面，作为大门的入口；有的矗立在城市中心或通衢大道的两头，起到显示地名、划分空间地段的标志作用。上面提到的“单牌楼”与“四牌楼”，属于后一种类型，它们扼守着内城的繁华街道，不仅作为标志性建筑指示着地理方位，而且成为附近地段的泛称。经过不断演化，上述四座两两对称的牌楼依照所在的方位，分别称作“东单牌楼”与“西单牌楼”、“东四牌楼”与“西四牌楼”。到清代，以东西两边的牌楼为参照，命名了“东单牌楼大街”与“东四牌楼大街”、“西单牌楼大街”与“西四牌楼大街”。随着口语称说和文字书写过程中的自然简化，又变成了“东单”、“东四”、“西单”、“西四”，原来据以命名的“牌楼”被省略，在地名中只取其符号意义而已。东单牌楼被毁于光绪二十六年（1900）八国联军入侵北京的战火中，西单牌楼在1923年被拆除，东四牌楼在康熙三十八年（1699）毁于火灾后照原样重修，到1954年与西四牌楼一起被拆除。牌楼的建筑实体业已消失，但张爵画出的简图以及后世测量的地图，都能指示它们曾经立足的地方。今天的“东单”、“东四”、“西单”、“西四”，分别成为四个十字路口周围的地片名称，晚近时期有不少街巷道路、公交车站、公园商场等，依据这四个简称派生命名。

有些胡同的形态与众不同，其建筑特点也可进入地名语词之中。在内城的东城部分，明代灵春坊“绦儿胡同”与金台坊“东绦儿胡同”（今名“东绦胡同”），存在着以匠人加工丝绦的地方得名的可能，但地名语词更像是对胡同形状又直又长的一种比喻。金台坊“锅腔胡同”，形态与“锅腔”（或称“锅腔子”，支锅做饭的灶堂）相似，显示胡同两头出口窄小、中间较宽的特点。清末将“锅腔”谐音雅化为“国祥”，表示祝愿的意思。明时坊也有一个“锅腔胡同”，其地应在今灯市口大街以北。仁寿坊“噶噶胡同”，到1965年改为“协作胡同”。发祥坊也有一个“噶噶胡同”，清宣统年间改为“航空胡同”，在今西城区新街口南大街东侧。这里的“噶噶”即“尜尜”或称“陀螺”，是一种通常用木头削成的上端平齐、下端尖细的儿童玩具。以此命名胡同，应是对它们外部轮廓的描摹。在清代皇城范围内，故宫东侧、骑河楼以南，光绪年间有一处胡同称作

“闷葫芦罐”，民国时期谐音为“蒙福禄馆”，1965年改称“福禄巷”。作为器物的“闷葫芦罐儿”又名“扑满”，是存钱用的罐状瓦器。上面一个扁扁的长孔可以将钱币放入，但只有把罐子打碎才能把钱取出来。以此来形容窄小的死胡同，确实再恰当不过了。

在内城的西城部分，除了宗教建筑与牌楼之外，街巷的地理位置、基本轮廓、水文环境、交通条件、建筑特征以及树木、石碑、栅栏等各类地物，都成为街巷命名的依据之一。明代出现的宣武门里大街、阜成门街、西直门街、德胜门街，是从所依傍的城门派生而来。积庆坊“定府大街”，因为永乐年间袭封定国公的徐达之孙徐景昌的府第在此而得名，民国年间同名异写为“定阜大街”，1965年更名“定阜街”。鸣玉坊“西帅府胡同”，以明武宗的府第在此而得名。明代朱茂曙《两京求旧录》记载：“康陵先立镇国府，后乃自封镇国公，府在鸣玉坊，嘉靖初仍改太平仓矣。都人至今犹呼西帅府胡同也。”[①] 康陵是明武宗朱厚照所葬的陵墓之名，这里作为他的代称。《明史》记载：正德八年三月戊子（1513年4月24日），“置镇国府处宣府官军”[②]，旨在便于处理北京西北宣化一带长城沿线的军队事务，但他身为皇帝却自封为“总督军务威武大将军总兵官太师镇国公”则未免滑稽。虽然嘉靖皇帝即位后就把镇国公府恢复为太平仓，“西帅府胡同”之名却流传下来。清代称“帅府胡同”，1965年定名“西四北二条”。

西城以地理位置、地形、街巷轮廓为名的，大时雍坊有“高坡胡同”，清代改为“高碑胡同”；“中街”以地处“厂墙街”（今名“新壁街”）与“松树胡同”（今名“东松树胡同”）中间而得名，1965年分为“东中胡同”与“西中胡同”。阜财坊“扠手胡同”，应是形容两条相邻的胡同像双手交叉一样，清代改为“抄手胡同”后语意基本不变，但“抄手”又是“馄饨”在某些方言区的别称，追溯地名语源时需要仔细区分；“闹市口”表明此地处于繁华闹市的街

① 于敏中等：《日下旧闻考》卷52《城市》引《两京求旧录》。

② 张廷玉等：《明史》卷16《武宗本纪》，中华书局1997年版。

口，清代分为“南闹市口”与“北闹市街口”，1965年定名“闹市口中街”、“闹市口北街”、“闹市口南街”。咸宜坊“斜街”是明代河道填淤后形成的街道，清代以干石桥（今灵境胡同西口附近）为界，分为“干石桥东斜街”与“干石桥西斜街”，二者简称“东斜街”与“西斜街”并沿用至今；“宽街儿”因街道比较宽阔得名，清代分为南宽街、中宽街、北宽街三段，1965年将南段改称“南丰胡同”，中、北段合并为“北丰胡同”。河漕西坊也有一个“扠手胡同”，清代分为“前抄手胡同”与“后抄手胡同”，1965年合并为“前抄手胡同”。朝天宫西坊“弓弦胡同”与“喇叭胡同”都以胡同的形状得名，1965年分别更名为“南弓背胡同”与“北弓背胡同”。日忠坊“斜街”在清代称“鼓楼西斜街”，根据地理位置与街道走向命名，清末东段称“鼓楼西大街”，西段称“果子市”，民国时期自东向西分称“鼓楼西大街”、“甘水桥”、“果子市大街”、“丁字街”，1965年定名“鼓楼西大街”。“西绦儿胡同”以胡同像绦带一样直长且位于北药王庙之西而得名，1965年定名“西绦胡同”。发祥坊“噶噶胡同”，清代写为同音的“嘎嘎胡同”，以胡同轮廓像嘎嘎（即陀螺）而得名。宣统年间禁卫军司令处设在这里，因而改称“禁卫军街”。民国时期此地改设航空署，故称“航空署街”。1965年定名“航空胡同”。至于金城坊“半边街”、朝天宫西坊“车到口”、阜财坊“沙窝”、日忠坊“稻田”等街巷或区片名称，至今已不易考究了。

西城与城市水环境相关的地物，既有穿越街巷的河道沟渠以及它们之上的桥梁，也有作为居民重要水源的水井。根据《京师五城坊巷衚衕集》的记载，以这类地物为名的街巷或区片名称有将近五十处，其中十几处能够与今天的地名对应起来。“干石桥”位于今天的灵境胡同西口附近，明代这里是咸宜、安富、阜财、小时雍坊的交界地带，因此成了各坊定位和命名附近地片的依据，四者依次有“干石桥西北”、“干石桥东北”、“干石桥西南”、“干石桥东南”这样的描述。“马市桥”在今“阜成门内大街”把“赵登禹路”和“太平桥大街”截然分开的交叉点上，是纵贯西城的沟渠“河漕”（或称

“大明濠”、“西沟”，清代称“大沟沿”、“西沟沿”，民国时期改为暗沟，即今“赵登禹路”、“太平桥大街”、“佟麟阁路”一线）穿越“阜成门街”时的桥梁，以附近有马匹交易市场得名，正好充当了河漕西、鸣玉、金城、咸宜坊的分界点，各坊也都有地片参照“马市桥”定位。“红桥儿”在今“西直门内大街”和“赵登禹路”北口的交汇点上，明代是河漕西、鸣玉、日中坊的分界点，上述三坊因此也有参照“红桥儿”定位的地片。阜财坊“萧家桥”在“河漕”与“石驸马街”（今名“新文化街”）交会处。大时雍坊“板桥”以胡同西口的木板桥得名，民国时期并入绒线胡同，1965 年定名“东绒线胡同”。阜财坊的“河漕”，是明代整个“河漕”的一部分。咸宜坊“小河漕儿”，清代称“前泥洼”与“后泥洼”，以地势低洼得名，1965 年定名“前泥洼胡同”与“后泥洼胡同”。河漕西坊“王贵桥西”这个地片，位于河漕之上的王贵桥以西，清代改称“翠花街”；“大桥胡同”以胡同东端河漕上的大桥为名，清代因为这里有祖大寿的宅邸，改称“祖家街”，1965 年改名“富国街”；“北大桥胡同”与“大桥胡同”语源相同且位于它的北面，清代谐音称“大角胡同”，民国时期谐音为“大觉胡同”。日忠坊“银锭桥”，是明代修建的前海与后海交接处的桥梁，形如银锭，1965 年定名“银锭桥胡同”，1984 年重修后桥梁已无银锭形状；“海潮巷”以明代修建的“海潮庵”为名，地名语词有濒临前后海之意，1965 年并入“银锭桥胡同”；“李广桥”是明代太监李广所建，清末有“李广桥西街”和“李广桥南街”，1952 年河道改为暗沟后合称“李广桥南街”，1965 年定名“柳荫街”。此外，日忠坊有与前面所提阜财等四坊同名异地的“干石桥”，清末改称“甘水桥”，1965 年改名“甘露胡同”。

明代西城以水井为名的街巷有：大时雍坊“红井胡同”，1965 年定名“前红井胡同”，与北侧的“后红井胡同”（清代称“后红井”）相对应。朝天宫西坊“井儿胡同”，清代称“苦水井”，因井水苦涩而得名，民国时期谐音雅化为“福绥境”，意为幸福安好之地。发祥坊“井儿胡同”，清代称为“龙头井”，1949 年后定名“龙头井街”。以抽水器械“水车”为名的街巷，金城坊有“水车胡同”，清代分成

"东水车胡同"与"西水车胡同"，民国时期改称"大水车胡同"与"小水车胡同"；日忠坊"水关水车"以胡同北端的西海岸边有水车而得名，清代称"水车胡同"并沿用至今。在这类地名中，大时雍坊"黄井胡同"，小时雍坊"井儿胡同"，阜财坊"绛水胡同"，金城坊"苦水井胡同"、"阎家桥"、"庙桥儿"、"双河儿胡同"等，留给今天的踪迹寥寥无几。安定德胜关外"冰窖小店"，是明代内官监藏冰的冰窖所在地，清代称"冰窖口"，1965 年定名"冰窖口胡同"。阜成西直关外"南三里河"，所指村落即今"三里河一区"至"三里河三区"等地。

明清西城有些胡同以所在之处的其他地物为名。大时雍坊"石碑胡同"自明代沿用至今；"马桩胡同"以拴马桩为名，清代分为"拴马桩"与"西拴马桩"，1965 年定名为"东栓胡同"与"西栓胡同"；"碾子胡同"在清代称为"碾儿胡同"，民国时期写为"辇儿胡同"。鸣玉坊"石碑胡同"，到 1965 年为避重名改为"育德胡同"。河漕西坊"栅栏胡同"，以胡同口的栅栏为名，清代谐音改为"沙喇胡同"，民国时期分为谐音命名的"前纱络胡同"与"后纱络胡同"。发祥坊"石虎儿胡同"以石刻老虎而得名，清代写作"石虎胡同"，1965 年为避重名改为"大石虎胡同"。在以植物为名的街巷中，大时雍坊"枣树胡同"自明代沿用至今；"松树胡同"1965 年改为"东松树胡同"；"帘子胡同"是"莲子胡同"的异写，以附近有莲池得名，明后期称"旧帘子胡同"，1965 年分为"东旧帘子胡同"与"西旧帘子胡同"。河漕西坊"柳巷儿"，在清代写作"柳巷"。朝天宫西坊"椿树胡同"，1965 年改为"月树胡同"。

六　源于五行八作的地名反映经济生活的丰富多彩

约定俗成的街巷名称最接近社会底层的生活，属于经济活动范畴的作坊、工场、市肆、园地、产品以及居民的独特技艺、职业特性等，为北京街巷提供了多样化的命名之源。从另一个角度看，地名语词也由此记录了历史上以经济活动为主的丰富多彩的社会生活。

在北京内城的东城部分，明代中城南薰坊范围内，"东江米巷"

有出售江米的米市，清代谐音为“东交民巷”。“锡蜡胡同”有制作锡灯和蜡台的作坊，清末取近音写为“锡拉胡同”。“烧酒胡同”是明清时期光禄寺烧酒作坊的所在地，清宣统年间改为谐音的“韶九胡同”。此外，坊内还有金箔胡同、法瑯胡同、皮裤胡同等，虽已无从追寻其语源，但原来应是制作或出售相关物品的地方。在澄清坊，“煤炸胡同”由于铸铁厂堆积的煤渣而得名，清代改为近音的“煤渣胡同”。“干鱼胡同”到清宣统年间改为“甘雨胡同”。“金鱼胡同”一直延续至今，“麻绳胡同”也应与居民的生计有关。明照坊的“鞍子巷”可能有卖马鞍的地方；“鹁鸽市”应是一处鸽子交易市场，清代变为“大鹁鸽市”与“小鹁鸽市”，1965年定名为“大鹁鸽胡同”和“小鹁鸽胡同”。保大坊的“镫市”是“灯市”的异写，清代形成“灯市口大街”，是京城正月放灯期间的闹市。“取镫胡同”以明代在此设置存储“取灯”（功能类似于火柴）的仓库而得名，清代分解为“大取灯胡同”与“小取灯胡同”。仁寿坊“汪纸马胡同”，以汪姓人家开设的服务于丧葬祭祀的纸马店而得名，清代取谐音更名为“汪芝麻胡同”。

在明代的东城明时坊，“船板胡同”可能有生产造船所用木板的工场；“随磨房胡同”以随家开设的磨房命名，清代谐音简化为“水磨胡同”；“麻绳胡同”有经营麻绳的作坊或店铺，清代改为“麻线胡同”；“表背胡同”肯定居住着裱糊字画的手艺人，清乾隆年间作“裱褙胡同”，宣统时分为“东裱褙胡同”和“西裱褙胡同”；“姚铸锅胡同”因有姚家铸造铁锅的作坊而得名，民国年间取谐音改为“尧治国胡同”，1965年又改为“治国胡同”；“罗纸马胡同”与仁寿坊的“汪纸马胡同”属于同类；“赶驴桥”靠近贡院，估计当时有人以赶脚为业，清代因有制作金银首饰的店铺而改名“顶银胡同”；“黄兽医胡同”以巷内的兽医黄某为名，1965年改为“北极阁三条”。坊内还有马丝绵胡同、箔子胡同、王搭材胡同、镫草王家胡同、冠帽胡同、包铁胡同、铫儿胡同、豆腐巷、马皮厂等。黄华坊的“干面胡同”，应与从禄米仓运输米面的事务有关；“镫草胡同”以出售灯芯草得名，今作“灯草胡同”。此外，还有芝麻巷、粉子巷、鼓手营、梁爪子胡同等反映职业特点的地名。在思诚坊，“驴市胡同”是牲畜交易市场，清宣统年间改为谐音的“礼士胡同”；“炒米胡同”以卖炒米、炒面的小吃摊贩而得名，清代改为“前炒面胡同”与“后炒面胡同”；“铸锅巷”有铸锅的工匠在此居住，清代取谐音改为“竹竿巷”，1965 年简化为“竹杆胡同”。“牛房胡同”当年应为养牛之地。南居贤坊的“铁箭营”，是明代造箭的地方。清代作“铁匠营”，今称“铁营胡同”。坊内的轿子胡同、粉子胡同，也应是居民生计的反映。棺材巷、灵床胡同、钞纸胡同，显示这里在明代可能是丧葬服务集中的所在。北居贤坊的“针匠胡同”，到清代演变为“针线胡同”；“箍稍胡同”应有制作水桶或木桶的工匠或作坊，“稍”应为“筲”的别字，清代即写为“箍筲胡同”，1965 年改为“北新桥头条”。此外，还有手帕胡同、木掀胡同、猪毛胡同等。在明代的北京北城，教忠坊的“翦子巷”即“剪子巷”，以市场或作坊为名，沿用至今。崇教坊的“交趾号胡同”似乎是以买卖铺户的名号为名，坊内还有一地称“粮食店”。在昭回坊、靖恭坊，“臭皮胡同”以熟皮作坊命名，民国年间谐音改为“寿比胡同”；“何纸马胡同”源于何姓店主开办的糊纸马的作坊，与前面提到的“罗纸马胡同”、“汪纸马胡同”同类，清代谐音为“黑芝麻胡同”；“布粮桥”以交易布匹粮食的集市为名，民国年间谐音演变为“东不压桥胡同”。“棉花胡同”、“炒豆胡同”也源于市场或作坊，自明代开始已存在了数百年。灵春坊“车辕店”，清代谐音为“车辇店”，原是皇家制作车辇的地方，宣统年间称为“车辇店胡同”。金台坊“豆腐陈胡同”以豆腐作坊主为名，清代谐音为“豆腐池胡同”；“针刘胡同”的命名方式与“豆腐陈胡同”一致。点铜厂街、葡萄园，以所出之物为名。

清代内城东城新增的街巷名称，也有不少与居民职业或经济生活有关并一直使用到今天。“大纱帽胡同”、“小纱帽胡同”，从前是出售纱帽的地方；“汤锅胡同”以胡同里的屠宰场为名，今名“汤公胡同”；传说制作弓箭的匠人聚居的“弓箭营”，今为“北弓匠营胡同”与“南弓匠营胡同”；“碾子胡同”是巷子里有碾米磨坊的记录；“轿子胡同”可能是轿夫的居住地；“烧酒胡同”始于清代的烧酒作坊；

“弓箭大院”以制作弓箭的作坊得名；“鲜鱼巷”源自贩卖鲜鱼的市场，今已派生出“南鲜鱼巷”、“中鲜鱼巷”、“北鲜鱼巷”。今东单北大街的北段在清末称为“米市大街”，曾是交易粮食的市场，1965年成为东单北大街的一部分，至今位于东堂子胡同西口以北的公共汽车站还叫作“米市大街”；王府井大街东侧的“灯市口北巷”，在清代和民国时期称为“油房胡同”，到1965年左右才改名。此外，连通东四西大街与隆福寺街的“盐店大院”，始见于民国时期陈宗蕃《燕都丛考》，胡同内曾有一处官盐店；雍和宫大街东侧的“酱房东夹道”与“酱房西夹道”，命名依据是清代或民国时期的黄酱作坊。

在内城的西城部分，中城大时雍坊“西江米巷”，清代谐音改为“西郊民巷”，与前门以东的“东交民巷”对称为名；“养马胡同”、“油房胡同”在清代谐音或同音改为“羊毛胡同”、“油坊胡同”；“绒线胡同”，1965年分为“东绒线胡同”与“西绒线胡同”；“牛肉胡同”在明代是回民聚居地，在清代称“牛肉湾”，民国时期分为“前牛肉湾”与“后牛肉湾”。此外，坊内还有“故衣胡同”、“草帽胡同”、“麻绳胡同”等与经济生活相关的街巷名称。小时雍坊“馓子王胡同”，以擅长制作馓子（麻花一类的油炸食品）的王姓居民为名，民国时期改为“槐里胡同”，1965年定名“东槐里胡同”。“堂子胡同”自明代一直沿用，应是历史上有过“堂子”（妓院的别称）之故。“马巷胡同”估计曾是养马的地方，清代作“马香胡同”或“马香儿胡同”，其地在今北京电报大楼与钟声胡同之间。安富坊“板厂胡同”应以锯放木板的工厂为名，民国时期谐音改为“颁赏胡同”。

在明代的北京西城，阜财坊“铁匠胡同”，清代分为“东铁匠胡同”、“中铁匠胡同”、“西铁匠胡同”；“棕帽胡同”及“二条胡同”、“三条胡同”、“四条胡同”，因胡同内有以棕片篾条编织棕帽的作坊得名，清代称“棕帽头条胡同”至“棕帽四条胡同”，今同音简写为“宗帽头条”至“宗帽四条”；“包头胡同”应以生产头巾一类的作坊得名，清代谐音改为“鲍家街”，实际上与姓氏无关；“白帽胡同”清代改为“白庙胡同”，既有谐音成分也有庙宇为依据；“何薄酒胡同”、“箔子胡同”应当是以酒作坊与出售苇箔的店铺为名。咸宜坊“千张胡同”以制售千张（薄片的豆腐干）的作坊为名，清代分为“南千张胡同”与“北千张胡同”；“沈篦子胡同”以制售梳头篦子的沈家作坊为名，清代分称“南沈篦子胡同”、“中沈篦子胡同”、“北沈篦子胡同”，1965 年定名为“南篦子胡同”与“北篦子胡同”；“缨子胡同”可能以制售缨子（衣服或器物上的穗状饰物）的作坊得名，清代分为“前缨子胡同”与“后缨子胡同”，民国时作“前英子胡同”与“后英子胡同”，并析出了“小英子胡同”；“羊肉胡同”自明代以来一直未变；“合包胡同”应是“荷包胡同”的异写，今已不知所在。此外，咸宜坊的“西院勾栏胡同”一带，清代演变为“大阮儿胡同”、“小阮儿胡同”（民国时谐音为“大院胡同”、“小院胡同”）、“三道栅栏”（1965 年称“三道栅栏胡同”）等街巷，前者与自明代以来保持稳定的“粉子胡同”一样，应是当年妓院留下的痕迹。鸣玉坊“帽儿胡同”，清末或民国时期分为大、北、中、前、后 5 条“帽儿胡同”，即今“大帽胡同”、“北帽胡同”、“中帽胡同”、“前帽胡同”、“后帽胡同”。此外，“驴肉胡同”以制售驴肉的作坊得名，民国谐音改为“礼路胡同”；“箔子胡同”清代谐音作“报子胡同”或“雹子胡同”；“熟皮胡同”以熟皮作坊得名，清代称“臭皮胡同”，民国谐音为“受壁胡同”。这三条胡同 1965 年依次定名为“西四北头条”、“西四北三条”、“西四北四条”。日中坊“桃园”，清代形成“前桃园”与“后桃园”，1965 年定名为“前桃园胡同”和“后桃园胡同”，并从后者析出“东桃园胡同”；“官菜园”清代称“菜园”，1965 年定名“红园胡同”。河漕西坊“茶叶胡同”，清代析为“大茶叶胡同”与“小茶叶胡同”。朝天宫西坊“棕帽胡同”，1965 年为减少重名谐音改为“宏茂胡同”；“官菜园”清代称“官园”，1965 年改为“官园胡同”。金城坊“盆儿胡同”清代分为“大盆儿胡同”与“小盆儿胡同”，1965 年定名“大盆胡同”与“小盆胡同”；“麻线胡同”清代析为“大麻线胡同”与“小麻线胡同”；“砂锅刘胡同”以经营砂锅的刘某为名，清代谐音为“大砂锅琉璃胡同”与“小砂锅琉璃胡同”，民国时期变为“大沙果胡同”

与“小沙果胡同”。明代的“羊毛胡同”到清代分成了“南羊毛营”和“北羊毛营”两条东西向的胡同，随后进一步谐音为“南养马营”和“北养马营”。大约在光绪末年至民国之初，“北养马营”的西部改称“鞑子庙”而东部改为“东养马营”，原来的“南养马营”随之相应改为“西养马营”。1965年，分别定名为“东养马营胡同”与“西养马营胡同”。鸣玉坊的猪市胡同，日中坊的米市口，金城坊的曹杉板胡同、马市桥、菜市口、豆腐巷、羊市口，朝天宫西坊的绵花胡同、双冷铺，大体都是以市场或作坊为名。这样的街巷在北城只有日忠坊的豆腐巷、发祥坊的绵花胡同（清代作“棉花胡同”）等少数几个，多少显示了社会生活的一些区域特点。

七　以各类人物为名的街巷记录京城芸芸众生

明代北京街巷有很多以居住者为名，这些人物从官宦到平民应有尽有。如果是官方刻意为之，不可能有那么多的百姓进入地名之中。民间约定俗成的命名方式得到极为普遍的运用，除了以姓氏为名的胡同之外，进入地名中的人物来自多个阶层，这是明代地名产生过程中的一个显著特点。

在内城的原东城区范围内，明代南薰坊“王皇亲钱皇亲宅”、明照坊“张皇亲房”，是对建筑的描述而不是成熟的地名。澄清坊“帅府胡同”，以胡同内有某位元帅的府邸得名，民国时称“东帅府胡同”；南居贤坊“王驸马胡同”居住着王姓的驸马，1965年改为“南颂年胡同”；黄华坊的“杨仪宾胡同”也是以皇亲为名。“仪宾”是明代对宗室诸王之婿的称呼，杨某人娶了朱家某位王爷的女儿，被人们称为“杨仪宾”，他所在的胡同也随之叫作“杨仪宾胡同”。清乾隆年间同音异写为“杨夷宾胡同”，宣统年间又作“羊宜宾胡同”并分为“大羊宜宾胡同”与“小羊宜宾胡同”两条街巷。明代以达官显贵为名的街巷或桥梁有：保大坊“忠义王胡同”、“彰武伯桥”。仁寿坊“马定大人胡同”，清代称“马大人胡同”，1965年改为“育群胡同”。明时坊“成安伯胡同”、“建平伯胡同”。黄华坊“石大人胡同”，民国改为“外交部街”；“吴良大人胡同”清代谐音改为

“无量大人胡同”，1965 年改为“红星胡同”；“遂安伯胡同”以永乐年间陈志的封爵“遂安伯”为名，源于陈志府第的这个地名，已稳定地使用了大约六百年；此外还有“蒋大人胡同”。思城坊“把台大人胡同”，在清代称“巴大人胡同”，民国时期作“八大人胡同”，1965 年改为“南竹竿胡同”。北居贤坊“永康侯胡同”，清代分为“前永康胡同”与“观音寺”两段，1965 年定为“前永康胡同”；“王大人胡同”清代分为“王大人胡同”与“赵公府”两段，民国时称“王大人胡同”，1965 年改为“北新桥三条”。教忠坊“文丞相祠”，在清代称“靶儿胡同”或“巴儿胡同”，1949 年改为“文丞相胡同”，以纪念“留取丹心照汗青”的民族英雄文天祥；“马将军胡同”，1965 年改为“东旺胡同”。以宫中太监为名的街巷有三条：保大坊“刚太监胡同”；仁寿坊“山青太监胡同”，在清代改为“山老儿胡同”，今称“山老胡同”；北居贤坊“金太监寺”，清代称“金太监寺胡同”，1965 年改为“北新桥头条”。南薰坊“唐神仙胡同”，明时坊“罗道士胡同”，当以宗教人士为名。仁寿坊“喇嘛杨家胡同”，可能因信仰藏传佛教的杨家为名，清代称“喇叭营”或“利薄营”，民国时称“利薄营”，1949 年后定名为“利薄营胡同”。

以平民百姓的姓名或称谓为名的街巷，最具有群众性。南薰坊“邵贤家胡同”、明时坊“耿喜家胡同”、南居贤坊“陈昂家胡同”、北居贤坊“石染家胡同”，以居民姓名与“家”字组成胡同专名，邵贤、耿喜、陈昂、石染就成了胡同里的居民代表。明时坊“范子平胡同”，1965 年改为“庆平胡同”；“江聪胡同”，清代改为“江擦胡同”，范子平、江聪想必也是胡同居民的代表人物。澄清坊“崔姥姥胡同”，明时坊“吴老儿胡同”、“杨狗头胡同”、“刘师婆胡同”、“马姑娘胡同”，教忠坊“四郎胡同”，以居民的俗称乃至戏称为名。属于这类命名方式的还有：南居贤坊“宋姑娘胡同”，清代分解为“东宋姑娘胡同”与“西宋姑娘胡同”（“宋”或作“送”），民国时谐音改为“东颂年胡同”与“西颂年胡同”。北居贤坊“杨二官胡同”，清代谐音转化为“羊管儿胡同”、“羊管胡同”，1965 年分成“东羊管胡同”与“西羊管胡同”两条街巷。“杨二官”是对杨家排行第二的男子的称呼。

在北京内城的西城部分，明代以居民姓氏或别称为名的街巷中，中城小时雍坊“儆子王胡同”是姓氏与特殊技艺的结合，即今“东槐里胡同”。西城阜财坊“祁家胡同”，清代称“茄子胡同”与“茄柄胡同”，以形似更名，1965年合并定名为“葵花胡同”；坊内这类地名还有江家胡同、白回回胡同、何薄酒胡同等。咸宜坊“沈篦子胡同”，今名“南篦子胡同”与“北篦子胡同”，此外还有翟家胡同。鸣玉坊“石老娘胡同”以石姓的接生婆为名，1965年改名“西四北五条”。金城坊除了“砂锅刘胡同”（今“大沙果胡同”与“小沙果胡同”）外，此类地名还有车家胡同、井家胡同、陆家胡同、曹杉板胡同等。河漕西坊“苏家胡同”，清代称“苏萝卜胡同”或“酥萝葡胡同”，今写为“苏罗卜胡同”。朝天宫西坊有单家胡同、毛家胡同，它们与北城日忠坊的鲁家胡同、发祥坊的陶兽医胡同，目前俱已无考。

以居民名字为名的街巷，中城大时雍坊“方铁胡同”、安富坊“杨刀儿胡同”应属此类但今已无考。西城阜财坊“史刚家胡同”，清代谐音为“石缸胡同”；咸宜坊“伊先胡同”清代谐音为“榆钱胡同”，1965年改为“南榆钱胡同”，与由清代“油房胡同”改名的“北榆钱胡同”对称。鸣玉坊“王贵桥胡同”以“王贵桥”为名，其中的“王贵”应是人名，估计胡同离今天的翠花街不远；坊内还有“王瑞老儿胡同”。金城坊“孟端胡同”自明代以来保持稳定，欧先胡同、刘和尚胡同、刘教胡同、杨和胡同、贺三胡同难以考定。河漕西坊“陈信家胡同”，清代析为谐音的“大陈线胡同”与“小陈线胡同”，民国时期进一步谐音简化为“大乘巷”与“小乘巷”，实际上与佛教毫无关联。朝天宫西坊“安成家胡同”，清代改为“安成胡同”，明代还有杨瓒胡同、李友家胡同、李浩家胡同、李四家胡同、任四胡同等同类地名。北城发祥坊“三保老爹胡同”以三宝太监郑和的府第在此而得名，清代谐音为“三不老胡同”；“刘汉胡同”清代谐音为“刘海胡同”。

在以居住者的官位为名的街巷中，中城小时雍坊“李阁老胡同”

以李东阳宅邸在此得名，李东阳是弘治年间的文渊阁大学士，人称“李阁老”，1965 年改为“力学胡同”；“衍圣公宅”在今“背阴胡同”附近。积庆坊有“陈皇亲宅”。西城阜财坊“石驸马街”，源于此地有明宣宗之女顺德公主的驸马石璟的府邸，清代以南沟沿（今为“佟麟阁路”）为界，分称“东石驸马大街”与“西石驸马大街”，1969 年改名“新文化街”，以纪念 1923—1926 年执教于北京女子师范大学的新文化运动倡导者鲁迅先生，该校旧址即今鲁迅中学。咸宜坊“丰城胡同”，可能有永乐年间丰城侯李彬的府第，清代谐音为“丰盛胡同”。鸣玉坊“泰宁侯胡同”以明代泰宁侯陈珪的府第在此得名，清代改为“泰安侯胡同”，似乎有为道光帝旻宁避讳之意，1965 年更名“西四北七条”；“武安侯胡同”有明代武安侯郑亨的府第，清代称为“五王侯胡同”，民国年间或作“武王侯胡同”，1965 年改为“西四北八条”。金城坊“广宁伯胡同”以永乐年间广宁伯刘荣的府第在此得名，清代称“广宁伯街”。金城坊的“许游击胡同”、“武太医胡同”、“赵府大人胡同”，朝天宫西坊的“高官人胡同”等，命名语源也属此类但今已无考。北城发祥坊的“张皇亲街”，以明孝宗孝康张皇后之弟寿宁侯张鹤龄、建昌伯张延龄在此居住而得名，清代称“张皇亲胡同”，民国时期谐音改为“尚勤胡同”。

明代以表示某种愿望的语词命名的街巷很少。中城大时雍坊有“西长安街”、“西长安门”，与之对称的是今东城区范围内的南薰坊“东长安街”、“东长安门”，它们的位置就在今北京长安街一线。大时雍坊“安富胡同”有安定富足之意，清代谐音为“安福胡同”，1965 年定名“东安福胡同”与“西安福胡同”；坊内的“安儿胡同”自明代一直沿用下来，可能是把“安定”之“安”做了儿化韵处理的结果。金城坊的“金城坊胡同”以纵贯该坊而得名，清代谐音为“锦什坊街”。由此进一步证明，当时街巷名称产生的途径主要是城市居民的约定俗成。

八　地名语词的谐音雅化表明社会审美意识的变迁

战国时期的思想家荀子指出：“名无固宜，约之以命，约定俗成谓之宜，异于约则谓之不宜。”[1] 对于地名而言，一个地方的名称没有绝对合适的，只是根据大众的共同认可来约定，服从这个共同约定的就是恰当的名称，与这个约定相矛盾的就是不恰当的名称。古代民间通过语音进行的地名传播，远远超过利用地名的文字形式所做的交流，地方的命名依据也往往是随手拈来。除了某些具有重要象征意义的名称，如明代中城南薰坊的“东长安街”、大时雍坊的“西长安街”（今属西城区）等之外，通常并不刻意考究相应的字面意义，因而使某些写实性的命名显得过于俚俗化。随着语言的发展与审美意识的增强，这类地名用字往往被人们用同音字或近音字替代。自明朝嘉靖年间张爵《京师五城坊巷衚衕集》比较完整地记载了北京的街巷胡同后，清代光绪年间的朱一新《京师坊巷志稿》、民国年间的陈宗蕃《燕都丛考》，相继记录了各自所处时代的新发展。清末民国时期开始有意识地更改地名，到1965年北京整顿街巷胡同名称时，一部分地名完全被改掉，还有的做了谐音或同音的用字转换。当代北京正在使用着的地名，经历过这些演变的俯拾皆是。

有些地名用字的谐音或近音转换没有明显的用意，在内城的原东城区部分，明代的思诚坊“铸锅巷”先后变为“竹杆巷胡同”与“竹杆胡同”一样，基本上顺应着从众从俗的自然演变。不少同音或谐音的更名，意在回避感觉欠雅或不够吉利的地名用字。清代的“母猪胡同”，在民国时期改名“北梅竹胡同”。明代思诚坊的“驴市胡同”，到清宣统年间改为“礼士胡同”，略显粗鄙的“驴市”变成了文质彬彬的“礼士”，颇有些礼贤下士的意味。此外如“臭皮胡同”改为“寿比胡同”，“豹房胡同”改名“报房胡同”，“蝎虎胡同”改为“协和胡同”等，增强了地名的美感。“鬼”、“阎王”、“棺材”、“纸马”等，更是人们刻意回避的地名语词。

通过谐音转换去掉旧时痕迹、体现新的政治特征，是地名更改的另一重要意图。在明代内城的原东城区部分，灵椿坊“千佛寺胡同”，清代称“灵官庙胡同”，1965年取谐音改为“灵光胡同”；明

---

① 《荀子》卷16《正名篇》，中华书局《诸子集成》本。

时坊的“斧钺司营”，清代称为“福建司营胡同”，1965 年改为“富建胡同”。如此等等的变换，从字面上减少了旧时代的色彩，符合一定阶段的政治要求，当然也丢失了一些历史信息。此外，通过谐音变换用字，把地名的风格由俗变雅，反映了人们重视地名语义及其象征意义的社会心理。明代的“姚铸锅胡同”到民国改称“尧治国胡同”，1965 年简化为“治国胡同”；澄清坊“干鱼胡同”到清末改为“甘雨胡同”等，就是其中的代表。这样变换的弊端在于，有些谐音后的新词难免语义晦涩乃至不通，人们依旧能够从读音联想到原来的名称和含义。地名蕴涵的历史文化信息，是地方文化不可或缺的组成部分，新地域的命名应当积极吸收历史文化的营养，在城市发展中需要加强对包括地名在内的历史文化资源的保护。

在内城的原西城区部分，明代产生的地名在清代以后有沿有革，派生与新增是地名发展的主流。光绪年间朱一新所记属于今西城区的街巷已有 1000 条上下，大约是明代街巷数量的 2.5 倍。随着城市人口与房屋建筑的逐步密集，明代一条胡同到清代分解为两条甚至更多条胡同的情况相当普遍，从原有街巷派生就成为普遍采用的命名方式，再加上原来比较荒凉的区域出现了新街巷，地名的数量因此大幅度增长，为当代地名的分布格局奠定了直接基础。这些地名产生的年代并不遥远，数量却颇为庞大。通过派生或谐音转换形成的那些地名，在语词上又与原名具有或明或暗的关联，只要稍加注意就不难看出其中的承继渊源。清末民初部分人士感到某些地名的含义过于粗俗，于是通过谐音转换地名用字的方式使之变得文雅起来，这就是今人所谓地名的雅化。由于要顺应乃至迁就原来的语音，经过谐音雅化后的这类地名难以掩盖从前的痕迹，有些语词如“牛犄角胡同”改为“留题迹胡同”之类，也有明显的生凑嫌疑而不如原来明白晓畅，但从总体上看，这类改变仍然具有积极的社会意义，体现了健康向上的心理状态以及对精神境界的美好追求。

第二节　北京外城的地名语源及其变迁轨迹

2010 年 7 月 1 日，新华社播发了北京市撤销崇文区与宣武区、其行政区域分别并入东城区和西城区的新闻。为了叙述与分区的方便，这里以“原崇文区”、“原宣武区”指代其原有的区域。自秦汉至隋唐五代的幽州、辽南京、金中都，其主要部分都在原宣武区范围内。在元代营建大都之前，这里一直是“北京史”的重心所在。金中都旧城只是在元代逐渐废弃之后才日趋荒凉。在明朝嘉靖三十二年（1553）修建北京外城之前，崇文门、宣武门之外的区域是京城的南郊。修建外城之后，金中都旧城偏东的大半部又重新回归城市，而原崇文区的大部分也由乡村被圈入以城墙为标志的城市范围之内。原宣武区的主体部分经历的由城市到乡村再到城市的反复交替，远比原崇文区自明代嘉靖年间由乡村变为城市的单一过程复杂。在原崇文、宣武两区，靠近内城的北半部人口与街巷都比较密集，相对荒凉的南半部地名数量较少、地名语词更具乡村聚落色彩，从而使整个外城的地名呈现出城市与乡村彼此融合的特点。原崇文区的绝大部分在明代属于外城八坊中的正东、崇北、崇南坊，清代属于外城的东城、南城以及中城的一部分。民国时期属外一、外三、外五、郊三区。原宣武区在明代属于外城八坊中的宣北、宣南、白纸、正西、正南坊，广宁门外的部分属于宛平县的乡村。城区在清代属于外城的西城、北城以及中城的一部分。民国时期属外二、外四区。1952 年区划调整时，设立“崇文区”与“宣武区”。1958 年撤销“前门区”，其辖境分别并入崇文区与宣武区。2010 年 7 月 1 日，崇文区与宣武区宣布被撤销。

一　原崇文区的地名语源及其明代以来的变迁

明代的正东坊，大致相当于今前门大街—永定门内大街以东、崇文门外大街—天坛东路以西、筒子河以南、天坛以北的区域。正东坊北部及其东面的崇北坊靠近正阳门和崇文门，在明代修建外城之前就已经聚集了较多人口，街巷的密集程度远远高于正东坊南部以及位于外城东南一隅的崇南坊。正东坊东北部有一批以作坊或居民职业命名的街巷，包括打磨厂、豆腐巷、金帽儿胡同、细米营、茶食胡同，西北部有鲜鱼巷、帘子胡同、席儿胡同、豆腐巷、冰窖胡同，天坛东北有唐洗白街，此外还有篦儿胡同、吴毡儿胡同等。正东坊的中部，有羊房草场一条至十条胡同、芦苇园、官菜园等街巷。生产芦苇的“芦苇园”与就近编织苇席、苇箔的“席儿胡同”相邻，距此不远的崇北坊有储存木材的“神木厂”。靠近前门与崇文门附近集中了大批手工业者，以服务于城市日常生活的商业市肆和手工作坊为基础，形成了较多街巷。两个城门之间的地域，是居民比较稀少的羊房、苇地与菜园。紧靠天坛东北墙外的一片地方是“苜蓿园”，与北面不远处的“羊房草场”、“芦苇园”同属一类。西三里河、东三里河、小桥儿、三川柳胡同，隐含着元代之前河流走向与植被分布的信息，到明代已成为皇亲贵族修建园林的地方。

崇北坊在正东坊以东，原崇文区东北一隅。明代有新板桥小市口、中板桥小市口、席箔市、小市口、煤市口、乔铁胡同、羊肉胡同、手帕胡同、针桥瓜子营、唐刀儿胡同等以市肆、作坊为名的街巷，并且大多分布在神木厂大街（因永乐年间大五厂之一“神木厂”而得名）以南、靠近崇文门大街的一侧。崇北坊“税务分司”，是管理征税的机构；“抽分场大街”来源于“抽分场”这个征收实物商税的场所，显示了崇文门一带在京城商业、税务方面的重要地位。崇北坊的寺庙有卧佛寺、关王庙、娘娘庙、天仙庙、土地庙、崇恩观、卧云庵、无量庵、崇恩寺、新火神庙、增福庙、白云寺、积谷寺、万神寺等十余个，其中少数已经派生出了街巷名称，如“卧佛寺街”等。

崇南坊在崇北坊以南、天坛以东，是明代外城的东南一隅。北部与崇北坊毗邻地带，有以市肆、作坊为名的柴市口、米市口、揽杆市、蒜市口南、缨子胡同、马尾帽胡同，细木厂一条至十条胡同、抽分厂大街南、粮食店分司厅等街巷或机构名称，情形与崇北坊大致相像。力士营、递运所、镇南营、幼官营、四川营、瘦马营等，是历史上驻扎军队的象征。崇南坊的中南部，由于嘉靖年间刚刚圈入城区而显得特别空旷清静，寺庙成为突出的地理标志，这里有地藏寺街、文昌宫、法藏寺街、火神庙、妙音寺、安化寺街、吉祥寺板桥、宣灵庙、三忠祠、观音堂。纪家桥、吉祥寺板桥、南河漕、深沟儿、十里河、头闸高碑店等街巷名称，是明代水文环境留下的痕迹。清初朱彝尊说：“张爵纪五城坊巷胡同，南城正东坊有西三里河、东三里河、芦苇园，崇南坊则有南河槽、于家湾、递运所、缆干市，又有三转桥、纪家庙、板桥、双马庄、八里庄、十里河，皆三里河入张家湾故道。"① 这些地名的字面意义大多与河流、水运或多水的环境相关，是追溯三里河故道的可靠线索。

清代以后街巷胡同与居民点逐渐增加，部分无名区域产生了新地名。由于前门大街两侧商铺逐渐蚕食，街道左右形成了两条窄长的巷子。东边的一条自北而南分段称为"肉市"、"布巷子"与"西草市"，西边的一条自北而南依次叫作"珠宝市"、"纸巷子"、"粮食店"、"穷汉市"，由此实现了前门大街的"一分为三"。地名自身的变化主要是派生命名与谐音改名。前者如从正东坊"芦苇园"派生出"中芦草园"、"北芦草园"、"东芦草园"、"南芦草园"，崇北坊"保庆胡同"析为"上宝庆胡同"与"下宝庆胡同"，崇南坊"马尾帽胡同"析为"东马尾帽胡同"与"西马尾帽胡同"之类；后者如正东坊"阎王庙"变为"远望街"，崇南坊"锅腔胡同"析为"上国强胡同"与"中国强胡同"等，地名变化前后的语音关联一目了然。有些通名是到 1965 年才加上去的，就像崇南坊"南河漕"到 1965 年与另外两条小胡同合并后称为"南河漕胡同"一样。1949 年之后许多居民区的修建，促进了新地名的产生与地名的密集，龙潭、体育馆路、天坛、永定门外等区域的变化尤其显著。与此同时，某些分段称呼的街巷合并为一个名称。广渠门大街、大石桥、榄杆市大街、东草市大街、蒜市口统一为"广渠门内大街"；木厂胡同、东兴隆街、兴隆街、崇真观、梯子胡同、小桥、鲜鱼口等街巷，在小胡同并入附近大胡同之后，改为"东兴隆街"、"兴隆街"、"鲜鱼口街"；柳树井、平乐园、三里河、东珠市口大街等，合并为"东珠市口大街"。诸如此类的变化，使某些地名逐渐消失，这是地名演变的另一方面。

二 原宣武区的地名语源及其明代以来的变迁

明代的正西坊，所辖地域与今天的大栅栏街道办事处相仿，仅缺

① 于敏中等：《日下旧闻考》卷 55 引《日下旧闻》。

少西南一隅的几条街巷。自永乐年间开始，这里逐渐成为前门外最繁盛的商业区。清代的北京商业中心“大栅栏”，就是在此基础上发展起来的。正西坊的兴起首先得益于明代官方对商业的提倡，万历年刊行的沈榜《宛署杂记》记载：“洪武初，北平兵火之后，人民甫定。至永乐，改建都城，犹称行在，商贾未集，市廛尚疏。奉旨，皇城四门、钟鼓楼等处，各盖铺房，除大兴县外，本县地方共盖廊房八百一间半，召民居住，店房十六间半，召商居货，总谓之廊房云。房视冲僻分三等……选之廊房内住民之有力者一人，佥为正头。计应纳钱钞，敛银收买本色，径解内府天财库交纳，以备宴赏支用。”[①] 清代查慎行《人海记》亦记此事，并且指出：“今正阳门外廊房胡同，犹仍此名。”[②] 换言之，朝廷为了获得用于宴会和赏赐的充足银两，盖了一批店房铺房出租招商，按其所处位置是冲要还是偏僻，确定三等收费标准，由充当管理员的廊头按时收敛上缴内府银库。永乐十七年（1419），北京南城墙向外推移到前三门一线，正阳门外冲要地段的地理优势转化为巨大商机，由此形成的街巷以“廊房”为名，并出现了廊房头、二、三、四条这样的名称系列。

正西坊聚集了自发形成的若干市场或作坊，随之出现了不少带有经济特色的街巷名称。推车卖煤的集市在“煤市口”，卖陶器的在“缸市口”，还有“羊肉胡同”、“笤帚胡同”、“猪市口”、“车营儿”、“取镫胡同”等。“杨毡胡同”、“王皮胡同”，显示胡同里居住过能工巧匠；“税务口”则是官方税收机构的所在地。正西坊西端与宣北坊交界处的“琉璃厂”，元代就有小型琉璃瓦窑。明永乐以后，琉璃厂作为“大五厂”之一，修建北京时储备木植砖瓦的，专门烧造和储存内府所用的琉璃瓦件。正西坊的“琉璃厂东门”与宣北坊的“琉璃厂西门”，指示着琉璃厂的范围。与琉璃窑厂的生产相配套，周围的多种供应基地也逐渐发展成了街巷。明代曾经交易、存放木炭与木柴的“炭胡同”（清代以儿化韵称为“炭儿胡同”）、“柴胡同”

① 沈榜：《宛署杂记》卷7“廊头”条，北京古籍出版社1983年版。

② 查慎行：《人海记》卷下“北京廊房”条，北京古籍出版社1981年版。

（清代称“柴儿胡同”，或称“吴柴儿胡同”，民国谐音变为“茶儿胡同”），就属于这种类型。

寺庙道观是宣南许多街巷命名的依据。明代正西坊有延寿寺、云峰寺、观音寺、云居寺胡同、寄骨寺（万善寺）、抬头庵、五圣庙、新火神庙、马神庙街。火神庙供奉司火之神“火德真君”，人们既请求它不要把火灾降临人间，又希望它保佑琉璃厂用火顺利。清代乾隆年间以后，还增添了期望保佑书肆易燃物品平安的内容。清代的“北火扇”、“南火扇”，实际是“北火神庙”、“南火神庙”省略“庙”字之后的谐音异写。《燕都丛考》所称“北火神庙，亦曰北火扇”①，正表明了这种情况。“五圣庙”供奉关羽、土地、财神、山神、药王。清代此类街巷有万佛寺湾、火神庙夹道、清风巷、大宏庙、蝎子庙、北火扇、南火扇、皈子庙、玉皇庙、火神庙西夹道、仁威观夹道等。“皈子庙”在今樱桃斜街19号、与樱桃胡同（1965年由“皈子庙”改名）南端交会处。民国年间，这里是刻字业同业公会所在地，庙中供奉文昌帝君。“蝎子庙”是“七圣庙”的俗称，后谐音为“协资庙”，七圣以关羽为中心，右置赵公明、土地爷、天仙圣母，左置二郎神、财神爷、火神爷。在有些庙里，七圣或七神由关羽、土地、龙王、财神、药王、青苗神、雷神构成。

正西坊的“斜街”，本是明代一条由东北向西南的水沟，随着两侧民居的逐渐增多而演变为街巷。清乾隆时期，《宸垣识略》称之为“杨梅竹斜街”，此外还有“李铁锅斜街”、“樱桃斜街”、“王广福斜街”。该书谈到会馆时说“李铁锅斜街曰襄陵、三原、延定、肇庆”②，想必是以铸铁锅的李姓工匠为名。但在乾隆三十五年（1770），朱筠即称“余家在日南坊李铁拐斜街之北”③，表明民间工匠“李铁锅”通过谐音已经转换成了传说中的八仙之一“李铁拐”，到1965年改为“铁树斜街”。“樱桃斜街”的前身，是明代的“杨毡胡同”。“王广福斜街”1965年改名“棕树斜街”，与西北的“铁

① 陈宗蕃：《燕都丛考》，北京古籍出版社1991年版，第501页。

② 吴长元：《宸垣识略》卷10《外城二》，北京古籍出版社1983年版。

③ 朱筠：《笥河文集》卷12《编修蒋君墓志铭》，商务印书馆《丛书集成初编》本。

树”、“樱桃”、“杨梅竹”三条“斜街”一致，均以植物名称命名。

山川坛外的正南坊在正西坊以南，相当于今前门大街—永定门内大街一线以西与潘家胡同一线以东之间的区域，有崇兴寺、响鼓庙、五道庙、古佛庵、般若寺等宗教建筑点缀其间。南部被山川坛以及几片湖沼（今陶然亭公园及其以北一带）占据，东北角靠近正阳门大街的街巷，有以市肆为名的猪市口、猪市口南，以职业为名的赵锥子胡同、牛血胡同、养羊胡同、厨子营。西北角靠近虎房桥，有粉房刘家街。城市管理机构有西分司厅、税务口、正阳门宣课司等。陕西巷、蛮子营、河南营、留守卫营、校尉营等名称，大多是历史上曾经驻军的标志，有的可能是居民来源的记录。“黑窑厂”在山川坛西，是明代制造、储存城市建筑材料的“大五厂”之一，负责烧制砖瓦，周围被多个水泡环绕，正可满足取土取水的需要。养牲所、埋马坟、双庙菜园，则是正南坊在牲畜饲养、蔬菜供应方面的反映。黑窑厂北面的“潘家河沿”，显然是以水文特点为名。在正西坊和正南坊范围内，响闸桥—章家桥—虎房桥—潘家河沿连成一线，印证了当年皇城护城河泄出的一道河渠自北而南流经的路线。“五道庙”的得名既不是因为庙宇处在五条道路的交叉点上，也不是因为里面供奉着五位道教之神，而是它所供奉的神明叫作“五道将军”之故。作为街巷名称的“五道庙”，在民国年间变成了“五道街”。

宣北坊地处外城的西北角、正西坊以西，南起广宁门大街—菜市大街—骡马市街一线（即今广安门内大街—骡马市大街），北至皇城护城河，东与正西坊为邻，西至外城墙。坊内东北部的“琉璃厂西门”，与正西坊的“琉璃厂东门”相对应。东北角的“香炉营”，东南角的“麻线胡同”、“魏染胡同”，中部护城河南岸的“孔砂锅胡同”，是早年居民职业的象征。“菜市大街北”派生于“菜市大街”，“网子市”当是一处经营鱼网、鸟兽网等用具的市肆。西部的“煤营儿”、“砖营儿”，原是买卖煤炭砖瓦的场所。中部的“惜薪司南厂”，是收发苇席竿绳等建筑用材的机构。“虎房桥”、“虎房”、“驯象所营”，是明代饲虎驯象之处。“骡马市街”以骡马交易市场得名，大街北面的“草场胡同”曾为这个市场上的骡马储存草料。“四川营”、

"山西营"、"彭城卫营"、"将军校场"一至五条胡同，历史上应是屯驻军队的地方，前两者也可能反映了早期居民的来源。宣北坊的寺庙道观，有海波寺、观音堂、永光寺、永兴庵、圆通寺、玉虚观、接待寺、城隍庙、关王庙、竹林寺、老君堂、报国寺、紫金寺、昊天寺、善果寺、归义寺、弘法寺、天宁寺、黑禄寺、真空寺等，除了海波寺、永光寺等少数寺院外，大多分布在宣武门大街以西比较空旷的地域内。

关于"魏染胡同"、"四川营"的语源，以往曾有不少错误论断。日本人多田贞一写道："魏染胡同，骡马市大街路北。据传，明宦官魏忠贤曾在此巷居住。魏被诛后，此巷叫魏阉胡同，今为避恶名改为魏染胡同（《琐闻录》）。忠贤肃宁人，万历年间入宫……庄烈帝即位后，其奸事被发，遂缢死（《人名辞典》）。"[①] 事实上，早在嘉靖三十九年（1560）张爵编辑的《京师五城坊巷衚衕集》里，南城宣北坊就有"魏染胡同"与"四川营"、"麻线胡同"等毗邻，既早于魏忠贤入宫的万历年间，更早于他被杀的崇祯年间，根本不存在《北京琐闻录》所谓"今为避恶名改为魏染胡同"的事情。关于"四川营"，从清代的《宸垣识略》开始，往往说它因为明万历至崇祯年间四川女将秦良玉的军队在此驻扎而得名，旁边的"棉花胡同"则是她的部下纺棉织布的地方。但是，张爵的记载已经证明，"四川营"的产生年代远在嘉靖三十九年之前，即使其命名原因可能与来自四川的某支军队有关，也绝不会是命名几十年之后才从四川北上的秦良玉所部。《明史》提到的秦良玉的事迹，并不能证明她率领的那支军队到过京城。即使这支川军有可能驻扎在北京南城，也与此前早已载入《京师五城坊巷衚衕集》的"四川营"的起源毫不相干，由此派生的关于"棉花胡同"的词源更属主观臆测。

宣南坊位于宣北坊南、正南坊西，西以今教子胡同—右安门内大街一线与白纸坊为界。北半部靠近菜市大街—骡马市街这条外城的东

---

① ［日］多田贞一：《北京地名志》，张紫晨译，书目文献出版社 1986 年版，第 52 页。

西交通线，地名比较密集，有果子巷、菜市街南、骡马市南、米市口、羊肉胡同、绳匠胡同、棺材尚家胡同、烂面胡同、包头张家胡同等以市肆、作坊、职业为名的街巷，显示了社会生活中的商业、手工业特色。这一带的寺庙有保安寺、新寺、观音堂、关王庙、悯忠寺等。宣南坊的南半部人烟稀少，地名显得非常寥落。教子胡同南口外的“火焰营”始于元代，可能是一处制造火器的营地。明宣德四年（1429）在火焰营旁边修建火神庙，以祈求神灵保佑安全。东南部与正南坊相邻地带有几个水泡子。

白纸坊位于外城西南角，北与宣北坊、东与宣南坊交界。明代的街巷主要分布在北部靠近广宁门大街一线，尤其是东北角地区。干面胡同、牛肉胡同、羊肉胡同，源于当地的作坊或居民的职业。后两者与牛街的“礼拜寺”，都是元代以来回族聚集的记录。这里的寺庙还有大圣安寺、小圣安寺、保应寺、相国寺、贾家庙、三官庙等。本坊中心地带的“崇教寺”即“崇效寺”，今名“崇效胡同”。“隔东北有台，台后有僧塔三，环植枣树千株。”[①] 寺北相邻的一片地方因此叫作“枣林儿”，位置在今“枣林街”一带。崇效寺南的“纸房胡同”，以传统的造纸作坊为名，清人称“白纸坊居民今尚以造纸为业，此坊所由名也”[②]，这条胡同的语源也是如此。“纸房胡同”向南直至城墙，几乎渺无人烟。坊内的“老军地”，可能是历史上驻军的地方；“土坯营”、“夫营儿”，估计是明初修建北京城时制作土坯的场所与民夫驻扎的地方。广宁门东侧的“燕角儿”，源于辽代所建的“燕角楼”。在今天的街巷名“南线阁”、“北线阁”中，“线阁”通常以儿化韵读作“线阁（gǎo）儿”，正是“燕角儿”的谐音转换。它们的位置相当于辽南京皇城的东北角，指示着古城的范围。

张爵《京师五城坊巷衚衕集》在“白纸坊”下还列出了“俱坐在新城外”的手帕营口、嘉蔬署（菜户）、干石桥街、彰义门、娘娘庙（即大庙）、官园、菜户营。这些地方在外城以南或外城以西，已

① 于敏中等：《日下旧闻考》卷60引《析津日记》。

② 于敏中等：《日下旧闻考》卷60《城市》。

经越出了白纸坊的范围，但作为宫廷蔬菜供应基地与京城具有密切关联。“嘉蔬署”是上林苑监管理之下的四个署之一，“典莳艺瓜菜，皆计其町畦、树植之数，而以时苞进焉”[①]，也就是负责蔬菜瓜果的种植与供应事宜。由它演变而来的“南菜园街”，仍然带着历史的痕迹。“手帕营口”、“甘石桥街”，在今宣武区广安门外，其余几处在今丰台区境内。

根据我们统计，《京师五城坊巷衚衕集》所载外城城墙之内的街巷或地片（包括建筑物、机构）的名称，共计351条。清光绪末年朱一新《京师坊巷志稿》记载的外城地名，大约有773条，比明代增加了120%。到1990年左右，宣武区与崇文区分别有街巷760条与441条，合计1201条，又比清末增加了55%。即使除去统计口径的误差，街巷随着人口增加与城市发展而日益密集，应是普遍存在的总趋势。当代城市在高楼大厦拔地而起的同时，是许多小胡同的消失，这当然会减少地名的数量，而小区、道路的增多又对此有所补充。

第三节　历史地名应当作为非物质文化遗产来保护

在显示和传承区域历史文化脉络方面，地名尤其是历史悠久的地名具有独特的作用。一座建筑可能随着地震、水灾、战火以及自身的腐朽而垮落乃至消失，但群众约定俗成或官方刻意命定的地名，仍然可能继续指代原来建筑实体的所在位置或其周边地域。比如，北京的城门在晚近时期已经拆除，但东直门、朝阳门、崇文门、宣武门等名称，依旧是原城门所在地片的名称。作为语言产物的地名一经进入文献之中，就不再随着它所指代的地理实体的变化而变化，地名语词的相对稳定性与历史延续性通常要胜过地名的逐时变更性。即使地名发生了变更，后人也会凭借前人的记载弄清其来龙去脉。有鉴于此，地名的沿革过程在很大程度上成为区域历史文脉变迁与文化传承的一种

---

① 张廷玉等：《明史》卷74《职官志三》“上林苑监”，中华书局1997年版。

线索和象征，历史地名尤其应当作为非物质文化遗产加以保护。

一　历史地名的概念及其对于文脉传承的价值

在今人的概念中，清代以前使用过的地名往往很自然地被归入“历史地名”之列，但究竟何为“历史地名”，似乎是一个大家都可意会而无须加以定义的概念，业已出版的多种历史地名辞典虽有明确的收词范围、种类和年代，却从未有人把“历史地名”作为一个术语给出专门的解释。关于“历史地名”理解大致有两种情形。其一，如同“历史地理”是指一定区域在历史时期的地理状况一样，广义的“历史地名”指一定区域在历史上曾经出现过的所有地名，今人通常以清代或民国时期为年代下限。其二，是狭义的“历史地名”，将其视为以往曾经出现但目前已不再使用的地名。以现有地名为主要内容的词典或志书，通常把“历史地名”单独列出或作为附录，所选取的就是这类地名，其下限往往截止到成书之前较近的年份。相比而言，第一种广义的解释涵盖宽泛，在学理上显得更合乎逻辑；第二种狭义的解释则使“历史地名”的数量不至于过多，有利于减轻志书的释文负担及其与叙述现有地名沿革过程的重复。这两者只是根据具体的需要有所取舍，对于传承北京历史文脉而言，“历史地名”应当采用第一种广义的解释。

历史地名对于标志和传承历史文脉的价值，主要体现在三个方面。首先，历史地名是探索和认识已经成为过去的那些历史、地理以及社会发展情况的指南，沟通古今的桥梁和纽带。没有这些历史地名，古代的文献无法进行描述和定位，我们今天也无法借助文字来确定事物的空间分布。其次，历史地名是积聚民族文化、地域文化的载体与传播媒介。依靠这些历史地名包含的信息，我们可以获得国家、民族以及某一特定区域历史发展的线索。在继承发扬民族文化和地域文化的优良传统方面，一个与某种文化现象紧密联系的历史悠久的地名，实际上就是一个品牌、一种风格、一种类型的象征，地名本身具有的号召力和影响力往往出乎人们的预料。再次，历史地名是汲取前人经验做好当代地名工作和地名研究的教材和样板，其命名原则、语词特色、兴衰过程等，都可以给当代研究者和地名管理者以深刻的启迪和有益的借鉴，在地域命名和更名方面尤其如此。历史地名在发挥上述三种功能的同时，自身也成为一种地域性、社会性、民族性、历史性非常突出的文化形态，具备了某些作为非物质文化遗产的特征，使我们能够按照相应的标准对它们加以审视。在这个意义上，北京的历史地名表现出鲜明的典型性。

二　历史地名的非物质文化遗产属性

为了认识历史地名的非物质文化遗产属性，我们有必要简单回顾国内外保护非物质文化遗产的发展历程以及对有关术语的定义。

独特的文化和传统是一个国家或民族赖以生存和延续的必要条件，联合国教科文组织 2001 年通过的《世界文化多样性宣言》指出："文化多样性是交流、革新和创作的源泉，对人类来讲就像生物多样性对维持生物平衡那样必不可少。从这个意义上讲，文化多样性是人类的共同遗产，应当从当代人和子孙后代的利益考虑予以承认和肯定。"非物质文化遗产是文化多样性中最富有活力的重要组成部分，但是人们逐渐看到，全球化、现代化在为人类社会带来高度物质文明的同时，也改变着人类的生存环境，再加上强势文化以及文化单一化的猛烈冲击，非物质文化遗产遭到了前所未有的威胁，正在逐渐失去原有的生存基础和条件，面临着退化甚至消失的危险。针对这种形势，联合国教科文组织先后通过了《关于保护传统和民间文化的建议》（1989）、《世界文化多样性宣言》（2001）、《伊斯坦布尔宣言》（2002），启动了一批促进文化多样性、保护非物质文化遗产的项目。2003 年 10 月 17 日在法国巴黎举行的该组织第 32 届大会上，通过了《保护非物质文化遗产公约》，用包括中文在内的联合国 6 种工作文字同时公布，2006 年 4 月开始生效。我国于 2004 年 8 月成为世界上第 6 个批准该公约的国家（迄今加入的国家有 97 个），2006 年 12 月 1 日起施行文化部通过的《国家级非物质文化遗产保护与管理暂行办法》，实行"保护为主、抢救第一、合理利用、传承发展"的方针，坚持真实性和整体性的保护原则，现已公布了两批（共

1028 项）国家级非物质文化遗产保护名录。国务院于 2007 年决定，每年 6 月的第二个星期六为我国的“文化遗产日”。

《保护非物质文化遗产公约》从国际准则的角度明确了“非物质文化遗产”的概念。总则第 2 条“定义”指出：“‘非物质文化遗产’指被各群体、团体、有时为个人视为其文化遗产的各种实践、表演、表现形式、知识和技能及其有关的工具、实物、工艺品和文化场所。各个群体和团体随着其所处环境、与自然界的相互关系和历史条件的变化不断使这种代代相传的非物质文化遗产得到创新，同时使他们自己具有一种认同感和历史感，从而促进了文化多样性和人类的创造力。在本公约中，只考虑符合现有的国际人权文件，各群体、团体和个人之间相互尊重的需要和顺应可持续发展的非物质文化遗产。”按照上述定义，“‘非物质文化遗产’包括以下方面：（a）口头传说和表述，包括作为非物质文化遗产媒介的语言；（b）表演艺术；（c）社会风俗、礼仪、节庆；（d）有关自然界和宇宙的知识和实践；（e）传统的手工艺技能”[①]。对照这个定义，历史地名在某些方面具备了非物质文化遗产的属性。

用来指称特定地域的地名，首先是一种语言现象。在没有文字以前，地名只有语音、语义而没有字形，其传播途径也只能依靠口耳相传。文字产生之后，语言中的地名有了可以看得见的表现形式——用各民族文字书写出来的符号。一部分地名被记录在文献里，只要相关文献不失传，这些地名就得到了有保障的流传条件。与此同时，地名在口语中的传播仍然是人们日常生活中最广泛的应用形式，换言之，地名作为语词之中专有名词的一类，充当了人们表达思想和说明事物的媒介。在这个意义上，它们大体应属于非物质文化遗产定义中的“表现形式”和“知识”的范畴，与“口头传说和表述，包括作为非物质文化遗产媒介的语言”最接近。地名的产生与发展演变，是一个社会“约定俗成”与国家“有意为之”的过程。前者在聚落、街巷、河流、山岭之类的名称形成过程中占有主要地位，在古代尤其如此；县级以上行政区

① 《保护非物质文化遗产公约》，联合国教科文组织官方网站公布。

域名称的形成主要表现为后者的决定性作用，国家权力机构对此具有强制推动的巨大作用，但仍然需要得到社会的认可。这样，地名就成为社会“各个群体”所有的一种“表现形式”和“知识”。

一个区域的地名积累既久，在充当交际媒介的同时，自身也就具备了突出的民族性与历史性特点。因为各民族的语言千差万别，每个民族在命名自己生活的地域时，一般都会自觉地采用本民族的语言。在许多情况下，通过分析地名的语源和语词特点，就能够或多或少地看出民族更替的过程。当一个民族逐渐衰落或迁移、另一个民族的人们占有了这片地域时，原有的地名往往被后来者的命名所覆盖或改造，这就难以使“各个群体和团体随着其所处环境、与自然界的相互关系和历史条件的变化不断使这种代代相传的非物质文化遗产得到创新”，如果要想凭借这些区域之内的地名“使他们自己具有一种认同感和历史感”，也因为本民族的地名已经与整个民族一起被更替而最终落空，所谓文化的多样性也就无从谈起了。在以枪炮为武器的大规模战争和意识形态严重对立的“冷战”过后，和平与发展固然是当今世界的两大主题，但是，伴随着经济全球化而来的强势文化对发展中国家的冲击，对整个社会在思维、心理、价值取向方面的引导，已经日益明显地影响到国人对于本民族历史文化的看法。地名仅仅是中国历史文化中一个很小的组成部分，它的命运却也有一叶知秋的作用。近年来，不少新开发区把所在区域原有的名称弃之不用，换上了大量能够表示美好意愿的华丽名称。这些名称“放之四海而皆准”的普遍适用性，恰恰反映了它们毫无地域风格与历史特点的缺陷，而那些看起来显得“土气”的原有名称，实际上却是渊源有自的区域历史文化的代表。此外，随着外来语影响的扩大，不少居民小区和建筑群的命名采用了英语谐音的汉字译名，同样暴露了对区域历史地理的隔膜乃至对本民族语言、历史、文化的冷漠。由此看来，加强历史地名的保护和传承，也应成为保护非物质文化遗产的一项重要任务。

三 保护历史地名以传承北京历史文脉

历史地名的年代下限，通常根据具体需要和可能而定。即使从

1949 年算起，时光也已经走过了六十多年之久，此前存在的地名理应属于广义的历史地名。地名作为非物质文化遗产的价值，体现在它的民族性、区域性、历史性等多个方面，北京地名的文献记载可以追溯到周朝初年甚至更早。《山海经·北次三经》记载的燕山，《竹书纪年》提到的洵水，《吕氏春秋》记载的居庸塞，《史记》描述的幽州、蓟国，如此等等的地名都显示了它们悠久的历史。作为城乡历史文脉的清晰线索，值得今人倍加重视。

把北京的历史地名作为非物质文化遗产加以保护的思想，并不是联合国教科文组织制定了《保护非物质文化遗产公约》之后才在我国萌生的。早在 1981 年全国地名普查刚刚结束时，北京市地名办公室张惠歧先生就已撰文指出："北京的一些历史地名也同其它文物古迹一样，是一份宝贵的历史文化遗产，我们应该以历史唯物主义观点正确对待，应该保留的不要随意更换。"[①] 时时处在被"改造"过程中的北京已经失去了大量有形的文化遗产，包括地名在内的无形遗产也在日渐损耗，这个及时的提醒不仅具有突出的现实意义，而且成为把历史地名当作"非物质文化遗产"加以保护的先声。北京的街巷、道路、居民区，都存在着如何对待历史地名的问题，在城市被大面积改造或新开发的区域尤其如此。

《保护非物质文化遗产公约》指出："'保护'指采取措施，确保非物质文化遗产的生命力，包括这种遗产各个方面的确认、立档、研究、保存、保护、宣传、弘扬、传承（主要通过正规和非正规教育）和振兴。"对照这个要求，北京市还应由政府部门组织，制定规划和具体措施，加大历史地名的社会调查、整理研究、宣传教育和依法保护的力度，在适当的条件下促成某些历史地名的"复活"。从历史地名中获得灵感与借鉴，是满足社会急剧增多的命名需求的重要途径之一。北京西三环南路与丰台北路相会处的立交桥的命名，就是一次比较成功的实践。从这座立交桥向东南约 1000 米，是金中都城的西南拐角——凤凰咀村，凤凰咀正北约 400 米、立交桥正东约 1000 米的

① 张惠歧：《地名标准化要注意历史地名的存废问题》，《地名知识》1982 年第 1 期。

交会点，与当年金中都西墙最南的城门——“丽泽门”相去不远。这个名称湮没已久，但它源远流长的历史积累、丰富厚重的文化底蕴，足以胜过今人构思的象征性语词，再加上古代城门与当代立交桥在地理位置上比较契合，地名主管部门顺理成章地由“丽泽门”派生出“丽泽桥”这个名称。从地理、历史、语词等方面的标准衡量，都符合现行的命名原则。丽泽桥被命名之后，连接三环线与二环线、从丽泽桥向东到菜户营桥之间的道路被称为“丽泽路”，周围随之出现了“丽泽长途汽车站”、“丽泽建材城”、“丽泽苑宾馆”等城市设施。从公元 1234 年金朝灭亡到 1991 年“丽泽桥”的命名，已经“休眠”750 多年的这个历史地名以新的姿态得以“复活”。在各地纷纷推进地域文化建设的形势下，历史地名的品牌效应和开发利用价值越来越受到重视，同时也推进了历史地名的复活与传承，体现了区域历史文脉在当代条件下的延续和传承。

历史地名的某些性质，与国家级非物质文化遗产名录中的民间口头文学近似。对于非物质文化遗产的保护而言，一位老人的辞世往往意味着一座活态博物馆的消失。与此相仿，一个历史地名的废弃，也在某种意义上象征着一条区域历史文化脉络的中断。北京的首都地位以及北京历史地名的独特性，要求决策者充分认识地名的历史文化价值，通过卓有成效的工作，制止对已有地名的轻易改弃，在调查研究、价值确认、分级分等的基础上，把北京历史地名作为非物质文化遗产保护起来，这将对未来的城市可持续发展，建设丰富多彩的地域文化，传承北京城市空间的历史文脉，都具有不可估量的作用。

第六章　北京历史文脉的非物质文化元素及其特征

悠久的历史塑造出了北京地区的品格，形成了个性鲜明的“北京元素”，组成了这座城市独一无二、卓尔不群的性格特质。漫长的城市发展历程给北京留下了宏伟壮阔的皇家建筑与园林等实物遗存，而在这座城市的居民中也留下了特有的非物质性的“京味文化”。这种文化的每一个元素都根植于北京，不断发展成熟，最终铭刻在北京这片土地上，并根植于这里的居民当中，成为他们共同认同、不断传承的文化脉络。

历史文脉是一个城市形成和演进的轨迹和印痕，其所遗留的各个细节可供后人来追寻并探源。作为京味文化的重要组成部分，北京城市非物质文化内容丰富、形式多样，是北京城市文化脉络的重要一支。北京入选国家级非物质文化遗产名录的有：智化寺音乐、京西太平鼓、昆曲、京剧、天桥中幡、抖空竹、象牙雕刻、景泰蓝工艺、聚元号弓箭制作技艺、雕漆技艺、木版水印技艺、同仁堂中医药文化、厂甸庙会。这些非物质文化包含这座城市的语言、习俗、工艺技术以及他们所习惯的娱乐方式等方面。

第一节　京腔京韵：北京话的形成与历史传承

语言作为人们日常交流的媒介，它的形成与发展是本地区文化传承的承载，同时文化的认同与选择又作用于地区语言的变革。北京话有巨大的魅力和表现力，邓友梅在其《索七的后人》中说：“北京是个好地方。甭别的，北京人说话都比别处顺耳。宁听北京人吵架，不听关外人说话。”

一　文字与声音记录下的北京话

翻阅有关北京地区的文学作品及相关记录，单从北京话的书写，便可大致领略到北京方言的特征。金克木曾谈到《红楼梦》《儿女英雄传》，“满族统治者所推行的北京语的‘官话’的文学语言已经不可动摇地要在全国胜过各种方言”。

如王实甫所著《西厢记》中，“见安排着车儿、马儿，不由人煎煎熬熬的气。有甚么心情花儿、魇儿，打扮得娇娇滴滴的媚？准备着被儿、枕儿，则索昏昏沉沉的睡”[①]。大量的儿化音词迭次出现，可谓是北京话最富代表性的特征。同样，在元代散曲作品中，大都运用通俗直白的语言写就。关汉卿的《不伏老》中说：“我是个蒸不烂、煮不熟、捶不扁、炒不爆、响当当一粒铜豌豆。……我玩的是梁园月，饮的是东京酒；赏的是洛阳花，攀的是章台柳。我也会围棋、会蹴鞠、会打围、会插科；会歌舞、会吹弹、会咽作、会吟诗、会双陆。你便是落了我牙、歪了我嘴、瘸了我腿、折了我手，天赐与我这几般儿歹症候，尚兀自不肯休。则除是阎王亲自唤，神鬼自来勾，三魂归地府，七魄丧冥幽，天哪！那其间才不向烟花路儿上走。”[②]这段话生动幽默又平白率朴，以其自然、真切而又不失雅丽的一代文风，在北京话的发展史上留下了辉煌的篇章。

邓友梅的《“四海居”轶话》中写道，说着“一口嘣响溜脆的北京话”，“一口京片子甜亮脆生”。这“嘣响溜脆”、“甜亮脆生”较之其他，可能更可作为北京人身份标识。《四世同堂》写韵梅：“小顺儿的妈的北平话，遇到理直气壮振振有词的时候，是词汇丰富，而语调轻脆，像清夜的小梆子似的。”《正红旗下》写人物福海，也不忘强调他的“说的艺术”，“至于北京话呀，他说的是那么漂亮，以

① 王实甫：《西厢记》第四本第三折。

② 关汉卿：《不伏老》。

致使人认为他是这种高贵语言的创造者。即使这与历史不大相合，至少他也应该分享‘京腔’创作者的一份儿荣誉”。《京华烟云》写道：“北京的男女老幼说话的腔调儿上，都显而易见的平静安闲，就足以证明此种人文与生活的舒适愉快。因为说话的腔调儿，就是全民精神上的声音。”

清代笔记《燕京杂记》中记载商人叫卖言：“京师荷担卖物者，每曼声婉转动人听闻，有发语数十字而不知其卖何物者。……呼卖物者，高唱入云，旁观唤买，殊不听闻，惟以掌虚复其耳无不闻者。”同样，在《四世同堂》中，中秋前后北平的果贩精心地把摊子摆好，而后用清脆的嗓音唱出有腔调的果赞：“唉——一毛钱儿来耶，你就一堆我的小白梨儿，皮儿又嫩，水儿又甜，没有一个虫眼儿，我的小嫩白梨儿耶里”，语调婉转悠扬，京味十足。清乾隆六十年（1795）王廷绍辑录的《霓裳续编）中有一首《树叶儿娇》可谓是北京地区叫卖糕点的代表作：“树叶儿娇，呀呀哟！忽听门外吹喝了一声酸枣儿糕。吆喝的好不奇巧，听我从头诉说他的根苗：不是容易走这一遭。高山古洞深河沟流，老虎打盹狼睡觉，上了树儿摇两摇，摇在地下用担挑。回家转，把皮儿剥，磨成面，罗儿打了。兑了桩，做成糕。姑娘们吃了做针指，阿哥们吃了读书高；老爷吃了增福延寿，老太太吃了不毛腰，瞎子吃了睁开眼，聋子吃了听见了，哑巴吃了说话，秃子吃了长出毛。又酸又甜又去暑，赛过西洋的甜葡萄，这是健脾开胃的酸枣儿糕。”词曲生动俏皮，将走街串巷的老北京商贩形象生动地显映出来。

总之，无论是书面记录下的北京话，抑或是声音表现的北京历史遗存及文化，在百转千回的京味腔调中，构成了有关这座城市特有的红墙绿瓦、五方杂处的北京记忆。

二　北京话的形成过程

古代中国国土广阔，各地方言众多，初为行政及交流需要，产生了较为通行的“雅言”，也就是俗称的官方话。隋唐时期，北京地区属幽州，这里居住着相当数量的少数民族居民。公元936年，石敬瑭将幽云十六州割让给契丹，幽州地区脱离汉族并入契丹，成为重要的军事重镇。辽金元代以后，随着北京作为中国统一政权的所在地，北京地区通行语言产生，即所谓的“大都话”。关于大都话的特点，可从元代诸多生活在大都地区的文人所著的大量元杂剧及散曲中窥见一斑。

明代以后迁都北京，大量人口移居北京，和北京话接触最频繁的已经不再是契丹、女真、蒙古等少数民族语言，而是来自中原和长江以南的各地汉语方言。由此，大都话逐渐衰落，而北京话在与其他地区方言的交流与融合中逐渐有了新的变化。例如，现在北京话里经常“n”和“l”不分，便是受“皖南话”的影响。

清代中期之前，满语作为官方通用语言，民间则用旗下话、土话及官话三者糅合而成的语言，这便是北京话的起源。清中期以后规定官方一律以北京话作为日常交流语言，满语不再是官话。雍正六年创设“正音书馆”，在全国范围内推行北京话。雍正帝在上谕中指出：“凡官员有莅民之责，其语言必使人人共晓，然后可以通达民情，熟悉地方事宜，而办理无误。是以，古者六书之制，必使谐声会意，娴习语音，皆所以成遵道之风，著同文之治也。朕每引见大小臣工，凡陈奏履历之时，惟有福建、广东两省之人仍系乡音，不可通晓。夫伊等以现登仕籍之人，经赴部演礼之后，其敷奏对扬，尚有不可通晓之语，则赴任他省，又安能于宣读训谕，审断词讼，皆历历清楚，使小民共知而共解乎？官民上下言语不通，必使吏胥从中代为传述，于是添饰假借，百弊丛生，而事理之贻误者多矣。且此二省之人，其语言既不可通晓，不但伊等历任他省不能深悉下民之情，即伊等身为编氓亦必不能明白官长之意。是上下之情扞格不通，其为不便实甚。但语言自幼习成，骤难改易，必徐加训导，庶几历久可通。应令福建、广东两省督抚转饬所属各府、州、县有司及教官，遍为传示，多方教导，务期语言明白，使人通晓，不得仍前习为乡音。则伊等将来引见殿陛，奏对可得详明，而出仕他方，民情亦易于通达矣。”[①] 下达之

① 同治《广东通志》卷1。

后，各地遵照执行："雍正六年议准：广东、福建人多不谙官话，著地方官训导，仰见圣天子睿虑周详，无微弗照，欲令远僻海疆，共臻一道同风之盛。查五方乡语不同，而字音则四海如一，只因用乡语读书，以致字音读惯后，虽学习官话，亦觉舌音难转。应令该督抚、学政，于凡系乡音读书之处，谕令有力之家，先于邻近延请官话读书之师，教其子弟，转相授受，以八年为限。八年之外，如生员贡监不能官话者，暂停其乡试，学政不准取送科举，举人不能官语者，暂停其会试，布政使不准起文送部；童生不能官话者，府州县不准取送学政考试，俟学习通晓官话之时，再准其应试。通行乡音之省，一体遵行。"①

至乾隆年间，又议准：闽省士民不谙官音，雍正七年间，于省城四门设立正音书馆，教导官音。但通省士民甚多，一馆之内仅可容十余人，正音固难遍及。况教习多年，乡音仍旧，更觉有名无实。应照乾隆二年裁撤额外教职之例。仍责成州县教职实力劝导，通晓官音，毋使狃于积习。乾隆三十九年对福建学政汪新重振正音教育奏折的批示，其云：年未三十者，责令学习官音，学政于岁科两考传齐审辨分别等第一折：查五方乡语不同，在有志向上者，学习官音无待有司之督责；若乡曲愚民，狃于所习，虽从前屡经设法，而一传众咻，仍属有名无实。且士子岁科两试，正以等第之高下，定其学业之优劣，如文艺优长，断无音韵聱牙之理。若不论文艺，而以官音之能否分别等第，既无以示考校之公。在学臣关防扃试，乃于未考之前传集该生等，逐一审辨官音，于政体亦未协。至该省义学、乡学，务延请官音读书之师，原有成例，不必另立科条。

1902 年张之洞、张百熙上疏倡导全国统一语言，1909 年资政院提出将"官话"正名为"国语"。民国年间教育界提出以北京音为国语标准音，但未获通过。新中国成立之后，在 1955 年正式进行全国文字改革，并最终确定了北京话作为全国通用语言的地位。

① 嘉庆《学政全书》卷 59。

三　北京话的特征及传承

正如北京身份标签一样，北京地方话的特征十分明显，如儿化音的运用，某些北京话特有的词语、北京口音等。正如学者所言，北京话是以大河北方言作为基础，吸收了多种方言的精华并加以综合完善的。①

第一，北京话最大的特征是结尾的儿化音处理。名著《红楼梦》中，即多有这种词句："方才姑妈有什么事，巴巴儿的打发香菱来？"这里的"巴巴儿"便用叠声词加重语气，又不显生楞。

第二，北京话的轻声处理。

随着北京国际都市地位的不断提升，地道的北京话不再是北京城市日常交流语言，而日渐成为北京历史文化遗存，成为"老北京人"的身份标识。正如一位在北京居住了十一代的居民所言："从顺治爷那辈儿起我们就溜达到北京了，要我说啊，北京话要保留的不光是方言土语，还应该是北京味儿、京韵。"作为北京历史文化遗存的一个重要方面，对于北京话的发掘与保护，理应得到重视。目前，为抢救、保护北京的语言文化遗产，北京语言文字工作委员会启动了中国语言资料有声数据库北京库建设项目。

第二节　习俗北京：岁时节日饮食及活动

俗言"北京人讲究"，是说北京人习俗礼仪多。老北京习俗众多，一方面与其都城的政治地位有关；同时，当与北京五方杂处、居民结构复杂有关。

一　节令活动与饮食

在传统农业社会中，居民最为重视的当属各种节日。在这一日，饮食考究，活动丰富，是北京城市居民重要的生活方式和趣味，是本

① 俞敏：《北京音系的成长和它受的周围影响》，《方言》1984年第3期。

地区饮食及休闲文化的重要体现。

春节——守岁前的东岳庙烧香活动与节日拜年。在中国传统节日当中，属春节最为隆重和热闹。春节，俗称“过年”，旧称“正旦节”。与其他地区一样，北京春节的节日活动内容大致一样，除夕贴春联、守岁，此后串门拜年等。不过，旧时北京春节习俗又有一些不同之处。在除夕开始见面互祝“辞旧岁”之后，为打发守岁前的这段时间，一般在全家吃完团圆饭后，齐往东岳庙烧香。此外，明代北京还有“跌千金”的风俗，在焚香放炮之后，将家中的门闩或者木杠在院子里向上抛掷三次。接神过后，王公贵绅换上崭新的官服入宫朝贺，完毕接续拜访亲友，俗称“拜年”，互道“新禧”、“顺当”等语。春节的拜年礼仪较有规制。长幼见面，则小辈需向长辈三叩首，如果是汉人，还需作揖，旗人只叩首不作揖。如至亲友家中，进门之后先向佛像、祖宗影像或牌位行礼，如家中还有长辈，然后再向长辈行跪拜礼。初一直至初五之前，拜年活动尚只有男子参与，妇女不可出门行走。初六以后，妇人内室出门互访，新嫁女在这一天也允许返回娘家探亲。除个人互拜之外，还有同寅团拜、同年团拜和同乡团拜。同寅团拜一般都是在本衙门进行，同年、同乡团拜一般都选择在会馆举行，此外还会请梨园到场助兴，称“团拜堂会”。民国之后废除跪拜礼，实行新式团拜，此后多采用茶话会的形式。

元宵节——灯市口观灯。元宵节，又称“上元节”、“灯节”。北京元宵节自正月初八开始，一直延续到正月十七，其中正月十五当日称“正灯”。元宵节是继春节之后的第一个重要节日，当晚择城中热闹之处燃放烟火，市肆店铺张灯结彩，市中景象热闹斐然。元宵灯形式多样，色彩华丽。仅所用材质就有纱绢、玻璃以及明角种种，同时还在灯上绘制了古今故事以添趣味。市中还有花炮棚，各类烟火竞巧争奇，空中所燃烟火有如线穿牡丹、水浇莲、金盘落月等奇景，蔚为壮观。北京制灯较有名的是“米家灯”，为明代画家米万钟设计，他将米家花园景象绘于灯上，楼台歌榭、深院小径尽呈其上，精细非常。米家灯由此闻名京城。明清时期上元节陈灯之处渐成市集，明代尤以东华门迤东至崇文门街西，即今天的灯市口所在地。灯市当日，贵重如金银珠玉，也有寻常百姓日常所用，都能在市中购得。为就近观灯，往往灯市期间，豪绅贵族在街市两侧租赁专座观赏彩灯。清代灯市从内城移至外城正阳门外的珠市口、琉璃厂及花儿市等地。市集热闹景象甚至超过前朝，全国各地商旅携带各省货物交易售卖，街上冠盖相属，男妇交错。值得一提的是，北京灯市除卖彩灯、烟火和元宵外，还有金鱼售卖，金鱼在玻璃制成的鱼缸中灵转游曳，趣味盎然。

上巳节——东便门附近的蟠桃宫。农历三月初三是我国传统的上巳节，也是祓禊的日子，又称“春浴节”。上巳是攘灾避祸、祈福求神的节日。洗浴是上巳节最重要的节日内容，人们在这一天洁面修身，清洁身心。这一天无论是皇帝妃嫔，还是民间百姓都在河边洗涤，以求吉福降临。上巳日当天，皇宫内的妃嫔会到内园的迎祥亭漾碧池修祓，完毕后则会在此设宴，称“爽心宴”。池水旁有一潭称“香泉潭”，上巳当日会将潭中香水注入漾碧池中，再放入温玉、白晶鹿、红石马等物以供妃嫔在沐浴之后戏耍，谓之“水上迎祥之乐”。民间在上巳日则以形式多样的户外活动代替了传统的洗涤为主要内容的节日习俗。三月的北京，正是春意融融、柳绿花红的季节。辽俗在上巳日这一天要射兔。兔是用木雕制作而成，人们分作两路骑马射之，最先射中的则是胜者，输者则必须下马跪进胜者酒，胜者在马上解酒饮用。到了元朝之后，上巳节演变为“脱穷日”，在这一天人们都来到郊区水渠边游玩。此外，人们还将柳条或者秸秆做成圆圈的形状，从头上套入，再从脚下脱掉，最后将圆圈扔到水中，这便是“脱穷”了。明清之后，这些传统的节日活动逐渐消亡，这上巳日则进一步演变为春游踏青的日子了。传说三月初三还是王母娘娘的生日。这一天各路神仙都会赶赴瑶池为王母庆祝寿诞。北京旧俗则是在这一天逛游位于东便门附近的蟠桃宫。

清明节——郊游。清明节最初是人们为庆祝温暖明丽的春天到来而设的节日，因此从这一天开始天气逐渐转暖，天明气清，万物复苏，因此称“清明”。北京旧俗有所谓的冥节，即指清明节、阴历七月十五的中元节以及阴历十月初一的寒衣节，总称三冥节，其中祭扫坟茔以清明节为重。传统中国敬天法祖，因而清明节也尤为人们所重视。明清两代皇宫内在清明节当日也要举办祭祀活动，所有文武官员都要参加。祭祀礼制十分讲究，过程烦琐，规格很高。王府仕宦以及绅商的清明扫墓主要是携带家眷前往墓地祭奠，按规矩，亡者一过百日，不许祭者在祭扫过程中哭泣。等仪式结束之后，会到专供休息的阳宅休息，吃些食物再离开。满族仕家则比较特殊，他们会在清明节于坟前供“烧燎白煮”满族吉席一桌，敬酒三巡，行三叩礼，然后焚化“佛陀”及金银箔叠成的纸钱。民间的清明节祭祀活动不及皇室严苛。一般人们在清明节前后十天前往墓地祭拜，象征性地给坟茔培土、烧化纸钱，并在坟墓顶压上一些纸钱，表示这家还有后人。祭祀结束之后，全家围坐聚餐饮酒。接下来还安排了踏青、蹴鞠、插柳、放风筝等活动。北京旧俗，在清明扫墓结束后，妇女和孩童往往要折些柳枝编成圆环戴在头上。民间的说法是，清明戴柳，是要防止清明期间“野鬼并出，讨索代替”。而柳既是佛神的法物，可以驱鬼，又可度人。辛亥革命之后，清明戴柳的风俗渐消。

端午——天坛与都城隍庙。端午又称端阳、五月节，逢每年的五月初五。北京有“善正月，恶五月”之说，因五月天气渐暖，湿气上升，百虫滋生，疠疫较易扩散，为此人们采用多种方式来规避病灾。端午节令食物首要饮雄黄酒，此外还将酒涂于小孩的额头和鼻耳之间，以避毒物。同时，端午节期间，市肆中专售“天师符”。道符一般用一尺大小的黄纸，上盖朱印，绘有天师钟馗画像，也有的画上五毒符咒的形状。城中居民购买后贴在中门之上，以避祟恶。也有将彩纸剪制成葫芦的形状，再倒粘在门栏上消泄毒气。

此外，端午当日，人们还从郊外采来菖蒲、艾叶插在门楣以攘灾避难。“帝京午节，极胜游览。或南顶城隍庙游回，或午后家宴毕，仍修射柳故事，于天坛长垣之下，骋骑走獬。更入坛内神乐所前，摸壁赌墅，陈蔬肴，酌余酒，喧呼于夕阳芳树之下，竟日忘归。”端午当日，居民多往城隍庙烧香。“都城隍庙在都城之西，明永乐中建。中为大威灵祠，后为寝祠，两庑十八司，前为阐威门，塑十三省城隍对立，望之俨然酷肖各方仪表。前为顺德门，左右钟鼓楼，再前为都城隍门。前明于朔望廿五日为市。郎曹入直之暇，下马巡行，冠履相错不禁也。初四、十四、廿四等日则于东皇城之北有集，谓之内市，不及庙中之多也。每岁正月十一日至十八日止，则在东华门外，迤逦极东，陈设十余里，谓之灯市，则视庙中又多盛，即今之灯市口矣。国朝崇隆祀典，岁之春秋，遣员致祭，祈雨占风，亦虔荐享。惟于五月朔至八日设庙，百货充集，拜香络绎。至于都门庙市，朔望则东岳庙、北药王庙，逢三则宣武门外之都土地庙，逢四则崇文门外之花市，七、八则西城之大隆善护国寺，九、十则东城之大隆福寺，俱陈设甚夥。人生日用所需，以及金珠宝石、布匹绸缎、皮张冠带、估衣骨董，精粗毕备。羁旅寄客，携阿堵入市，顷刻富有完美矣。”

对于幼童和女性来说，端午期间佩戴五彩线，手巧的则将绫罗制作成小虎、粽子、葫芦、樱桃、桑葚等形状，用彩线串接起来，悬在钗头，或者系到小孩背上，用以辟邪。等过了五月初五午时或者次日清晨，再将这些佩饰扔到门外，取意“扔灾”。北京旧俗在端午节制作一种特殊的药，即将墨放到蛤蟆腹内，午时将它置于太阳下曝晒，这种经过特殊制作后的墨便有了治病的疗效，由此北京有“癞蛤蟆躲不过五月五”的俗谚。除了各式避难攘灾活动外，明代以来北京又将五月初五定为“女儿节”，这一日少女要佩戴灵符，配饰石榴花，出嫁女儿则可在这一日归宁。明清时期北京城民还在这一天出行游玩，天坛、金鱼池、二闸、草桥、积水潭等都是郊游首选胜地。端午节的赛龙舟活动也往往在这些地方举行，皇帝则到西苑等地与大臣宴游。

农历的七月七日称七夕，俗称乞巧节。后来在七夕当日，闺阁女子一般在这一天邀请女伴过巧节，又称“儿女节”。早在七夕前几日，人们即用一小瓦器栽种小麦，此为“牵牛星之神”，也称“五生盆”。明清时期，因皇室后宫妃嫔女婢众多，七夕活动尤为丰富。七夕节当日，宫中会立巧山，宫人都穿鹊桥补服。及至七夕晚，宫女登台，用五彩丝穿九尾针，最先完成的为巧，迟些的称输巧，要出资给最先完成的。民间的七夕活动形式多样。一般在七夕当日中午，女子要在中午放置一碗水，等水膜生成之后，再投入小针（也有用新笤帚苗折成小段)。针浮在水膜上，水中有针影，细看针影形状，有像云雾，有如花朵，有似鸟兽状，甚至有成鞋和剪刀等形状，这便是“乞得巧”了。此外，家中如有女儿，在晚上祭拜银河之后，老人便给她们每人一根绣花针和一条线，以先穿好针线者便是乞得灵巧。此外，七夕当日还有接露水的习俗。这天的露水民间又称“天孙水”、“圣水”，把接来的露水用来洗脸或者洗手，传说可以使人眼明手巧。

中秋节——月坛与兔儿爷。中秋既至，上自王室贵绅，下达寻常百姓，人们互赠月饼、果品并举行祭月大礼。明嘉靖九年（1530）在阜外建了月坛（亦称夕月坛），由拜月坛、具服殿、神厨等建筑组成，是明清两朝历代皇帝祈祀夜明之神和天上诸星宿神煞之处。对于普通民众来说，祭月大礼多在自家院中举行。皓月当空，彩云初散时，家家户户举行祭月仪式。北京旧俗拜月大礼只限女眷参与，所谓“男不拜月，女不祭灶”。北京礼俗，拜月大礼要在桌案上供月光马儿。用纸扎成，纸上绘制太阴星君，下描月宫和捣药的玉兔，旁有立人。这种月光马大小不一，长的够七八尺，短的仅有二三尺，顶上有红绿色或黄色二旗。陈毕贡物，开始焚香跪拜，礼毕后将月光马与千张、元宝等一并焚烧妥当。中秋节是一年中间的团圆节，这一日外出游子归家过节；如有出嫁女归宁，必须在当日返回夫家。北京还有一个特色的习俗，中秋期间贡拜“兔儿爷”。市集中有手巧的艺人将黄土捏成蟾兔的样子出售，便是“兔儿爷”。兔儿爷形状各异，骑虎的、打坐的，甚至有衣冠张盖的，也有武装穿甲的。市中售卖的兔儿爷大小不一，大的三尺左右，小的仅有尺余。此外，市场中还有用布扎的、纸绘的兔儿爷。家庭从市集中买了兔儿爷回家放在拜月的几案上，旁陈瓜果来祭拜。明清、民国时期北京的达官贵人、文人墨客也在中秋夜前往当时风景极佳的西直门外的长河、东便门外的二闸等地，登临岸边的酒楼茶肆或者去什刹海、陶然亭、天宁寺等名胜庙宇的亭阁殿堂临窗赏月、品茗饮酒、吟诗谈词、欢叙玩乐，至夜方归。

重阳节——西山登高与围猎。儒家阴阳观有六阴九阳之说，“九九”即为重阳，又取长久之意。民间习俗，重阳节当天要登高攘灾，故又称登高节。古人在重阳当日要佩茱萸，又称“茱萸节”。此外，九月是菊花盛开的季节，重阳节又有“菊花节”之名。宫中会设宴待客，称“迎霜宴”，必备“迎霜兔”。重阳节当天，皇帝携带家眷前往万寿山、兔儿山等地登高，吃节令的迎霜麻辣兔，饮菊花酒。“白云观建于金，旧为太极宫，元改名曰长春宫。明正统间重修，改名白云观。出西便门一里。观中塑邱真人像，白皙无须眉。考元大宗师长春真人邱处机赴元太祖召，拳拳以止杀为戒。时有事西征，则云，一天下在不嗜杀人；大猎山东，则云，天道好生，数畋猎非宜；念西河流徙，则持牒招来，全活不下三万人。本朝有圣祖御题额四：曰紫虚真气，曰大智宝光，曰驻景长生，曰琅简真庭。其所以受国朝之旌祀而立庙貌于无穷者，岂异说纷纭飞升黄白之流可拟比于万一也！真人生于宋绍兴戊辰正月十九日，故都日人至正月十九日，致酹祠下，为燕九节。车马喧阗，游人络绎。或轻裘缓带簇雕鞍，校射锦城濠畔；或凤管鸾箫敲玉版，高歌紫陌村头。已而夕阳在山，人影散乱，归许多烂醉之神仙矣。”九九重阳节当天，人们载酒具茶，提着吃食来到郊外登高。登临处往南有天宁寺、陶然亭和龙爪槐等处，往北则有著名的蓟门烟树、清静化城，再远还有西山八刹等地。人们聚而饮酒作赋，烤肉分食，乐享秋游志趣。辽朝重阳节当日，还会举行打围射虎等活动，射虎最少者要备办“重九”宴席。在活动完毕之后择选高处帐，饮用菊花酒，生食兔肝，用鹿舌酱佐拌。同时，在当时北京阜成门外的行宫，还有少年举办赛马活动。

十月初一是寒衣节，北京旧俗在十月初一这天要为亡人烧纸，俗称“送寒衣”。这一天的祭祀先人的方式北京旧俗一般都以“烧包袱”代替。包袱通常为一个大纸口袋，规格大致是长一尺，宽一尺五寸左右。包袱又有素包袱和喜包袱两种。其中素包袱是全白的，中间贴一蓝签手写有亡者的名姓。花包袱则是在白纸或者红纸口袋上印上水磨单线图案，上面还有佛教咒语，中间用来填写亡者的名讳。包袱内装有冥钱、冥衣，冥钱主要有烧纸、金银箔钱以及佛道两教的往生钱等，其中寒衣纸必不可少。寒衣纸则是一种彩色的纸，一般有粉红、豆青、深蓝、黑及白五色，纸张印有各色梅花、菊花、牡丹等花朵图案。买回纸张之后，根据被祭奠者的性别裁成衣料形状，规格大概在一尺左右，这便是“寒衣”，上面再标记亡者名姓，如同寄送家书一般。一般在晚上门口焚烧寒衣，谓之“送寒衣”。不过，如果亡者尚未满三年，则不能用五色彩纸，只能以印有青莲色的白纸代替。富裕的家庭往往还去冥衣铺购得整套的皮袍、皮褂、皮裤、风帽和棉袜等高档的御寒衣物焚烧来祭奠先祖。装好后的包裹在没有焚化之前，要当作祖先牌位来祭祀，称为“供包袱”。贡品一般是三碗水饺，一杯清茶。家中按照长幼次序行四叩首大礼。焚化包裹时，要送到大门外，还有送到十字路口的。北京的旧俗一般是，如果拜祭男性，则在地上画个十字；如是女性，则要在地上画个圆圈，然后将包袱放在十字或者圆圈的中央燃烧，相传，这样就可以防止野鬼孤魂来抢夺先人的“寒衣”。如果是祭祀尚未满三年的先人，祭奠者往往要哭拜，显示对于亡者的无限追思。此外，进入十月以后，天气开始转冷，因此北京有“十月初一日添设煤火，二月初一日撤火”的习俗，即从这一天开始，居民开始在室内添设火炉取暖，称“升火”。火炉一般用不灰木做成，轻暖坚固。

腊八节——雍和宫。十二月初八为腊八节，从这一天开始，人们便开始准备过年，因此民国时期北京有俗俚：“老婆老婆你别馋，过了腊八儿就是年。”十二月通称腊月，初八习俗要喝粥，称“腊八粥”，又称“八宝粥”。清代宫廷中的腊八粥是在雍和宫由喇嘛熬制的，朝廷专由大臣监视制成，粥用粳米、杂果及糖制成。因皇室人口众多，熬制的铁锅之大往往可盛数石米之多。按照规制，雍和宫内熬制好的腊八粥，第一锅要送到太庙等供奉先祖的庙宇作为贡品；第二锅则呈送给皇帝和嫔妃；第三锅要赏赐给勤王和京城中的僧侣；第四锅赏给在京的文武百官和地方官员；第五锅分给雍和宫的喇嘛僧徒们；第六锅施舍给民间百姓。

关于节日饮食种类及样式，更是贴合节日气氛。

一般而言，无论是王公绅衿，抑或是寻常百姓，春节伙食都极为丰盛。同时，北京习俗正月初一以至初五“破五”前不生火，节日所需食物一般都在节前备办妥当。在腊月二十四日祭灶之后，家家户户开始煮肉蒸面。腊月三十，即除夕晚，家人齐聚吃“团圆饭”，三荤三素，餐中有糯米制成的年糕，取年年升高之意。初一当日，家家户户均制作白面饺子，有的富贵家庭在内填入金银小馃或者宝石，食到者可在下一年讨个好彩头。同时，为接待到家拜年的亲朋，北京旧俗以“百事大吉盒”待客。盒中为一圆槽，外周为四个扇形小槽，内盛柿饼、荔枝、圆眼、栗子、熟枣。一般的家庭还在桌上备有小盒盛装的驴肉，俗称“嚼鬼”。

元宵节，自然要吃元宵。旧时北京从正月初六开始，城内的糕点铺就开始卖元宵了。北京的元宵都是先做馅儿，然后放到干糯米粉上摇滚，等甜腻的馅儿沾上糯米粉之后，元宵便做成了。关于元宵的叫法，在民国五年（1916）还有个被迫改名的趣事。辛亥革命之后袁世凯窃取革命果实，登基复辟做皇帝。在1916年的上元节，革命党人为讨伐袁世凯，安排了很多人在京城的街头沿街叫卖元宵，民间也传言“元宵，元宵，袁氏必然取消”。袁世凯听后大怒，饬令以后元宵一律改称汤圆。洪宪衰亡之后，“元宵变汤圆”的笑柄也一代代流传下来了。

上巳节还是人日。按子丑寅卯戊己庚辛酉戌亥的天干排序和甲乙丙丁辰巳午未壬癸的地支排序法，初七为地支巳日，所以巳日即人日。在这一天人们要吃“七宝羹”和“薰天”。“七宝羹”用其中七种不同的菜品做成，而“薰天”是露天做的煎饼。另外，还要用五彩丝织品剪成人形或金箔刻成人形挂在屏风火帐子上，以求吉利。

此外，清明供食一般用柳条穿成串，留到立夏的那天用油煎炸食之，谓“不怵夏”。如果家里有事不能去郊外扫墓，就在家里用装满冥钱的“包裹”当作主位，辅以三碗水饺作为贡品来祭奠。等到午后，将这个包裹在大门外焚化，称“送包裹”给先人。所谓“窝头供包裹——糊弄你们家的老祖宗”这一歇后语就来源于此。

当然，端午节要食用粽子。北京旧俗，每年端午之前，府第朱门互赠粽子。粽子用糯米制成，外裹粽叶。粽子的馅儿式样很多，有小枣、豆沙、腊肉、火腿等。随赠的还有樱桃、桑葚、荸荠、桃、杏以及五毒饼、玫瑰饼等物。五毒饼是一种圆形的糕点，正面印有蛇、蝎子、蜘蛛、蟾蜍和蜈蚣五毒图案。王公大臣还可得到御赐的葛纱和画扇。此外，端午节人们还需祭祀先人，贡品主要有粽子、樱桃和桑葚等。端午节也是商家一年中第一次“讨账”的日子。旧时的北京小店铺为招揽生意，如有熟客到店，并不立即结账，而是到年节时候一并结算。

七夕节令食品，市集上有卖巧果的。巧果又称“乞巧果子”，将白糖熬成糖浆之后，和面粉、芝麻等搅拌，等拌匀之后再擀匀切成长方块，而后放入油中炸成金黄就行了。手巧的女子还会将巧果捏成各种与七夕传说有关的花样。此外，七夕当晚，富裕人家还要专设丰盛的晚宴，儿女相对银河祭拜。七夕时，北京的很多糕点铺还拟制出织女样子的酥糖，名“巧酥”。同时，北京旧俗在七夕当日，还将西瓜雕刻成花朵样，称“瓜花”。七夕时节，街上还出售一种儿童的玩具，称“七巧板”，以七块不同的木板，可拼凑出各种鸟兽和人物，心灵手巧者则可以拼出各类形状。此外，传说七月初七亦是魁星的生日，魁星掌管文事，所以想要求得功名的读书人在这一天一定要对天祭拜，祈求金榜题名。

拜月大礼所需贡礼主要有月饼、九节藕和莲瓣西瓜。旧俗北京首善致美斋月饼，月饼大的一尺余，正面绘有月宫蟾兔等图案。中秋当晚祭礼完毕后，有过后即食的，也有留到除夕再吃的，所谓“团圆饼”。中秋呈贡西瓜要以牙瓣状错刻，形状酷似莲花。

重阳登高，因“糕”与高谐音，因此重阳节的节令食品便是各类花糕，取“步步高升”、“寿高九九”等意。北京所食花糕主要有两种。其一用糖面做成，中间夹有细果，有两层和三层不等；另一类是蒸饼所制，上面有红枣和栗子点缀其中，不及第一种味美。此外，重阳的节令食品还有重阳时以良乡酒配糟蟹等而尝之。重阳节当日，父母一般都要迎来出嫁的女儿归家，所以重阳节又称女儿节。北京旧俗，重阳节当天，市中的乞丐在这一天向染坊索讹，称“闹染坊”。而皮货行则在这一天预测今年皮货销行，行内有“九月九晴一冬凌，九月九阴一冬温”，也就是说，如果重阳节当天晴天，那么今年冬天寒冷，皮货畅销；如果当天是阴天的话，则今冬必然温暖，皮货销行自然不会太好。此外，富贵之家一般都要陈设菊花于院中，有钱人家一般用数百盆菊花搭架以置，远远望去犹如一座菊花山。因菊花又称九花，如搭积的菊花四面堆砌，则称九花塔。

寻常百姓家当日所食腊八粥食材也极为繁杂，粥用各色米、豆、菱角、芡实、枣、栗、莲子等物一并煮熟。然后再加上红色的桃仁、杏仁、花生、瓜子、葡萄干、青红丝、黑白糖等点缀。值得一提的是，北京旧俗中在馈赠腊八粥的时候，必定佐以腌制的大白菜，而大白菜味道的好坏则昭示着自家下一年运势的好坏。此外，灵巧的主妇还将红枣、桃仁制作成狮子及小孩儿的样子；闺阁女子还将枣泥堆成寿星八仙作为互赠礼品。盛腊八粥的碗也极其讲究。旧时北京有钱的人家在腊八这一日竞显豪奢。熬粥所用的坚果和糖均十分精美，即使是盛粥所用的碗碟，也必用哥窑或汝窑磁碟，赠送亲友的其他糕点则多达百样。等到腊八那天，五更时分开始煮粥，天明必须要熬熟，而且不能熬煳，否则家中必会“大凶”。此外，凡是家中有丧亲未满三年守制的，一律不准熬制腊八粥。粥熟先祭祀祖先，后即馈赠亲友，且须在正午之前送出。送粥时一般随带各种蒸食及小菜。此外，在这一天，即使是家养的猫犬鸡雏都以粥为饲料；用粥抹墙及树木。同时，在这一天将蒜浸醋密封至除夕方食用，经过这十几日的浸泡，蒜青翠晶莹，称“腊八蒜”，食醋味美浓郁，称“腊八醋”。

二 形式多样的庙会活动

关于明代北京庙会的兴起，在民国年间的《北平庙会调查报告》中记载：“明代建都北平以后，新建庙宇更多，以都市商业发达及庙会自春场香火向前发展之结果，而庙市因之兴起。”[①] 城中所建庙宇中，“如土地庙、白云观、护国寺、东岳庙等，明代均有庙会”[②]。其中尤以城西的城隍庙庙会规模最大，《燕都游览志》记载：“庙市者，以市于城西之都城隍庙而名也。西至庙，东至刑部街止，亘之里许。

---

① 《北平庙会调查报告》，北平民国学院1936年印行。

② 同上。

其市肆大略与灯市同，第每月以初一、十五、二十五日开市，较为灯市一日耳。”[①] 史载，城隍庙市，“月朔望、念五日，东弼教坊，西逮庙墀庑，列肆三里”。城隍庙市物品丰富，交易繁荣，“图籍之曰古今，彝鼎之曰商周，匜镜之曰秦汉，书画之曰唐宋，珠宝象玉、珍错绫锦之曰滇粤闽楚吴越者集”[②]。可见，庙市商品除日用品之外，还有诸多珍奇商品。在此经营的商人甚至还有远涉重洋的外国商人，据《谈经》载，“碧眼胡商，飘洋番客，腰缠百万，列肆高谈”。城隍庙的市场交易非常规整，“大者车载，小者担负，又其小者挟持而往，海内外所产之物咸聚焉。至则画地为界限，张肆以售”。对于购买者而言，“持金帛相贸易者，纵横旁午于其中，至不能行，相排挤而人，非但摩肩接踵而已”[③]。

庙市的贸易商品种类繁多，且多有贵重之物，所谓“庙市乃为天下人备器用御繁华而设也”。明代北京城内的城隍庙市与灯市是当时最为重要的骨董贸易场所，正如时人所述，“天下马头，物所出所聚处。苏杭之币，淮阴之粮，维扬之盐，临清、济宁之货，徐州之车骡，京师城隍、灯市之骨董”。此外，诸如“珊瑚树、盘珠、祖母绿、猫儿眼盈架悬陈，盏箱贮，紫金脂玉、犀角、伽俩、商彝、周鼎、镜、汉匜、晋书、唐画、宋元以下物不足贵。又外国奇珍，内府积藏，扇墨笺香，幢盆钊剑，柴、汝、官、哥、猖钠错毽，洋缎蜀锦，宫妆禁绣，世不常有目不常见诸物件，应接不暇”[④]。及至庙市开市当日，“日至期，官为给假，使为留车，行行观看，列列指陈，后必随立以抉手，抬之以箱匣，率之以纪纲戚友，新到之物必买，适用之物必买，奇异之物必买，布帛之物必买，可以奉上之物必买，可贻后人为镇必买，妾腾燕婉之好必买，仙佛供奉之物必买，儿女婚嫁之备必买，公姑寿诞之需必买，冬夏著身之要必买，南北异宜之具必

① 于敏中等编纂：《日下旧闻考》，《燕都游览志》，北京古籍出版社 1983 年版，第 796 页。

② 《帝京景物略》卷 4，城隍庙。

③ 《明文海》卷 288《送司训徐君序》。

④ 铢庵：《北游梦录》，灯市。

买，职官之所宜有必买，衙门之所宜备必买”[①]。凡此种种，可见庙市商货十分齐全。

除城隍庙会外，东岳庙会规模亦十分可观，《宛署杂记》载，“是日行者塞路，呼佛声振地”[②]，其规模之大由此可见。东岳庙坐落于朝阳门外神路街北口，因明代建城后漕船及商船无法直接抵达积水潭，只能改由陆路经由朝阳门进城，由此东岳庙渐趋兴盛起来。明代东岳庙会除每年三月二十八日为东岳大帝诞辰之日外，每月的初一和十五均有庙会，其中尤以三月二十八日东岳大帝诞辰日最为热闹，是日“道途买卖，诸般花果、饼食、酒饭、香纸填塞道路，一盛会也”。在这一日，京城百姓扶老携幼，“倾城齐驱齐化门，鼓乐旗幢为祝，观者夹路”，庙会呈现了“帝之游所经，妇女满楼，士商满坊肆，行者满路”的热闹景象。

明清易代，庙市为内城重要的交易方式。东四、西四牌楼因分别有东、西庙而成为内城最为繁华的市集所在，东为隆福寺，西为护国寺。明末清初，这两处庙会市场即已十分兴盛，“古寺松根百货居，珍奇满目价全虚”。东城隆福寺庙会为每月初九及初十两日，“百货骈阗，为诸市之冠”。寺集当天，“一城商侩货物所凑集”，集市“广庭可方百步，周设帘幕，百（日）用百物无不具，爤然如彩云朝霞。民物丛聚，摩戛不可行”。西城护国寺庙会则逢每月初七、初八两日，正所谓“西城市罢向东城，庙会何年刻日成”。庙市当日一般在天亮之前开始设摊，“万货云屯价不赀，进城刚趁亮钟时。西边护国东隆福，又是逢三庙市期”。嘉庆年间得硕亭在《草珠一串》中称，“东西两庙货真全，一日能消百万钱”。东西庙市所售货物种类繁多，上自贵族所好，下自黎民百姓日常所用，无所不备：“东西两庙最繁华，不数琳琅翡翠家。惟爱人工卖春色，生香不断四时花。”此外，隆福寺庙会还出售各色虫鸟，“市陈隆福鸟堪娱，奇异难将名字呼”。

---

① 沈德符：《万历野获编》卷24《庙市日期》，中华书局1997年版，第612—613页。

② 沈榜：《宛署杂记》，北京古籍出版社1980年版，第191页。

三　节日活动的传承与老字号复兴

（一）新春庙会的兴起

随着当今民俗节日的兴起，庙会是当今城市居民体验地区民俗活动，是感受文化传承的重要方式。如春节期间，北京城内重要的庙会活动主要有：北京国际雕塑公园庙会：内容以继续打造民族传统文化品牌为主，在以往庙会的精彩内容的基础上，深入挖掘优秀民族文化元素，为京城百姓呈献内容精彩，形式多样，具有浓厚地域风情的新春文化庙会。京味庙会既有花会、舞狮、舞龙、专场文艺演出、京城经典小吃、传统年货、天桥绝技绝活、传统大马戏、百姓舞台等传统内容。大观园“红楼庙会”：每年农历春节初一至初六举办，内容包括文艺演出、民间花会、风味小吃、民俗活动等。其中，“元妃省亲”古装巡游是大观园文化庙会的传统项目和独有的特色。每年期间还举办“北京大观园‘中秋之夜’”。活动以文艺演出、赏月团聚、观赏夜景为内容，每届举办3—4天，是京城中秋活动的传统品牌项目。此外，还有龙潭公园庙会、地坛春节文化庙会，比较有特色的还有圆明园皇家庙会，内容包括“放生”活动、“庆丰图”、灯戏、火戏表演、举办宫市、演唱大戏及各种表演等。圆明园皇家庙会将通过圆明园的历史文化与清代皇家年节文化的全面展示，让游客体验“皇家”过年习俗，成为北京独具一格的“皇家”风格庙会。历史悠久的陶然亭庙会，其前身为厂甸庙会，兴于康熙年间，在400多年的历史变迁中，成为中国“四大庙会”之首，也是北京历史上八大庙会中规模最大、影响范围最广、最负盛名的庙会。2010年厂甸庙会“移师”陶然亭公园。源发地东西琉璃厂作为“文市区”组织了老字号名店技艺展示等。这些形式多样、内容丰富的庙会活动，成为我们追忆本地历史和文化传承的重要方式。

（二）传统老字号的复兴

老字号作为本地历史发展过程中不断筛选并得以保存的物质遗存，其经营方式和历史演变也是城市文脉传承的重要内容。

北京老字号是数百年北京城市商业和手工业发展的历史遗存，

更是商业经营的成功范例。北京老字号不仅是一种商贸景观，更重要的是一种历史传统文化现象。关于老字号的特征，北京地区流传了很多相关的歇后语，如东来顺的涮羊肉——真叫嫩、六必居的抹布——酸甜苦辣都尝过、同仁堂的药——货真价实、砂锅居的买卖——过午不候等，生动地表述了这些老字号的品牌特色。此外，关于老北京地区的服饰，则有“头顶马聚源，脚踩内联升，身穿八大祥，腰缠四大恒”。

现今北京比较重要的老店中，有始于清朝康熙年间提供中医秘方秘药的同仁堂，有创建于清咸丰三年（1853）为皇亲国戚、朝廷文武百官制作朝靴的“中国布鞋第一家”——内联升，有1870年应京城达官贵人穿戴讲究的需要而发展起来的瑞蚨祥绸布店，有明朝中期开业以制作美味酱菜而闻名的六必居。内联升创建于清咸丰三年（1853），创始人为赵廷。内联升千层底布鞋，鞋底用白布裱成袼褙，多层叠起纳制而成，取其形象得名。内联升的千层底布鞋制作工艺一直沿用传统手工制作方法，精选纯棉、纯麻、纯毛礼服呢等天然材料，工艺严格，技术独特，做工精细。制作一双千层底布鞋需经过90余道工序，使用近40种专用工具，其技艺特点可归纳为工艺要求高、制作工序多、纳底花样多、绱鞋方法多、布鞋品种多等。盛锡福于1911年由刘锡三在天津创立，20世纪30年代到北京开展经营。盛锡福皮帽制作工艺流程复杂，加工制作一顶皮帽通常要经过几十道工序，要求精细异常。配货时需原料精良，毛的倒向、长短、粗细、颜色、软硬均要一致；裁制皮毛时，可用顶刀、斜刀、月牙刀、鱼鳞刀等多种刀法；缝制时，需顶子圆、吃头均、缝头匀；蒙面皮要缝对缝、十字平等等，不一而足。这些复杂严格的制作工序使得盛锡福皮帽外形端雅大方，做工考究精细，戴着轻软舒适。同仁堂，清康熙八年（1669）创办，自1723年开始供奉御药，历经八代皇帝，长达188年。“炮制虽繁必不敢省人工，品味虽贵必不敢减物力”是同人堂创始人立下的制药堂训，也是同仁堂核心技艺的真实写照。吴裕泰始建于1877年，创始人为吴秀茹。吴裕泰茉莉花茶制作技艺一贯秉承自采、自窨、自拼的制茶精髓，制茶工序包括茶坯制作、花源选择、鲜花养护、玉兰打底、窨制拼和、通花散热、起花、烘焙、匀堆装箱等。吴裕泰茉莉花茶窨制只采用春茶茶坯，坚持茉莉花“三不采原则”，在拼配中适当增加徽茶茶坯占比，并且运用“低温慢烘”等独门技艺，最终形成了吴裕泰茉莉花茶“香气鲜灵持久，滋味醇厚回甘，汤色清澈明亮”的特色。

2005 年国务院批复的《北京城市总体规划（2004—2020 年）》要求：“发掘、整理、恢复和保护丰富的各类非物质文化遗产，如……老字号等，继承和发展传统文化精髓，焕发古都活力。”目前全国范围内的老字号计 200 多家，其中有百年以上历史的超过百家。国家商务部 2006 年 12 月公布的首批重新认定的 430 家中华老字号，北京占了 67 家，居全国之首。北京地区的老字号既有北京重要的商业经营经验，又是地区经济发展的重要历史遗存，保存并发扬老字号文化，对于建设人文北京具有重要意义。

第三节　工艺北京：“燕京八绝”的特色与传承

北京地区作为辽金时期北半部中国的都城，继而又在元明清时期成为统一政权的都城，一直处于全国的政治、经济和文化中心地位，由此促进了城市的发展。庞大的城市消费促使本地区成为全国领先的工艺集中地，并逐渐形成了享誉中外的“燕京八绝”工艺，包括景泰蓝制作工艺、北京玉雕、象牙雕刻、雕漆技艺、金漆镶嵌装饰技艺、花丝镶嵌制作技艺、北京宫毯织造技艺、京绣八大工艺门类。它们充分汲取了各地民间工艺的精华，在清代均开创了中华传统工艺新的高峰，并逐渐形成了“京做”特色的宫廷艺术。

北京地区杰出的工艺首屈一指的当属景泰蓝的制作。景泰蓝又称“掐丝珐琅”，所谓珐琅，是指“珐琅器是以矿物质的硅、铅丹、硼砂、长石、石英等原料按照适当的比例混合，分别加入各种呈色的金属氧化物，经焙烧磨碎制成粉末状的彩料后，再依照珐琅工艺的不同制法，填嵌或绘制于以金属或瓷做胎的器物上，经烘烧而制成。珐琅器按胎骨材质可分为金属胎珐琅器和瓷胎画珐琅"[①]。景泰蓝则是利用细铜丝掐成图案，焊制在铜胎上，再嵌以各色珐琅釉料，经烧制、磨光、镀金而成。景泰蓝技术始于明代，流传于宫廷。史料记载："大食窑器皿，以铜作身，用药烧成五色花者，与佛郎嵌相似。尝见香炉、花瓶、合儿、盏子之类，但可妇人闺阁之中用，非士大夫文房清玩也。又谓之鬼国窑，今云南人在京，多作酒盏，俗呼曰鬼国嵌。内府作者，细润可爱。"景泰蓝以莹石蓝般的蓝釉最为出色，而这种釉色烧造技术成熟于明朝景泰年间，故称为"景泰蓝"。

不过景泰蓝的盛行应该始于清代，而"景泰蓝"这个称谓最早见于清宫造办处档案。雍正六年《造办处各作成做活计清档》记载："五月初五日，据圆明园来贴内称，本月初四日，怡亲王郎中海望呈进活计内……珐琅葫芦式马褂瓶花纹群仙祝寿、花篮春盛亦俗气。今年珐琅海棠式盆再小，孔雀翎不好，另做。其仿景泰蓝珐琅瓶花不好。"

其二，北京玉雕技术。又称"北京玉器"，是流传于北京的一种玉石雕刻技艺。宋应星所著《天工开物》记载："中国贩玉者东入中华，卸萃燕京，玉工辨璞高下定价，而后琢之。"这些文字记载了当时帝都玉器业盛况的一个侧面。北京地区作为皇家及皇亲贵戚集中地，好玉的雅风使得这里成为玉器生产与销售的集中地。

北京地区的玉器加工工艺应始于元代，相传道教创始人丘处机曾亲自传授玉器工艺。在《白云观玉器业公会善缘碑》中记载，丘处机"遇异人，多得受禳星祈雨、点石成玉诸玄术"，"慨念幽州地瘠民困，乃以点石成玉之法，教市人习治玉之术。由是燕京石变为瑾瑜，粗涩发为光润，雕琢既有良法，攻采不患无材，而深山大泽，瑰宝纷呈。燕市之中，玉业乃首屈一指。食其道者，奚止万家"。至明代，在宫廷御用监下设玉作司，会集全国治玉良师，由此，北京地区的玉雕业逐渐兴盛。在工艺上，北京玉雕素有"工精料实"的美誉，用料讲究，制作精美，造型雄浑厚重、端庄典雅，装饰精巧细腻、明

① 李彤彤：《乾隆朝宫廷景泰蓝初步研究》，硕士学位论文，复旦大学，2010年。

丽质朴，体现出高超的工技水平。

其三，象牙雕刻，是指以象牙为材料的雕刻工艺及其成品。有史料记载，“北京象牙雕刻可靠的历史至少可追溯到两千多年前，其工艺复杂，包括取胎、雕刻、包镶、镶嵌、编制、平刻、彩绘、熏旧等。象牙雕刻制品表现题材广泛，类型多样，主要分为实用品、装饰品和陈设品三类”。北京地区的象牙雕刻技艺主要用于宫廷造作。

第四，雕漆技艺，是将天然漆料在胎上涂抹到一定的厚度，用刀在平面漆胎上雕刻各式线条花纹形状的技法。《髹饰录》载：“剔红即雕漆也。裸层之厚薄，朱色之明暗，雕镂之精粗，亦甚有巧拙。唐制多印板刻平锦朱色，雕法古拙可赏，复有陷地黄锦者。宋元之制，藏锋清楚，隐起圆滑，纤细精微。”同时，《燕闲清赏》载：“宋人雕红漆器，如宫中用盒，多以金银为胎，以朱漆厚堆至数十层，始刻人物、楼台、花草等像。刀法之工，雕镂之巧，俨如图画。有锡胎，有腊地者，如红花绿叶、黄心黑石之类，夺目可观，传世甚少。又以朱为地刻锦，以黑为面刻花，锦地压花，红黑可爱。然多盒制，而盘匣次之。盒有蒸饼式、河西式、蔗段式、三撞式、两撞式、梅花式、鹅子式，大则盈尺，小则寸许，两面具花。盘有圆者、方者、腰样者，有四方八角者，有绦环者，有四角牡丹瓣者。匣有长方、四方、二撞、三撞四式。”中国漆雕技艺始创于唐朝，明初落户北京，经明、清两朝后，北京漆雕逐渐成为一种具有浓郁地方特色的宫廷艺术品。漆雕工艺过程十分复杂，要经过设计、制胎、涂漆、描样、雕刻、磨光等十几道工序。根据所用漆色，雕漆分为剔红、剔黄、剔绿、剔彩、剔犀等工艺品类；根据用途，雕漆品种包括瓶、罐、盒、盘、挂屏、围屏、墙壁画等。雕漆作品造型古朴庄重，纹饰精美考究，色泽光润，形制典雅，具有防潮、抗热、耐酸碱、不变质等特点。

第五，金漆镶嵌装饰技艺。金漆镶嵌是中国传统漆器的重要门类，已有7000年的历史。北京是我国历史上主要的漆器产区，现在北京金漆镶嵌髹饰技艺从工艺到艺术风格等许多方面都直接继承和发展了明清宫廷的漆器制造工艺。金漆镶嵌产品的制作一般分为四大步骤：设计—制作木胎—髹饰漆胎—装饰。金漆镶嵌工艺门类繁多，艺术表现手法丰富多彩。其中包括镶嵌、彩绘、雕填、刻灰、断纹、虎皮漆等工艺技法。作品为器皿、家具、屏风、牌匾壁饰等类型。

第六，花丝镶嵌制作技艺。花丝镶嵌，又叫细金工艺，是“花丝”和“镶嵌”两种制作技艺相结合而形成的一种特殊技艺。“花丝”，是把金、银抽成细丝，用掐、填、攒、焊、编制、堆垒等技法制成的工艺品；“镶嵌”则是把金、银薄片锤打成器皿，然后錾出图案、镶以宝石的工艺。北京的花丝镶嵌具有明显的宫廷风格，雍容华贵，典雅大方，做工精细，多饰以吉祥纹样等传统图案，凝聚着民族的聪明智慧和艺术创造力。

第七，北京宫毯，又名宫坊毯。因旧时专为宫廷所用而得名。北京宫毯织造技艺需要使用专用设备——机梁以及专用的工具和量具。其技艺可分为抽绞地毯织造和拉绞地毯织造两种类型，其工艺流程包括剪毛、纺纱、染纱、绘制、上经、拴绞、打底、结扣、过纬、片毯、洗毯、剪活等环节。北京宫毯织造精良，图案精美，雍容华贵，是富有北京地域特色和宫廷特色的手工艺美术制品，被列为北京市和国家级非物质文化遗产名录项目。

第八，京绣。京绣主要形成于明清时期，多以贡奉皇家服装和配饰为主，以缝工精良，绣工精巧著称。

此外，流传至今的重要工艺还有王麻子剪刀、吹糖人、聚元号弓箭等。“王麻子”自清代以来一直是北京刀剪行业的龙头。早在清乾隆二十三年（1758）出版的《帝京岁时记胜》中就对其有所记载。王麻子剪刀锻制技艺炉下从开刃到盘活，有 13 道工序，锻制的剪刀乌黑发亮，刀片有槽口，有扭曲度，剪口平直，轴粗、轴垫圈拱，剪体横实，头长口顺，刃薄锋利，剪尖灵活，把宽受用，厚重大气，质朴自然，富于北方文化特色。其代表作是人称“黑老虎”的民用剪刀。

聚元号弓箭铺创于清初，是清朝皇家御用兵工厂。聚元号弓箭制作技艺承袭了中国双曲反弯复合弓的优良传统，弓的主体内胎为竹，外贴牛角，内贴牛筋，两端安装木质弓肖，制作一把弓需要上百件专用工具对 20 多种天然材料进行纯手工加工，历经 200 多道工序，历时三四个月。制箭步骤主要包括调杆、打皮、刮杆、安装箭头和箭尾。聚元号生产的弓箭制作精良，画工优美。

花炮制作在清代北京已经相当发达。史料记载，花炮“统之曰烟火。勋戚富有之家，于元夕集百巧为一架，次第传热，通宵为乐。烟火花炮之制，京师极尽工巧。有锦盒一具内装成数出故事者，人物像生，翎毛花草，曲尽妆颜之妙。其爆竹有双响震天雷、升高三级浪等名色。其不响不起盘旋地上者曰地老鼠，水中者曰水老鼠。又有霸王鞭、竹节花、泥筒花、金盆捞月、叠落金钱，种类纷繁，难以悉举。至于小儿顽戏者，曰小黄烟。其街头车推担负者，当面放、大梨花、千丈菊”。花炮形式多样，“滴滴金，梨花香，买到家中哄姑娘”。潘荣陛等的《帝京岁时纪胜》记载：“烟火花炮之制，京师极尽工巧。有锦盒一具内装成数出故事者，人物像生，翎毛花草，曲尽妆颜之妙。其爆竹有双响震天雷、升高三级浪等名色。其不响不起盘旋地上者曰地老鼠，水中者曰水老鼠。又有霸王鞭、竹节花、泥筩花、金盆捞月、叠落金钱，种类纷繁，难以悉举。至于小儿玩戏者，曰小黄烟。其街头车推担负者，当面放、大梨花、千丈菊；又曰：滴滴金，梨花香，买到家中哄姑娘。”至光绪年间达到鼎盛，《燕京岁时记》载：“每至灯节，内廷筵宴，放烟火，市肆张灯……花炮棚子制造各色烟火，竞巧争奇，有盒子花盆、烟火杆子、线穿牡丹、水浇莲、金盘落月、葡萄架、旂火、二踢脚、飞天十响、五鬼闹判儿、八角子、炮打襄阳城、匣炮、天地灯等名目。富室豪门，争相购买，银花火树，光彩照人。”《北平岁时志》中亦有详细记载：“烟火之盛，莫如京城，而最盛莫如慈禧太后垂帘时代……今造办处花炮局，向江西招工来京督造，自此遂有南式花盒。又在交民巷德商祁罗福订购外洋花炮，每年灯节，在中海水上燃放。”

北京地区的草桥地区素有“花乡”美誉，同样本地的人造花技术亦十分精湛。《日下旧闻考》记载：“以猪鬃尖分披，片纸贴之，或五或七，下缚一处，以针作柄，妇女戴之。”“儿女多剪采为花，或草虫之类插首。”清代“每日清晨，千百成群，集中在花市，将所造之品陈列于市，以待各花庄居民选购”。北京造花业集中地区是崇文门外花市。《燕京岁时记》载："在崇文门外迤东，自正月起，凡初四、十四、二十四日有市。""花有通草、绫娟、绰头。摔头之类，颇能混真。"清人郝懿行的《晒书堂外集》亦有描述："闻长老言，京师通草花甲天下，花市之花又甲京师。"

总之，特色手工艺是地域文化的产物，有着明显的地域特点。随着人们对文化的认识逐渐加深，对特色手工艺的重视力度也在不断加大，今天有所谓"非物质文化遗产"的保护与研究，其中很大一部分遗产就是特色手工艺。北京地域文化源远流长、丰富多彩，这里的特色手工艺发展也就成为其中一个重要的组成部分。

第四节　游艺北京：居民的娱乐与休闲文化

节日活动伴随着各种文体活动的开展，进而成为城市休闲生活的重要方式。北京地区居民来源甚广，因而本地的休闲活动种类繁多，在历史演进过程中形成了本地特有的节日休闲活动。

一　文艺北京：京剧、相声等艺术形式的形成

京剧是北京戏曲艺术中最具代表性的种类，史上亦称皮黄、二黄、黄腔、京调、京戏、平剧等，民国时期又被称为"国剧"。

明代北京地区流行的戏剧曲种主要由南方传入，包括弋阳腔、海盐腔等，不久昆曲进入北京，并很快居首。万历年间，随着弋阳腔在北京的流行，并不断吸收北京方言，形成了另一种唱腔——京腔。明清易代之后，清初一度禁养优伶，雍正二年十二月二十八日上谕："家有优伶，即非好官，着督抚不时访查，至督抚提镇若家有优伶，指明密折奏闻。"乾隆三十四年严禁官员蓄养歌童："联恭阅皇考谕旨，有饰禁外官蓄养优伶之事，圣谕周详。……何以近日尚有挨义托黄肇隆代买歌童之事。……著通谕直省督抚藩臬等，各宜正己率属，于曾奉禁之事，实力遵行，毋稍懈忽。若再不知警悟，甘蹈罪想，非特国法难宽，亦天鉴所不容矣。"因而清中叶以后，职业戏班开始盛行。"自隋时以龟兹乐入于燕曲，致使古因湮失而番乐横行，故琵琶乐器为今

乐之祖，盖其四弦能统摄二十八调也。今昆腔北曲，即其遗音。南曲虽未知其始，盖即小词之滥觞，是以昆曲虽繁音促节居多，然其音调犹余古之遗意。惟弋腔不知起于何时，其饶拔喧闻，唱口嚣杂，实难供雅人之耳目。近日有秦腔、宜黄腔，乱弹诸曲名，其词淫亵限鄙，皆街谈巷议之语，易入市人之耳。又其音靡靡可听，有时可以节忧，故趋附日众。虽屡经明旨禁之，而其调终不能止，亦一时习尚然也。”①

乾隆二十二年乾隆帝下扬州，扬州维扬广德太平班曾为他演出。至乾隆五十五年，为庆贺乾隆帝八十寿辰，高朗亭的三庆班来京贺寿，“以安庆花部，合京、秦二腔，名其班曰三庆”②。道光年间，“京师梨园四大名班，曰四喜、三庆、春台、和春”，京城一时遍地均为徽剧，“戏庄演剧必徽班，戏园之大者如广德楼、广和楼、三庆园、庆乐园，亦必以徽班为主。下此，则徽班、小班、西班相杂适均矣”。徽班主要集中在前门外大栅栏地区，其中三庆班在韩家潭，四喜班在陕西巷，春台班在百顺胡同，和春班在李铁拐斜街，所谓“人不离路，虎不离山，唱戏的不离韩家潭”。清末涌现出了诸多著名的京剧表演人才，如谭鑫培，“皮黄须生例分三门，曰安工、靠把、衰派。安工以唱为主，举目简单见意而已，如《天水关》《二进宫》等戏是也。靠把则披甲执戈，气象威犯，非有武功莫办，如《战太平》《定军山》等戏是也。衰派多凄惨之剧，专重作工，如《桑园寄子》《天雷报》等戏是也。大抵安工失之拘谨，靠把则病在粗毫，而工衰派者，嗓音多窳，往往有神无韵，容形过分，反令人生厌。唯鑫培能兼三者之长，而无以上诸弊，且融会贯通，不拘一格，可谓剧中圣手，伶界奇材”。谭鑫培的表演虽然部分学自程长庚，但其最主要的剧目，均私淑京剧三鼎甲中在唱念和舞台身段方面成就突出的余三胜，“由余派而变通之，融会之，苦心孤诣，加之以揣摩，数年之间，声誉鹊起。其唱以神韵胜，本能昆曲，故读字无讹；又为鄂人，故汉调为近。标新刱异，巍然大家。人人袭其一二余音，即以

---

① 《啸亭杂录》卷8。

② 李斗：《扬州画舫录》卷5《新城北录下》，中华书局2007年版，第47页。

善歌自命。其实谭神化于此，唱无定法，每唱初不着力，至盘节处慢转轻扬，或陡用尖腔，或偶一洪放，清醇流利，余音真可绕梁。出腔虽巧而不滑，声虽曼而不拖。时而老横，时而流走。如《空城计》一折，《捉放》一折，《洪羊洞》一折，《卖马》一折，极刚健婀娜之能。备纯正中和之气，字字从人肺腑中流出，而人顾莫知其所以然。论其做工，全妙在有儒者气象。虽急言遽色，而气自舒和。虽保抱携持，而体自安泰。喜无过喜，若书味盎然于中。忧不过忧，若礼法强绳于外。各种意态，难以笔墨形容。盖其平居养尊处优，日与士大夫相交接，宜其吐属容止，备廊庙山林两气，而行乎自然也”。

随着清代中后期京剧的流行，昆曲日渐衰落，“道光之际，洪扬事起，苏昆沦陷，苏人至京者无多。京师最重苏班，一时技师名伶以南人占大多数。自南北隔绝，旧者老死，后至无人，北人度曲，究难合拍，昆曲于是乎衰微矣”。

京韵大鼓最初是由河北沧州、河间一带流行的木板大鼓发展而来的，后在京津两地流传开来。之后，刘宝全改以北京的语音声调来吐字发音，吸收石韵书、马头调和京剧的一些唱法，创制新腔，专唱短篇曲目，称京韵大鼓，属于鼓词类曲艺音乐。清代在北京广为流传的京韵大鼓《剑阁闻铃》，唱词优美，韵律动听：

似这般不作美的铃声不作美的雨，怎当我割不断的相思割不断的情。查窗校点点敲人心欲碎，摇落幕声声使我梦难成。当啷啷惊魂响自檐前起，冰凉凉彻骨寒从背底生。孤灯儿照我人单影，雨夜同谁话五更？从古来巫山曾入襄王梦，我何以欲梦卿时梦不成？莫不是弓鞋懒借三更月，莫不是衫袖难禁午夜风，莫不是旅馆萧条卿嫌闷，莫不是兵马奔驰心怕惊。既不然神女因何不离洛浦，空叫我流干了眼泪望断了魂铃。

窗儿外铃声儿断续雨声更紧，房儿内残灯儿半面玉榻如冰，柔肠儿九转百结百结欲断，泪珠儿千行万点万点纵横。这君王一夜无眠悲哀到晓，猛听得内唤启奏请驾登程。

天桥地区位于北京城中轴线的南段，是北京地区自古以来的曲艺中心。《京师坊巷志》记载，“永定门大街，北接正阳门大街，有桥曰天桥。在南侧天坛在焉，西侧先农坛在焉。桥北东西两旁，商贾林立，自明代已有之”。特别是在明代，这里成为城市居民外出游玩之处，随之大量的茶肆、饭馆以及众多的杂耍艺人在此聚集。康熙年间，将灯市由内城迁至前门地区，天桥西北的灵佑宫成为灯市的一部分。清末又将厂甸庙会暂时移到天桥，再次带动了天桥的繁荣。民国年间，由著明的京剧演员余振霆出资搭建“振华大戏棚”，成为天桥地区第一处京剧固定演出场所。此后，随着“新世界游艺场”、“城南游艺园”等娱乐场所的新建，天桥逐渐成为曲艺杂耍集中区。直至今日，这里仍然是北京地区最繁华的曲艺中心所在地。

二　户外休闲活动：扎风筝、抖空竹

古代居民的户外活动都与岁时节日相关联。史料记载：“元宵杂戏，剪彩为灯。悬挂则走马盘香，莲花荷叶，龙凤鳌鱼，花篮盆景；手举则伞扇幡幢，关刀月斧，像生人物，击鼓摇铃。迎风而转者，太极镜光，飞轮八卦；系拽而行者，狮象羚羊，骡车轿辇。前推旋斡为橄榄，就地滚荡为绣球。博戏则骑竹马，扑蝴蝶，跳白索，藏蒙儿，舞龙灯，打花棍，翻筋斗，竖蜻蜓；闲常之戏则脱泥钱，蹋石球，鞭陀罗，放空钟，弹拐子，滚核桃，打尜尜，踢毽子。京师小儿语：‘杨柳青，放空钟。杨柳活，抽陀罗。杨柳发，打尜尜。杨柳死，踢毽子。’都门有专艺踢毽子者，手舞足蹈，不少停息，若首若面，若背若胸，团转相击，随其高下，动合机宜，不致坠落，亦博戏中之绝技矣。”流传至今，仍有很多为今人所好。诸如“扎燕风筝”最初起源于民间，在长期的传承发展中形成了较为固定的形式和内容，至清朝中期《南鹞北鸢考工志》一书出现，使其制作技艺得到了较为完整的梳理和规范。北京扎燕风筝制作包括“扎、糊、绘、放”四道工艺，每一道工序有可分解为多道小工序。大小工序加在一起共二十几道流程，讲究“三停谋正和十法”。其作品色彩鲜明，线条醒目，既好起又好飞。北京扎燕风筝的代表作品是燕子系列，包括肥燕、瘦

燕、半瘦燕、小燕、雏燕等。北京扎燕风筝的“扎燕”，用北京话应称为“沙燕”。

空竹，以竹木为原材料制成，中空，因而得名，俗称“响葫芦”，江南一带称其为“扯铃”，是一种用线绳抖动使其高速旋转而发出响声的竹木玩具。北京抖空竹的历史悠久，民众参与度较高，技术技巧成熟完备，是抖空竹活动发展、传承最具代表性的地区之一。空竹的操作技巧有扔高、呲竿、换手、一线二、一线三等多种形式。上下飞舞的空竹，玩者用上肢做提、拉、斗、盘、抛、接；下肢做走、跳、绕、骗、落、蹬；眼做瞄、追；腰做扭、随；头做俯、仰、转等动作，有正、反、花样等100多种玩法。

参考文献

（按时间顺序排列）

一　史料

《京都市政汇览》，1914 年 6 月至 1918 年 12 月。
吴瀛：《故宫博物院前后五年经过记》，北平故宫博物院 1932 年版。
马芷庠编，张恨水审定：《北平旅行指南》，经济新闻社 1935 年版。
张江裁：《北平天桥志》，国立北平研究院 1936 年印行。
《北平庙会调查报告》，北平民国学院 1937 年印行。
中央公园委员会编：《中央公园廿五周年纪念刊》，中央公园事务所 1939 年印行。
陶宗仪：《南村辍耕录》，中华书局 1959 年版。
沈德符：《万历野获编》，中华书局 1959 年版。
舒新城编：《中国近代教育史资料》，人民教育出版社 1962 年版。
孙殿起辑，雷梦水编：《北京风俗杂咏续篇》，北京古籍出版社 1982 年版。
沈榜：《宛署杂记》，北京古籍出版社 1980 年版。
吴长元：《宸垣识略》，北京古籍出版社 1981 年版。
潘荣陛、富察敦崇：《帝京岁时纪胜·燕京岁时记》，北京古籍出版社 1981 年版。
震钧：《天咫偶闻》，北京古籍出版社 1982 年版。
刘侗、于奕正：《帝京景物略》，北京古籍出版社 1982 年版。
朱一新：《京师坊巷志稿》，北京古籍出版社 1982 年版。

路工编选:《清代北京竹枝词》,北京古籍出版社 1982 年版。
熊梦祥著,北京图书馆善本组辑:《析津志辑佚》,北京古籍出版社 1983 年版。
崇彝:《道咸以来朝野杂记》,北京古籍出版社 1983 年版。
于敏中等编纂:《日下旧闻考》,北京古籍出版社 1983 年版。
朱有瓛主编:《中国近代学制史料》第一辑下册,华东师范大学出版社 1986 年版。
周家楣等:《光绪顺天府志》,北京古籍出版社 1987 年版。
陈宗蕃:《燕都丛考》,北京古籍出版社 1991 年版。
北京市政府文史资料研究委员会、中共河北省秦皇岛市委统战部编:《蠖公纪事——朱启钤先生生平纪实》,中国文史出版社 1991 年版。
中国第二历史档案馆编:《中华民国史档案资料汇编(第三辑)·文化》,江苏古籍出版社 1991 年版。
鄂尔泰、张廷玉等:《国朝宫史》,北京古籍出版社 1994 年版。
邓之诚:《骨董琐记全编》,北京出版社 1996 年版。
汤用彬等编著:《旧都文物略》,北京古籍出版社 2000 年版。
[意] 马可·波罗:《马可·波罗行纪》,冯承钧译,上海书店出版社 2001 年版。
吴振棫:《养吉斋丛录》,中华书局 2005 年版。
《北京先农坛史料选编》,学苑出版社 2007 年版。
姜德明编:《梦回北京:现代作家笔下的北京(1919—1949)》,生活·读书·新知三联书店 2009 年版。

二 研究著作

[瑞典] 奥斯伍尔德·喜仁龙:《北京的城墙和城门》,许永全译,北京燕山出版社 1985 年版。
[美] 刘易斯·芒福德:《城市发展史——起源、演变和前景》,倪文彦、宋峻岭译,中国建筑工业出版社 1989 年版。
史明正:《走向近代化的北京城——城市建设与社会变革》,北京大

学出版社 1995 年版。
[美] 凯文·林奇：《城市意象》，方益萍、何晓军译，华夏出版社 2001 年版。
张松：《历史城市保护学导论——文化遗产和历史环境保护的一种整体性方法》，上海科学技术出版社 2001 年版。
张复合：《北京近代建筑史》，清华大学出版社 2004 年版。
单霁翔：《城市化发展与文化遗产保护》，天津大学出版社 2006 年版。
北京市规划委员会编：《北京朝阜大街城市设计——探索旧城历史街区的保护与复兴》，机械工业出版社 2006 年版。
王炜、闫虹编著：《老北京公园开放记》，学苑出版社 2008 年版。
吴南：《北京传统工艺产业人力资源发展研究》，博士学位论文，中国艺术研究院，2010 年。
张鸿雁：《城市文化资本论》，东南大学出版社 2010 年版。
林志宏：《世界文化遗产与城市》，同济大学出版社 2012 年版。
王岗主编：《北京历史文化资源调研报告》，中国经济出版社 2013 年版。
王强主编：《北京市历史文化资源若干典型案例研究》，经济科学出版社 2013 年版。
孙俊桥：《城市建筑艺术的新文脉主义走向》，重庆大学出版社 2013 年版。
刘仲华主编：《朝阜历史文化带研究》，知识产权出版社 2013 年版。
程尔奇主编：《北京皇城的历史演变及其保护利用研究》，知识产权出版社 2013 年版。
黄滢、马勇主编：《中国最美的老街：历史文化街区的规划、设计与经营》，华中科技大学出版社 2014 年版。

三　论文

郑连章：《万岁山的设置与紫禁城位置考》，《故宫博物院院刊》1990 年第 3 期。

刘承华:《园林城市的文脉营构》,《中国园林》1999 年第 5 期。
高毅存:《文脉主义与朝阜文化街——关于古都风貌保护与城市发展的探讨》,《北京规划建设》1999 年第 6 期。
郑向敏:《论文物保护与文脉的传承与中断》,《旅游学刊》2004 年第 5 期。
阮仪三、顾晓伟:《对于我国历史街区保护实践模式的剖析》,《同济大学学报》(社会科学版)2004 年第 15 卷第 5 期。
郑艳:《“三山五园”称谓辨析》,《北京档案》2005 年第 1 期。
张凤琦:《城市化与城市文脉的延续》,《重庆师范大学学报》2005 年第 3 期。
苗阳:《我国传统城市文脉构成要素的价值评判及传承方法框架的建立》,《城市规划学刊》2005 年第 4 期。
郑阳:《城市历史景观文脉的延续》,《文艺研究》2006 年第 10 期。
单霁翔:《城市文化与传统文化、地域文化和文化多样性》,《南方文物》2007 年第 2 期。
李钢:《对城市文脉挖掘与整合的研究》,《四川建筑》2007 年第 27 卷第 3 期。
杨磊、邱建:《建筑空间的文化更新与城市文脉的有机传承》,《城市建筑》2007 年第 8 期。
吴云鹏:《论城市文脉的传承》,《现代城市研究》2007 年第 9 期。
郭倩、陈连波、李雄:《北京寺观园林之什刹海的历史变迁》,《现代园林》2008 年第 6 期。
舒乙:《北京最美的街——景山前街及其延伸线》,《北京观察》2009 年第 1 期。
刘剑、胡立辉、李树华:《北京西郊清代皇家园林历史文化保护区保护和控制范围界定探析》,《中国园林》2009 年第 9 期。
刘潞:《〈祭先农坛图〉与雍正帝的统治》,《清史研究》2010 年第 3 期。
于苏建、袁书琪:《城市文脉基本问题的系统思考》,《吉林师范大学学报》(自然科学版)2010 年第 4 期。

张钧凡、赵琪：《挖掘城市历史、传承城市文脉——浅析北京历史地名保护的几种途径》，《北京规划建设》2010 年第 4 期。

谌丽、张文忠：《历史街区地方文化的变迁与重塑——以北京什刹海为例》，《地理科学进展》2010 年第 6 期。

张松、赵明：《历史保护过程中的“绅士化”现象及其对策探讨》，《中国名城》2010 年第 9 期。

李钢：《城市文脉构成要素的分析研究》，《辽东学院学报》（自然科学版）2010 年第 17 卷第 4 期。

潘怿晗：《皇家园林文化空间与文化遗产保护 ——以北京市海淀区为例》，博士学位论文，中央民族大学，2010 年。

刘伯英、李匡：《北京工业建筑遗产现状与特点研究》，《北京规划建设》2011 年第 1 期。

刘剑、胡立辉、李树华：《北京“三山五园”地区景观历史性变迁分析》，《中国园林》2011 年第 2 期。

彭历：《北京城市遗址公园研究》，博士学位论文，中国林业大学，2011 年。

阙维民、邓婷婷：《城市遗产保护视野中的北京大栅栏街区》，《国际城市规划》2012 年第 1 期。

杨新成：《大高玄殿建筑群变迁考略》，《故宫博物院院刊》2012 年第 2 期。

孙卫、赵晓辉、张瑾等：《首都功能核心区历史文化大街景观提升改造的探索和实践——以前三门大街为例》，《北京规划建设》2012 年第 5 期。

徐丰：《北京前门大栅栏的城市化演进研究》，《城市建筑》2012 年第 10 期。

王丹丹：《北京公共园林的发展与演变历程研究》，博士学位论文，中国林业大学，2012 年。

张艳、柴彦威：《北京现代工业遗产的保护与文化内涵挖掘——基于城市单位大院的思考》，《城市发展研究》2013 年第 2 期。

王建伟：《北京历史文化街区保护与利用过程中需要明确的四组关

系——以朝阜大街为视点》，《北京联合大学学报》2013 年第 4 期。

王升远：《"文明"的耻部——侵华时期日本文化人的北京天桥体验》，《外国文学评论》2014 年第 2 期。

赵鹏军、马博闻：《基于场地感受的历史街区更新文脉影响研究——以北京前门大栅栏地区为例》，《城市发展研究》2015 年第 3 期。

后　　记

本书为北京市社科院 2014 年重点课题《历史文脉传承与北京城市发展》的结项成果。将“都市空间”概念引入我们的研究工作中，是希望正视北京城市发展进程中的历史文脉延续问题，准确理解二者关系，尤其是对文脉传承在北京现代城市文化建设中的角色进行合理定位。

历史文脉是一个比较复杂的概念，在项目的实际进行过程中，我们越来越认识到，对于这一问题的研究需要不同学科的背景知识，除历史学之外，地理学、城市规划、建筑学、民俗学等知识积累都很重要。由于课题组成员多为历史学出身，我们虽然很努力学习、吸收其它学科的方法与路径，但最终呈现的效果比较有限。具体分工方面，王建伟撰写导论部分；程尔奇撰写第一章；刘仲华撰写第二章；郑永华撰写第三章；章永俊撰写第四章；孙冬虎撰写第五章；高福美撰写第六章，全书由王建伟负责统稿。

学术研究发展到今天，实际上已经进入到一个充满挑战性的新阶段，国内外不同的研究机构有可能正在关注同一个问题，在学术领域同样存在激烈的竞争关系，学术成果也会面对市场，面临优胜劣汰。不同性质与出身的机构都有各自的优势与劣势，如何扬长避短，避免自娱自乐与闭门造车，我们需要有更加清醒的认识以及具体的行动。